U0484777

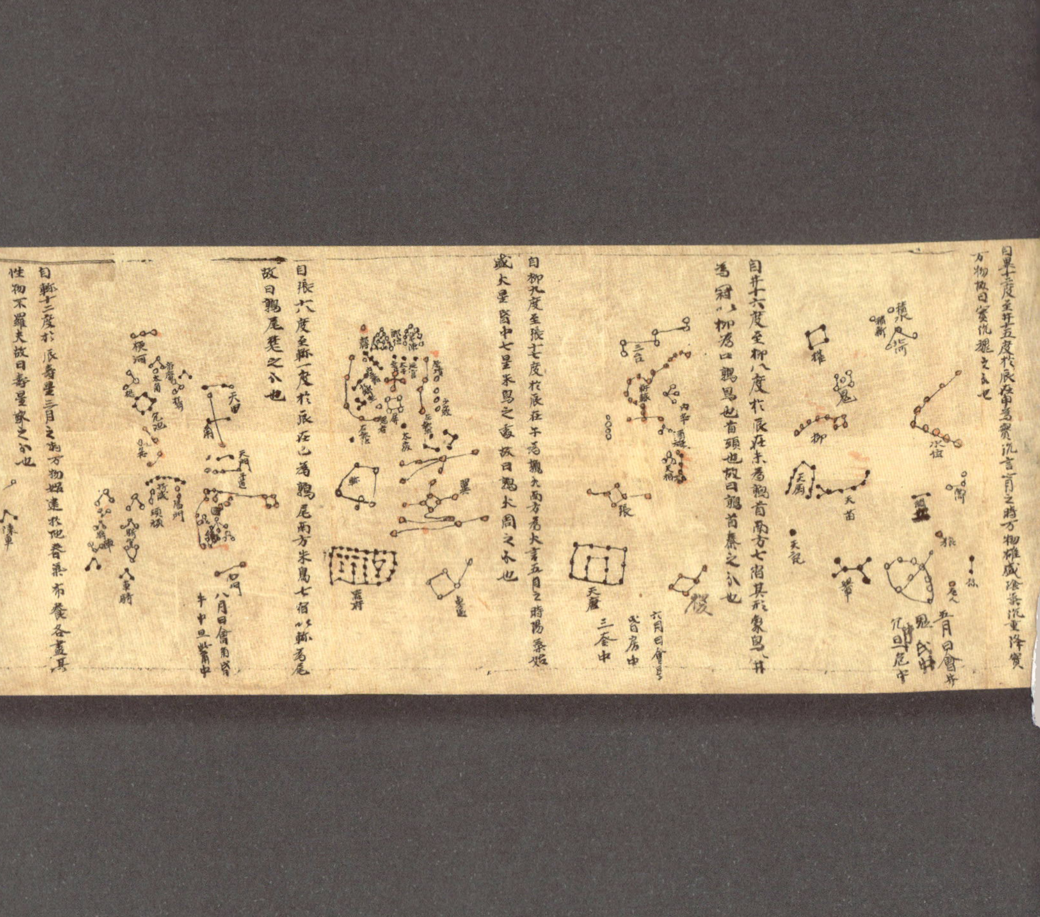

自畢十二度至井十五度於辰在申為實沈言七月之時万物雄盛陰氣沈重降實万物故曰實沈魏之分也
自井十六度至柳八度於辰在未為鶉首南方七宿其形象鳥以井為冠以柳為口鶉鳥也首頭也故曰鶉首秦之分也
自柳九度至張十七度於辰在午為鶉火南方為火言五月之時陽氣始盛火星昏中在七星朱鳥之處故曰鶉火周之分也
自張十八度至軫十一度於辰在巳為鶉尾南方朱鳥七宿以軫為尾故曰鶉尾楚之分也
自軫十二度於辰壽星三月之時万物始達於地春氣布養各盡其性物不羅夭故曰壽星鄭之分也
柳
天廟
張
天廐
三台
角
八月日會角昏

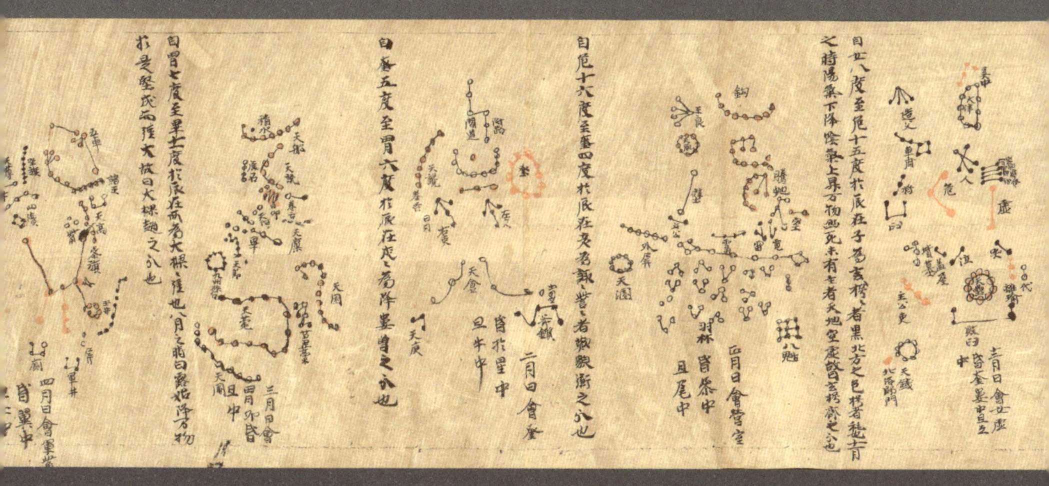

敦煌星图甲本（局部）

发现于敦煌经卷，约绘制于唐中宗时期。用圆圈、黑点和圆圈填黄三种方式绘出 1359 颗星。为世界现存古星图中星数较多而又较古老的一幅。

ROVING
CHINA
HEAVENS

漫步中国星空（增订版）

齐锐 万昊宜 著

科学普及出版社
·北 京·

图书在版编目（CIP）数据

漫步中国星空 / 齐锐，万昊宜著 . -- 增订版 .
北京：科学普及出版社，2025. 3.（2025.10 重印）
-- ISBN 978-7-110-10830-7

Ⅰ . P114.4

中国国家版本馆 CIP 数据核字第 2024H0F003 号

策划编辑	赵　晖　夏凤金
责任编辑	夏凤金
封面设计	菜花先生
设计制作	中文天地
责任校对	张晓莉
责任印制	徐　飞

出　　版	科学普及出版社
发　　行	中国科学技术出版社有限公司
地　　址	北京市海淀区中关村南大街 16 号
邮　　编	100081
发行电话	010–62173865
传　　真	010–62173081
网　　址	http://www.cspbooks.com.cn

开　　本	885mm × 1230mm　1/32
字　　数	266 千字
印　　张	12.125
版　　次	2025 年 3 月第 2 版
印　　次	2025 年 10 月第 3 次印刷
印　　刷	北京瑞禾彩色印刷有限公司
书　　号	ISBN 978–7–110–10830–7 / P · 246
定　　价	98.00 元

序

自古以来，日月星辰吸引着人们的目光。为了观测和记忆的方便，中国的天文学家绘制出精妙绝伦的星图，将繁星点点的夜空划分成一个个星座，赋予它们独特而富有诗意的名字。不同起源的文明，所创造的星座及其文化内涵也不尽相同。与西方星座体系完全不同，中国古人把人间万象映射到天上，逐步形成中国特有的星空文化，世代相传。中国星座是古代社会和文化在天上的反映及缩影，是中国传统哲学思想“天人合一”观念最典型、最形象的体现。

《漫步中国星空》是一本讲述中国古代传统星座故事的科普图书，它完整地呈现了延续数千年的中国传统星座体系，并与现代天文学恒星星表进行了一一对应，书中的中西对照星图可作为天文学研究的史料依据。同时，该书按照三垣二十八星宿的顺序，采用图文并茂的方式，系统而详实地介绍与传统星座有关的故事，涵盖地理风物、人间百业、社会制度、古代建筑、名人典故、诗词歌赋、朝野礼俗等传统文化的内容。同时，创新性地引入我国古代认星歌谣《步天歌》，为读者在天空中实际辨识中国传统星座提供了便利。

漫步中国星空，我们不仅能领略到古代天文学的辉煌，还能感受到那份对自然的敬畏与尊重。在现代，随着科技的飞速发展，我们对宇宙的认识早已超越了古代的想象。然而，中国星空所蕴含的文化内涵与精神价值依然熠熠生辉。从嫦娥奔月的神话传说到如今探月工程的成功实施，从古代天文学家的仰望星空到当代航天人的逐梦太空，这是一场跨越时空的接力，是对中华民族探索精神的传承与升华。

《漫步中国星空》2014 年由科学普及出版社出版，出版十年来，受到读者好评，十多次重印。2020 年入选教育部中小学生阅读指导目录。此次的增订版主要是增加了对传统星空的深入解读。希望广大读者跟随作者的视角，去感受中国星空的无穷魅力，并激发起对宇宙探索的热情。

赵刚
中国科学院院士
国家天文台研究员
北京天文馆首席科学家

2024 年冬，于北京

增订版前言

斗转星移，岁月如梭，自2014年《漫步中国星空》第一版出版，至今已走过十年。在这十年中，我亲眼见到、亲耳听到《步天歌》在黄河上下、大江南北一遍遍唱响。伴随这首流传千百年的歌谣，自己仿佛穿越时光，与古人一起站在星空下，仰望苍穹，感慨万千。

在中华文明初期，天文学便应运而生。几千年来，天文学在指导人们的社会生活和生产实践中始终发挥着不可替代的重要作用。在博大精深的中华优秀传统文化中，蕴含着丰富的天文学内容，有待我们不断挖掘、传承和创新。

在《漫步中国星空》第一版出版后的十年中，我一直坚持从事天文科普和传播，这本书不仅成为连接作者和读者的桥梁，更引领许多人，尤其是青少年认识我国传统星官，走入中国古代天文学的殿堂。

不知不觉十年间,《漫步中国星空》第一版已先后印刷了十六次。期间，我们尝试创新，根据书中内容，与专业人员合作，经过编、导、演等，拍摄制作了一部微电影《追星星的少女》，在网上传播后受到一致好评，获评了全国优秀科普微视频（2016年，科技部）等多个奖项。2020年,《漫步中国星空》被列入“教育部基础教育课程教材发展中心中小学生阅读指导目录”，当我们看到这本书与《九章算术》《天工开物》和《十万个为什么》等经典列在一起时，感到荣幸之至。

在科普和传播过程中，我不断受到启发、增广见闻，一次次被漫天繁星折射的传统文化内涵所震撼，一次次被先人们的闪光智慧所折服。于是就有了在第一版内容基础上进一步扩充的打算。感谢科学普及出版社的信任和支持，感恩编辑们的辛苦付出，才有了增订版的问世。增订版的内容比第一版增加了大约四分之一，主要是对传统星空文化的解读方面。

十年磨一剑，希望《漫步中国星空（增订版）》能够在传播中华优秀传统文化中发挥更大作用。然而，由于笔者水平所限，书中难免会有错误之处没有被发现，衷心感谢读者的批评指正。

作者

2024 年冬，于北京

首版序（一）| 星空文化，中国元素

星空是人类最可靠的朋友。尽管对于地理纬度相差不大的国家而言，星空的差异并不明显，但是不同文明、不同国家的人们对于同一片星空的想象并不相同。《漫步中国星空》这本书的出发点就是中国古人对于头顶上永恒星空的解读。

我本人基本是由现代天文学的教育培养出来的，对于中国古代星象体系的了解极其有限。阅读这本书给我带来了难得的体验，除了对于中国古代星象体系有了系统的了解和学习外，还更加领略了古人丰富的想象力和创造力。两位作者从在北京天文馆多年科普工作的经历出发，经过大量的调查、考证和计算，为读者展现了星空中丰富多彩的中国元素。得益于精心的编排，这本书既是了解中国传统星象的教科书，也是近年来难得一见的给出了中西对照星图的工具书。同时，作者还在书中对于一些尚无定论的说法提出了自己的推测和猜想，也为读者进一步思考中国传统星象体系相关问题提供了非常好的出发点。

我相信这本书会为读者带来很多启发和很大收获。对作者、责编的辛勤付出和出版社的支持表示敬意，同时也代表北京天文馆和北京古观象台感谢北京市科学技术委员会科普专项的大力资助。

北京天文馆馆长
北京古观象台台长

2014 年春，于北京

首版序（二）| 带你《漫步中国星空》

这本书的书名准确地告诉了你，你将用这本书去漫步中国星空。中国星空就是指中国古代流传下来的中国式的星空，划分为“三垣二十八宿”，这和目前国际通用的八十八个星座的划分完全不同，当然在同一片星空下它们是可以一一对应的。

本书的作者把苏州的石刻星图《天文图》与北京古观象台上的巨大天体仪上的星星对照发现，它们之间有相当的不同，为了弄清楚这种差异的由来，进行了大量的调查研究，终于理出了头绪，所以编写了这本书，希望通过它能恢复中国古代星空的面貌。所以这本书是基于科研的科普读物，是一部创新之作。

书中论证了怎样去准确地恢复中国古代星空的传统，同时还创新了认识古代星空的方法。

书中有作者应用科研成果编绘的大量星图以供参考。

我在南京紫金山天文台和北京天文馆工作多年，也主持过北京古观象台早期的整顿和开放工作，深受中国古代天文仪器和中国古代天文学的熏陶，因此，翻阅本书之后深感我国古天文领域有待开发的空间还有很多，本书就是一例。

古诗有云：“今人不见古时月，今月曾经照古人。”我想借用古人的话：“今人不见古时星，今星曾经照古人。”让现代的人们去探索古代的星空吧！

李元

中国科普研究所研究员

中国天文馆事业的先驱者

2013 年获科学传播人终身成就奖

2014 年春，于北京

首版前言

中华文明源远流长，先人在上古时代就开始将满天星斗划分成群，为它们取名。战国时期逐渐形成了以星占家石氏、甘氏和巫咸为代表的三家星官名称，到了三国时期，陈卓统一全天星官，形成了以“三垣二十八宿”为代表的中国传统星官体系。这一独具特色的星象体系是中国古代社会和文化在天空的反映和缩影，是中国传统哲学思想“天人合一”观念最典型、最形象的体现，是历经千百年世代相传的中华文化瑰宝。

隋代出现的《步天歌》作为“三垣二十八宿”体系最早、最重要的文献，在传承和普及中国传统星象方面起着无可替代的作用，在中国天文学史上有着重要的地位。《步天歌》以生动的韵文，将周天恒星连缀在一起，弥补了星图难以流传、文字又不够形象的缺点。“句中有图，言下见象”，繁难而神秘的星空，因它而变得平易和充满诗意。《步天歌》作为中国古代学习天文的必读书，具有非凡的生命力。

我国历代恒星观测资料传承至今，保存最为完整的是天文学家在宋代皇祐年间（1052年）所观测的恒星数据，它是“三垣二十八宿”传统星象的典型代表。我们运用现代天文学观测数据和技术手段，结合天文史学文献，对其进行努力恢复，并以中西对照星图的方式在书中呈现。

本书以《步天歌》为基础，将史书中的古代星图与现代技术恢复的宋代星象相结合，依次讲述“三垣二十八宿”的星官与它们承载的故事，并且力图将传统星官对应到今天的实际天空中，让读者在仰望星空时，能够吟诵《步天歌》，唱出这些传统星名，联想星空传说和历史典故，体味中国古代天文学折射出的传统文化寓意，漫步中国星空，神游天上仙境。

本书的出版得到了北京市科学技术委员会科普专项的资助，以及项目承担单位北京天文馆和北京古观象台的全力支持。内容策划和写作得到清华大学社会科学学院科技与社会研究所刘兵教授的指导，书中星图的绘制由北京天文馆曹军先生完成，数据计算得到了中国科学院国家天文台崔辰州研究员、北京师范大学天文系高健副教授的帮助，全书的编辑和出版得到科学普及出版社赵晖、夏凤金编辑的大力支持，黑龙江的宋仁克星友为本书提供了宝贵的建议。本书的出版还得到云南省天文爱好者协会及苏泓先生的大力协助，在此一并表示深深的感谢。

中国古代天文博大精深，而作者才疏学浅，本书出现的不当和错误之处，恳请读者和专家批评指正。

作者

2013 年立秋，于北京

目录

第三章 >>

北方玄武七宿

第四章 >>

西方白虎七宿

第五章 >>

南方朱雀七宿

第六章 >>

紫微垣

第七章 >>

太微垣

第八章 >>

天市垣

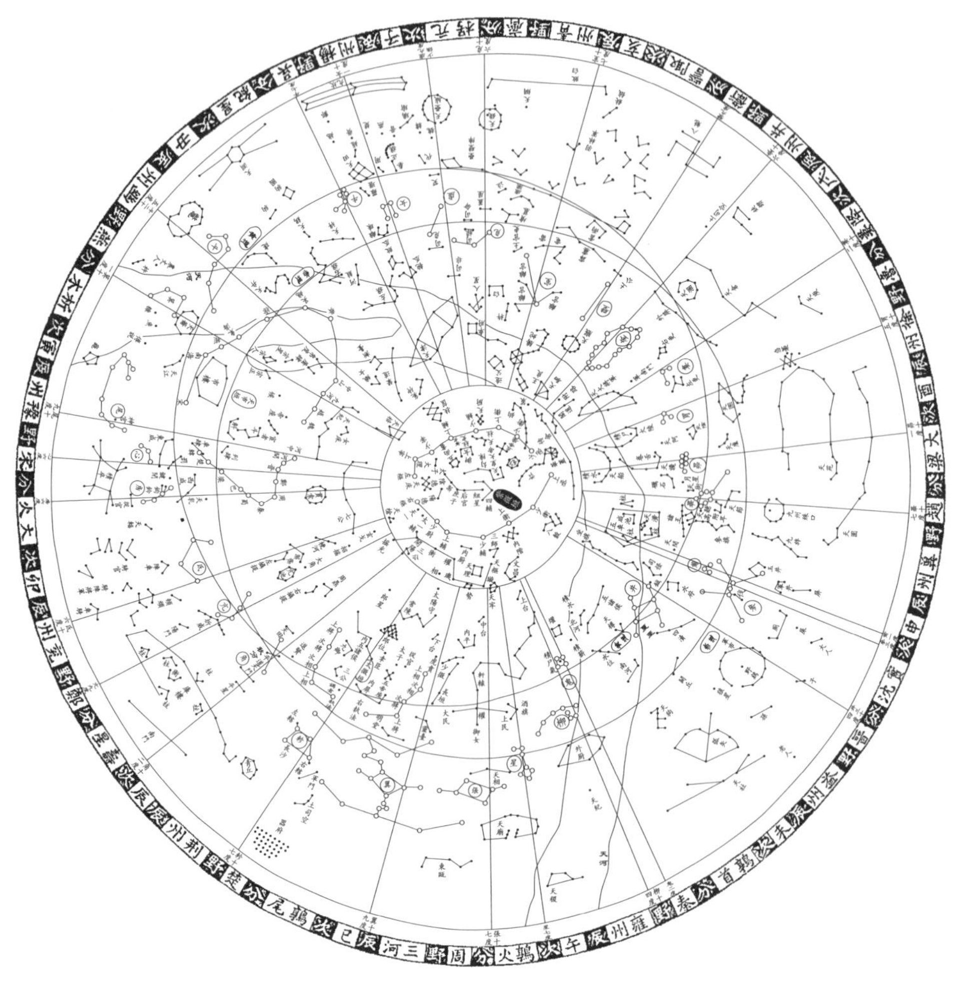

苏州石刻天文图（摹本）

三垣二十八宿星官体系

第一章 | 星空文化

自古以来，光辉的日月、灿烂壮丽的星空一直都吸引着地球上各个文明人们的目光。在那些没有灯光的漆黑夜晚，古人所看到的星空一定是特别清晰的吧！通过观察星空，人们体悟生命的意义，思考灵魂的归宿，对头顶的星空充满敬畏。于是便把自己的文化赋予这片星空。不同起源的人类文明赋予星空的文化内涵也不尽相同。古人对星空的认知，以及赋予星空的寓意，远远超出了我们的想象。

星座的由来

人类最古老的学问——天文，就是从仰观天象开始的（图 1.1）。最初观望星星，人们并不知其为何物。随着不断观察，人们对星星逐渐熟悉起来，为了观测和记忆的方便，便把星星划分成群，各群的星数多少不等。将一群之内的星星用假想的线联系起来，就组成了各种图形，这些图形和人们在生产生活中所接触到的事物很相似，于是便给它们取了相应的名称，这就是星座的起源。

星座的含义不是星空自给的，而是人类社会的产物。各个民族都有自己的星座体系和星座文化。

图 1.1 甲骨（左）和巴比伦泥板（右）中对天文事件的记载

西方星座文化

现代人了解最多的可能还是起源于西方文明的星座，例如人们耳熟能详的黄道十二星座。

这些星座是西方文明各阶段的神话传说、文学、艺术、历史的集中反映。从文明的源流上看，有美索不达米亚、古埃及、古希腊、古罗马，它们对于星空的认识可谓一脉相承。

两河流域的美索不达米亚作为西方文明的摇篮，处处都有神话。神话是这个古老文明的基础，深入到政治、经济、军事、文学、艺术、建筑中。

早在 4000 多年前，美索不达米亚文明就发现了星空中有一些特殊的星，它们的位置不固定，会在星空中游走，与那些相对位置固定不变的漫天恒星有所不同，这就是行星。进一步观察发现，这些行星在天空中运动的轨迹是有规律的，都位于天空中的某条路线附近。于是，他们就把这条线称为黄道。为了便于记忆，便把黄道附近的恒星，用假想的线连接起来，组成了 12 个星座，这就是流传至今的黄道十二星宫。人们认为，当某颗行星运动到某些黄道星座附近，就预示人间会发生某些事情，这就是西方最早的占星术。

在文化繁荣的古希腊时期，星座文化得到进一步丰富。到了古罗马时期，公元二世纪左右，最终形成一共有 48 个星座的古典星座体系。这些星座都是希腊和罗马的神话故事在天空中的形象展现，要么是奥林匹斯山上的诸神，要么是神话故事中的主角。从此，优美的神话与灿烂的星空结合起来。

在这 48 个古典星座中，约有四分之一是神话中的神和人的名称，还有四分之三是动物的名称。其实，这些动物大多也是神话故事里面的角色。可以说，这些星座组成了天上的奥林匹斯山和动物园。如果读者可以结合着古希腊、古罗马神话故事来认识星座，会有事半功倍的效果。

无论在东方还是西方，观测组成星座的恒星，在古代天文学中都是一项十分重要的工作。观测恒星在天空中的位置，以及星座中各颗恒星的关系，并把结果编成星表或者绘制成星图。人们用这些星表和星图来判定方向，确定时间和季节，并作为观测日月行星等天体在天空中运动的坐标。

在大约 600 年前，西方文明开始进入大航海时代，人们得以看到过去不曾仰望的南半球星空，于是在 48 个古典星座的基础上，继续规划南半球的星空，至此，全天都被进行了星座的划分。从 1609 年开始，人们使用望远镜绘制更为详细的星图。直到 1928 年国际天文学联合会最终决定把整个天空划分为 88 个星座，并作为国际天文学术交流的通识一直沿用至今。这些星座的名字是按照欧洲传统的学术习惯，采用拉丁文命名。

总之，西方星座的特点是大多来自神话故事，内涵浪漫而富有艺术魅力。但是，星座划分的整体结构比较自由，处于一种未经组织的自然状态。

中国星象文化

如前所述，不同的古老文明，其星空文化的内涵也不尽相同。中国作为东方大国，有着博大而深厚的天文传统。中国的天学理论、天文仪器、观星测天、恒星体制、历法编制等，经过长期发展，都达到了高深精微的程度，在世界几大文明中十分独特。就让我们一起来到古代的苍穹下，体会一下中国古代那些智慧的人眼中的星空吧！

中国的恒星命名与西方完全不同。星座在古代中国被称为"星官"。西汉的天文家张衡解释了中国星官的命名起源：

众星列布，体生于地，精成于天，列居错峙。各有所属，在野象物，在朝象官，在人象事。

古人认为，星辰就像是人间的官员在天上的对应。这便是星官一词的来历。

关于星象，在《易经》中总结为"在天成象，在地成形。"《黄帝内经·素问》中有详细的描述："夫变化之用，天垂象，地成形，七曜纬虚，五行丽地。地者，所以载生成之形类也。虚者，所以列应天之精气也。形精之动，犹根本之与枝叶也，仰观其象，虽远可知也。"在古人看来，地上的物体，即成形的物类，其精气是天上的星辰。地上物类的变动，会在天上星辰的变化中反映出来，犹如大树的根和主干，它的摇动就会引起枝叶的摇动。所以，观察天象的变化，就能推知人世间的变动。

当然在远古时代，人们观天还不仅仅是为了占验，而是为了生存，定季节、定方位。随着生产力的发展，一方面进入封建社会阶段，另一方面积累了相当多的历史事件资料，于是出现了专门从事占星的天官家。他们通过对天象变动的观察和对史料的解读，对现世的人间事务作出解释和预测。

在这样的哲学思想下，中国的先人就把人间的万象映射到天上，世代相传，形成了中国特有的传统星空文化。你会发现，我们现代中国人的思维方式、行为模式，甚至日用而不知的话语和生活习惯，都深深地受到星空的影响。古人对天上星官的命名，就是对人间社会情状的描摹，几乎是按照地上人间的模式在天上重新建造了一个世界。在中国古人头顶的星空中，有与地上对应的王国疆域、山川风物、人间百业、社会制度、建筑规制，还有名人典故、朝野礼俗等，不一而足。总之，中国星官是古代社会和文化在天上的反映及缩影，是中国传统哲学思想“天人合一”观念最典型、最形象的体现。

说到中国星官与西方星座的异同，其相同点有一个，都是各自社会文化的折射和反映。而二者的不同之处却有很多：西方星座多是表现古代神话故事，在天空中的分布相当零散，不成体系；中国星官，则主要体现了人文社会的内涵，星官的划分有层级，布局组织严密，整体性强。还有一点，就是西方星座中的星座连线注重外形，要酷似所代表的事物，例如天蝎座就像一只蝎子，狮子座中的星星连线看上去真的很像一头威猛的雄狮。而中国的星官则注重意象。各个星官之所以有它的名称，并不在于它外形的相似，而主要是由它所处的位置和周边星官的布局所决定的。

如果用绘画艺术作品来形容东西方星象的差异，可以说，西方星座像是一幅逼真的静物写真油画，而中国星官更像是一幅水墨淡彩画，以空灵的韵味取胜。中国的星象特点，可以用南宋诗人文天祥的《正气歌》来总括：

天地有正气，杂然赋流形。下则为河岳，上则为日星。

中国传统星象体系的形成

中国星象体系的形成经历了由低级向高级，由简约到繁杂，由若干主要星官到联络起全天星官的过程。

在中国上古时代的夏商周，天文知识非常普及，深入人心，三代以上，人人知天文的实际情况，为后来形成中国特色的天文学体系奠定了基础。这一时期，对星空做了初步分区，命名了一些重要星官，如北斗、中星等。

进入战国时代，星占术广泛流传，并形成了诸多流派，其中不乏大家，诸如石氏、甘氏、巫咸氏、黄帝等。为了占星，星占家们进行了大量恒星观测，命名了许多星官，最有代表性的是战国时期齐国的天文学家甘德、魏国的天文学家石申和商代的天文学家巫咸三家各自命名的星官体系。

其中，石申编制的《石氏星经》是世界最古老的星表，记载了 121 颗恒星的位置，比古希腊天文学家、西方方位天文学的创始人喜帕恰斯还要早 200 年。与石申齐名的天文家甘德著有《天文星占》等书，共记载了

118 个星官的名称。除此之外，据记载，在那个时代还有一派星占家，自称商代贤相巫咸氏的传人，他们也有自己的星官体系。之所以有这些传承派别，说明在战国时期，随着周王室的衰微，原来服务于周天子的天文家已经四散到各个诸侯国中。石氏是晋魏的代表，甘氏是齐鲁的代表，而巫咸氏则是宋和郑的代表。在历史上这三家传承的星官被称为《三家星经》，但久已失传。各派星占家对全天星官的认识都不够完整，随着天文学的发展，需要对全天星官的体系进行整合。

到了古代天文学高度发达的汉代，司马迁在《史记·天官书》中把全天划分为中宫、东宫、南宫、西宫、北宫，共五个区域，首开全天恒星体系划分的先河，《史记》也成为我国古代最早关于二十八宿及四象的完整记载。《史记》中共记录了 86 个星官名称，含 412 颗星，建立了较完整的中国星象体系。在同一星官中，恒星以线形联络起来，并以距星为主，注出其他相关的星点，还记录了各个星官之间的联系。而此后的《汉书》中，记录的星官名称和星数更为详细。

到了魏晋时代，中国星官进入定型期。此时，在星象传承历史上出现了一位重要的人物——陈卓，他历任三国时期的吴国以及后来的西晋、东晋三朝太史令，完成了统一全天星官的工作。陈卓善于星占，精通天文星象，在公元 270 年前后，他以二十八宿为基础，收集、汇总当时流行的石申、甘德和巫咸的三家星官，并同存异，综合编成了一个具有 283 个星官、1464 颗恒星的星表，史称“陈卓定纪”。陈卓综合而成的星象体系被后世史书所采纳，成为我国传统星象的标准和典范。

陈卓关于全天星官的划分中，凸显了中国“二十八宿”星官体系。与“二十八宿”相比，“三垣”的创立稍晚一些。最早出现在《史记》中的是紫宫，也就是紫微垣，至于天市垣和太微垣的概念，是在隋唐之际趋于成熟的，至此它们与二十八宿合并后，成为新的“二十八宿三垣”体系。后来，随着“三垣”的地位逐步提升，最终形成了“三垣二十八宿”体制。

总之，中国传统星象的传承历史，起始于战国时期，总结于三国时期的陈卓定纪。历经魏晋、南北朝、隋、唐、五代十国、宋、辽、金、元，一直到明末，流传了 1400 年，毫无变易。直到十七世纪的明末清初，由于西学东渐，才被迫发生了改变。

中国传统星象体系的组成

天空中肉眼可见的星星有好几千颗，中国的古人特意挑选了 1400 多颗星，组成 283 个星座，我们把它们称作星官。中国的星官数目比西方的星座多，不过，每个星官中的星星数目比西方的少。有时候，甚至一颗星就是一个星官。这 283 个星官分别属于 31 片天区，这些天区就是“三垣和二十八宿”，它们在天空的布局组织严密、整体性强。其突出特点之一就是以北天极（地球自转轴在北方天空的投影点）为中心，四周环绕着星官，体现出“众星拱极”的整体布局。

如果按照这样的布局，把全天的星星画在一张图上，那么这幅星图就是一个圆形，就像一把伞的伞面，位居中央的正是北天极，分布在伞面上的星官都围绕它展开。这把伞的伞骨，也就是从北天极向四周发射的连线，一共有 28 根，代表着二十八星宿。简单地说，“二十八星宿”就是先以历史上一些重点观测的恒星作为标准，然后以线联络起它近旁的部分星，如此构成一宿。

二十八宿的名称为角、亢、氐、房、心、尾、箕、斗、牛、女、虚、危、室、壁、奎、娄、胃、昴、毕、觜、参、井、鬼、柳、星、张、翼、轸。每一宿不仅包含了与这一宿同名的主要星官，凡是落在伞面上附近天区内的星官，也都由这一宿统率。

二十八宿在天空中的排布，是沿着日月和行星运行的黄道带和赤道带展开的，将这里划分为不等分的 28 段，每段称作一宿。由于月亮在天上运行一周的时间约为 28 天，即一个月，那么每天晚上，月亮就运动到某一个天区内，就好似住宿在这里一样，因此这 28 个区域就被称为二十八宿。

按照方位，二十八宿被分为东、北、西、南四组，每组含七宿，分别是：

东方苍龙包括角、亢、氐、房、心、尾、箕七宿，共 46 个星官；

北方玄武包括斗、牛、女、虚、危、室、壁七宿，共 65 个星官；

西方白虎包括奎、娄、胃、昴、毕、觜、参七宿，共 54 个星官；

南方朱雀包括井、鬼、柳、星、张、翼、轸七宿，共 42 个星官。

在伞面的中心，也就是北天极附近的是紫微垣，它居于全天的中央位置，因此也称中宫、中官或紫宫。在紫微垣和南方七宿之间的是太微垣，在紫微垣和东方七宿之间的是天市垣。垣就是墙的意思。三垣之所以被称为垣，是因为它们是由星星连线而成的“垣墙”围起来的一片天区，墙外附近的若干相关星官也属于该垣。

中国传统星官系统中的“三垣”，最先出现的是中官，就是围绕北极附近的紫微垣。随着人们对星空的进一步划分，在紫微垣的东北方和东南方天区分别命名了太微垣和天市垣。唐之后“三垣”排在了“二十八宿”之前，成为星官体系最重要的成员。但是，作为认星歌谣的步天歌最早出现在隋代。本书仍按照步天歌的认星顺序，将三垣放在二十八宿之后为读者介绍。

紫微垣是天帝生活的宫殿，彰显宫廷皇家的人文理念和文化传承；而天帝与臣子们处理政事的地方则是太微垣，是政治统治天下的化身；作为各个不同区域的人们进行集市贸易的场所，天市垣则表现了社会经济运行的状态。这三垣所代表的文化、政治、经济等社会的核心要素在中国传统星空中得以完整体现。

不同的历史时期、不同的史料中关于三垣所含的星官有所不同。在一种具有代表性的划分中，紫微垣包含有 37 个星官，太微垣包含 20 个星官，天市垣包含 19 个星官。

依上所述，我国古人将全部天空划分为三垣二十八宿，一共有 283 个星官，共计 1464 颗星。这就是中国传统的星象体系。

《步天歌》——宝贵的文化遗产

三国时代的太史令陈卓曾对传统星象进行“定纪”，然而，有关的著作和原图早已散失，未能传世，只能通过相关史籍来观其原貌。这些史籍主要有隋代丹元子的《步天歌》，唐代李淳风的《晋书·天文志》和《隋书·天文志》，以及唐代瞿昙悉达的《开元占经》等。它们都以陈卓星官为基础，从不同角度，以不同形式论述了中国传统星官体系。

对“三垣二十八宿”体系的划分和星官形象的记载，尽管在汉代文物和文献中已能看到，但涵括全天恒星，图像、星名和星数都清晰可辨的天文学著作，最早的仍要数《步天歌》（图 1.2）。

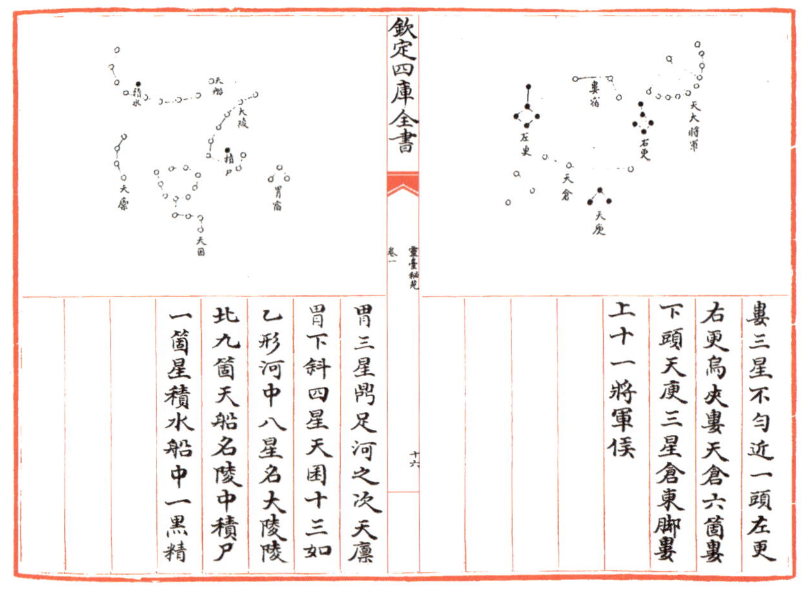

欽定四庫全書　靈臺秘苑　卷一　十六

婁三星不勻近一頭左更
右更烏夾婁天倉六箇婁
下頭天庾三星倉東脚婁
上十一將軍侯

胃三星鼎足河之次天廩
胃下斜四星天囷十三如
乙形河中八星名大陵陵
北九箇天船名陵中積尸
一箇星積水船中一黑精

图 1.2《步天歌》和所配的文图　　出自文津阁本《四库全书》所载《灵台秘苑》。

在 600 年前后的隋代，一名法号为丹元子的隐居者，按照陈卓所定的全天星官布局，将此前流传的石申、甘德和巫咸的三家星官重新整理，作了一首认星歌谣《步天歌》。到唐朝初年，王希明对歌词又作了裁订。从此,《步天歌》成为表述中国星象的代表作，至今流传。

《步天歌》首次详细整理和记录了二十八宿三垣的全部成员，其分章、星官、星数和寻星的顺序都严格遵循实际观测。这首认星歌谣先描述每宿的主星，再描述所统率的各星官，包括名称和星数，及其与主体间的相对方位关系。《步天歌》成为后世中国古代天文学研究与著述的一种标准范例，具有很高的科学价值。

《步天歌》在形式上采用通俗的诗歌体例，以生动的韵文，将周天恒星连缀在一起，其特点是文辞浅显，内涵丰富，星名完备。它所用语言并不深奥，所取用的材料也不过是整理串联起已有的专业知识，却以明白的语句勾勒出星空世界一个个具体生动的形象，使人如同漫步其间，繁难而神秘的星空，竟因它而变得平易且充满诗意。

《步天歌》易懂、易学、易掌握，成为中国古代学习天文的必读书，它“句中有图，言下见象”，弥补了星图难以流传和文字不够形象的缺点。宋代著名史学家郑樵就一面读《步天歌》，一面观察星象，他感慨道:“时素秋无月，清天如水，长诵一句，凝目一星，不三数夜，一天星斗，尽在胸中矣”。

周晓陆先生在《步天歌研究》一书中指出，在流传下来的《步天歌》各个版本中，基本都是 360 句到 366 句。作为一部天文学著作，这当然不是巧合，作者细密的设计心思暗藏其间。因为中国古代把周天度数定为

365.25 度，一句一步，一步一度，至 365 度而恰好步天一周，此即“步天”一词原意所在！

《步天歌》作为产生于中国中古时代的一部重要天文学著作，在延续和普及中国传统星象方面起着无可替代的作用，它具有非凡的生命力，历经 1000 多年流传下来，成为中华文明的一份宝贵遗产。清代学者梅文鼎给予了极高的评价：“《步天歌》所列星象，特为简括。故自宋以来，天官家多据为准绳。”

中国古代恒星观测的辉煌成就

测定恒星位置并编制星表，是中国历代天文学家的一项重要工作。但可惜的是，大多数历史观测数据已在传承过程中荡然无存。

据《开元占经》记载，约公元前 400 年战国时代魏国的星占家石申曾观测记录了一份恒星星表《石氏星经》，它包括二十八宿和石氏星官中共 121 个恒星的位置。这是世界上现存最早的一份星表。

唐代开元年间，天文学家一行曾主持过一次恒星位置的大规模观测，对二十八宿的距星以及其他 24 个星官，共 127 颗星进行了观测。这是第一次由官方天文机构实施并记入正史的恒星观测活动，但遗憾的是观测数据未能流传下来。

宋元时期，中国传统星象的传承发展达到了高峰。宋代重视文化与科技，天文观测手段不断更新，单单耗铜两万多斤的大型观天仪器——浑仪，就先后制作了六台。与前代相比，这些仪器结构更加完善，观测精度水平大大提高。在此基础上，朝廷多次组织大规模的恒星观测，保存下来一批恒星星表数据。

北宋进行过七次较大规模的恒星观测，精度比以往都高。其中景祐年间（1034 年）和皇祐年间（1052 年）分别对全天恒星进行了观测，其中最为重要的是宋仁宗皇祐三年末至四年（1051 年末至 1052 年），司天监周琮主持进行的一次全天恒星观测。他们一共观测了 283 个星官，包括全天 1464 星。这份观测资料流传至今，最为完整。当代著名的天文史学家潘鼐先生汇集周琮观测的各种相关史料，与我国古代传统的 283 官 1464 星一一相校，共整理得出 360 颗恒星的数据，并命名为《皇祐星表》。

宋代的恒星观测富有成果，为我们留下了大量重要的珍贵科学遗产。《皇祐星表》作为一套完整的古星表，保存了我国传统星象的原貌，是通过实测得到的我国中世纪时期可靠的恒星星表，是验证我国古代中世纪前后恒星星象的基本星表。同时，也反映了宋代恒星观测和科技发展的巨大成就。皇祐星表是世界天文学史上第四部古星表。

到了元代，天文学家郭守敬制作了著名的元初十三件天文仪器。这些仪器一直保留至清初，后被外国传教士销毁。在 1280 年前后，郭守敬使用这些仪器，特别是简仪（图 1.3），进行了大量的恒星观测，编制成《郭守敬星表》，但遗憾的是，记载星表的书籍已经失传。现存的间接资料显示，《郭守敬星表》有 741 颗恒星的坐标位置，观测精度达到 1/20 度，这是中国古代恒星观测的最高水平。

此后，明末的《崇祯星表》、清初的《灵台仪象志星表》以及清

图 1.3 元代郭守敬发明的先进观天设备——简仪

简仪的创制是我国天文仪器制造史上的一次飞跃，是当时世界上的一项先进技术，300 多年后欧洲才出现类似的装置。元代郭守敬创制的简仪，在清康熙五十四年（1715 年）被传教士纪理安当作废铜熔化了，现存的简仪是明代正统二年到七年（1437—1442 年）制作的复制品。1931 年“九一八”事变后，日本侵略者进逼北京，为保护文物，曾将置于北京古观象台的简仪、浑仪等七件仪器运往南京。简仪现保存在紫金山天文台。

代的《仪象考成星表》等都受到西学东渐的影响。外国传教士未认真研究中国传统星官的观测数据，而采用西方天文学知识绘制的星图无法完全如实地反映中国传统星象。伊世同先生在《中西对照恒星图表》一书中，对清代星表作出了中肯的评价："资料来源相当杂乱，既有从前的观测数据，也有当时的观测数据；既有国外的，也有国内的。当各类数据混杂在一起而又一时无法区分时，很难据此作出有说服力的结论。"

对宋代皇祐星象的恢复工作

我国古代无论是在天文观测还是在天象记录方面，都取得了辉煌的成就。许多天象观测的记录在现代天文学研究中成为不可替代的史证，具有极其珍贵的科学价值。然而，自上古时期至明末，史料所记载的天象事件，都是基于中国传统星象描述的。因此恢复传统星象，认识传统星官，能够看懂古星图，并且知道恒星名称的古今中西对照，对中华文化遗产的传承，以及科学、历史、考古等方面的研究具有重大意义，非常必要。

宋代皇祐星表数据能近乎实际地呈现中国星象的传统。潘鼐先生在《中国恒星观测史》一书中整理了皇祐观测记录的360颗星的数据，概括了283个星官的1457颗星。

笔者以潘先生的成果为骨架，展开了进一步的研究。首先查阅有关史书，重新整理得到宋代皇祐年间观测的所有恒星坐标数据，然后通过计算，在充分考虑恒星自行的影响，以及岁差造成的古今坐标差异的情况下，绘制出星图。再参照文献和文物，包括宋代苏颂《新仪象法要》星图、苏州石刻天文图（图 1.4），以及《四库全书》《灵台秘苑》等文献，甚至近现代星图，对恒星逐颗细致对比认证，最终整理出一套完整的皇祐星表数据。它包括全天二十八宿和三垣，共计星官 283 个，恒星 1464 颗。

笔者恢复得到的星表不但能与《步天歌》很好地吻合，而且依据该星表绘制的星图，也能与苏州石刻星图相匹配，因此是对中国传统星象体系较为完整和真实的反映。本书正是这一前后历经八年的研究工作的最终呈现。

本书所绘制的星图，采用现代天文学方法，以耶鲁亮星星表等现代天文学观测数据为参考，并进行了岁差、恒星自行等参数的修正，是皇祐星表的科学呈现。不但如实地呈现北宋皇祐年间（1052 年）的中国传统星象，而且在绘制的星图中，对每一颗恒星都采用中国传统星官名称与西方天文学星名相对照的方式，便于进行天文学研究时参考。

《步天歌》与现代星图的首次结合

《步天歌》有多个版本传世。北宋的王安礼对南北朝时期的《灵台秘苑》进行过修订，而且该书中的《步天歌》配有自三国的陈卓以来较完好的全天星图。北宋版《灵台秘苑》所载的星图，属于典型的中国古代星图。与现代天文学星图不同，它是标识众星官的布局、相对位置及其文化

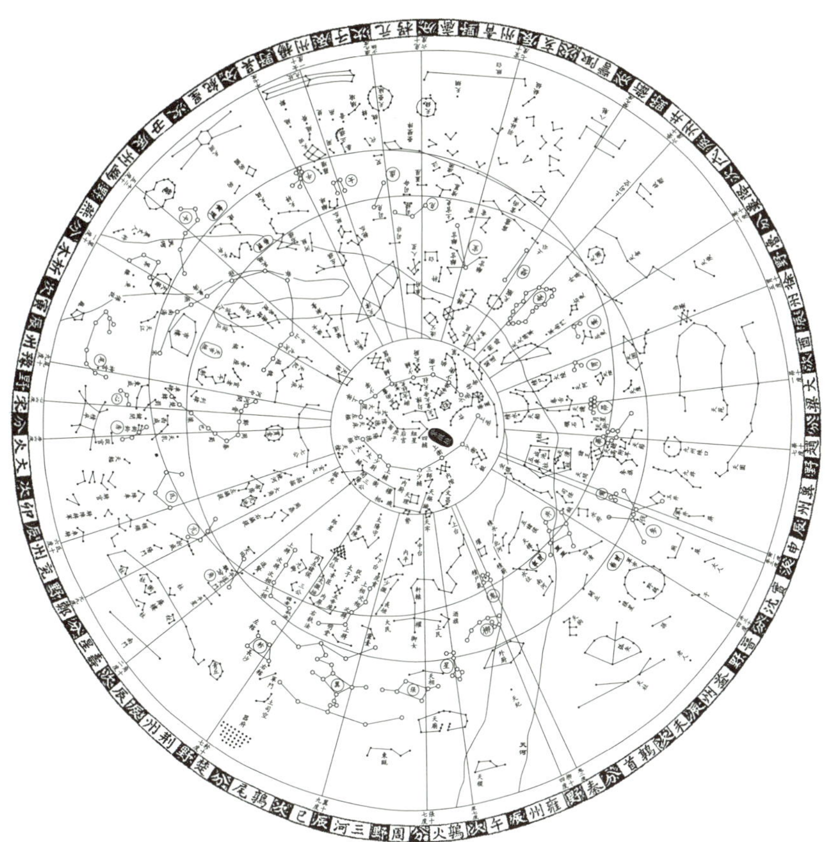

图 1.4 苏州石刻天文图（摹本）

该图最早由南宋的黄裳绘制并呈皇帝，后于淳祐七年（1247 年）刻在石碑上，得以流传至今，现存江苏省苏州文庙。黄裳是南宋时期的制图学家，精通天文、地理和制图，他根据北宋元丰年间（1078—1085 年）的一次恒星观测资料绘制该图。本图是世界上现存星数最多的古代星图，多达 1440 颗星，并且绘图较为准确。它作为“三垣二十八宿”星官体系的典型代表，是世界天文学奇珍，已被载入人类科学史册。

含义的认星示意图，并不讲究实测精度。我们不妨把这类以表意为主的中国古代星图称为“文图”。

本书对三垣二十八宿的讲解，采用与《灵台秘苑》相似的方式，在介绍每一宿时，将《步天歌》的歌谣句子与“文图”一一对应，方便读者一步一步地直观认识中国传统星象。

对于今天的读者或是天文爱好者来说，只是将《步天歌》与“文图”在纸面上对应还远远不够，为了能让大家在实际星空中找到中国传统星官，我们还绘制了能与“文图”相对照的现代星图。该星图是根据宋代皇祐星表数据尝试恢复的 1000 年前的皇祐星象。这是认识中国传统星空实践的一次创新，是《步天歌》与现代技术恢复的传统星图的首次结合。

本书内容及使用方法

一些基础知识

二十八宿的宿星

中国古代的二十八宿其实是 28 片天区，每片天区内都含有不止一个星官。在每一宿天区的众多星官中，人们选取其中的一个作为代表，并以它的名称来命名该宿。这个代表星官被称为宿星。例如：角宿有 11 个星官，其中〖角〗这一星官是角宿的代表星官，它就是角宿的宿星。

宿星的选取

二十八宿每宿都有一个宿星，这 28 个宿星基本都分布在黄道和赤道附近。古人在选取宿星时，也并非只选亮星。例如：亢宿中最亮的〖大角〗星官，并未被选为宿星，反而选了较暗的星官作为宿星。

距星——星官的主星

我国传统星官体系中，共有 283 个星官。每个星官中拥有的星数多少不等，少的只有 1 颗，多的有 40 余颗，例如氐宿中的〖骑官〗有 27 颗星。人们在每一个星官的若干颗星中，选取一颗星作为主星来代表这个星官，这颗星被称作该星官的“距星”。例如〖帝席〗星官有 3 颗星，其中位置居东的大星是它的距星，称其为〖帝席一〗。

我国古代天文学家观测全天恒星时，习惯测量和记录每个星官中距星的位置，其他星则较少提及。但对某些重要的星官，也会多选取一些星进行观测和记录。如星官〖北极〗的 5 颗星、〖北斗〗的 7 颗星等，均有观测数据记录。

星星的亮度

为了区分星星的亮度，天文学规定星的明暗用“星等”来表示，星等数越小，星的亮度越高。人们把天上肉眼刚好能看到的星定为 6 等星，比 6 等亮一些的为 5 等，依此类推。星等差 1 等，其亮度差 2.512 倍，1 等星的亮度恰好是 6 等星的 100 倍。比 1 等星还亮的是 0 等，更亮的是负数星等。

例如，金星最亮时可达 –4.89 等，满月的亮度是 –12.8 等，太阳的亮度是 –26.7 等。全天中肉眼能看到的恒星有 6000 多颗，其中亮度为 1 等的星有 21 颗、2 等星有 46 颗、3 等星 134 颗。

中国古代的星官命名都是在肉眼观测的条件下进行的，因此星官的成员星基本都采用亮度在 6 等以上的恒星。

中国传统的恒星测量与记录方法：入宿度和去极度

现代天文学在进行天体测量时，会在天球上建立各种坐标系，例如赤道坐标系、黄道坐标系、银道坐标系等。我国古代观测恒星主要使用的是赤道坐标系，但使用的术语并非经度和纬度，而是入宿度和去极度。

二十八宿的划分好比用刀切瓜一般，从北极点和某一宿星的距星处经过，自西向东一刀一刀切去，从〖角〗宿开始，在天球上沿顺时针切，全天被切成大小不一的 28 瓣。当需要测量某颗恒星时，先确定它在 28 瓣中的哪一瓣，找到该瓣的距星，测量恒星和距星的赤道经度差，作为恒星的经度坐标，称为"入宿度"。例如"织女星入斗五度"，指的是〖织女〗主星在斗宿的"瓜瓣"中，距离斗宿"距星"的赤经为五度。

去极度是指恒星距离北天极的角度，它类似于现代天文学的赤纬，但不是从赤道开始计量，而是从北极点向南计量。利用入宿度和去极度，古人就可以确定恒星的位置，这就是中国古代天文学中广泛使用的赤道坐标系统。

需要特别说明的是，关于角度单位的大小，中国古代有自己的定义。在现代天文学中圆的一周是 360°，因此 1° 就是一个圆周的 1/360。而在中国古代的传统观测中，将一周天分为 365.25 度（因为地球环绕太阳一周即一年，约为 365.25 天），因此一度就是一个圆周的 1/365.25。可见中国古代的角度一度比现代的 1° 略小一些。

本书的主要内容

2020 年本书第一版入选教育部基础教育课程教材发展中心中小学生阅读指导目录，成为推荐初中生阅读的科普书籍。作为学习和认识我国传统星象的参考书，本书适合各个年龄阶段的读者阅读。同时，它也是天文学史研究者和爱好者的工具书，所附星图可作为古今星官的对比依据。

第二章至第八章是主要部分，采用《步天歌》、文图和现代星图相对照的方式，按照《步天歌》的顺序逐一解说中国传统星官二十八宿和三垣。重点是在“漫步星空”环节，带领读者逐个认识传统星官，讲述与它们有关的天文知识和社会历史典故，使读者从科学和人文两方面加深对中国星空的认识和理解。

本书还特别绘制了《中西对照全天星图》和《中西对照四季星图》。《中西对照全天星图》根据恢复的宋代皇祐星表所绘，历元采用观测恒星的年代，即宋代皇祐四年（公元 1052 年）。星图中的恒星名称采用中国传统星名与西方天文学星名一一对照的方式在图中标出，方便读者对比认知，也可为专业研究者参考。《中西对照四季星图》是在恢复的宋代星表的基础上，为爱好者绘制的实际观天认星所用传统星图。中西对照，按照一年四季来绘制，便于读者使用，此为国内首创。

本书中的两类星图

本书所涉及的星图，主要分为两类。

一类是源自古代文献的星图，主要反映了星官之间的位置和分布关系，体现的是星官的文化含义，由于没有坐标数据，不能用于图上的测量。不妨把它们称为“文图”。

本书中采用的文图和《步天歌》，都是基于文津阁本《四库全书》的《灵台秘苑》整理的。文图对恒星的画法沿用了区分“三家星”的传统，即甘氏星官采用涂黑点（●），而石氏和巫咸氏星官则以小黑圈（○）表示。

本书中的第二类星图，数据源自我国古代文献中所记录的星表。如前所述，笔者把古代文献记录的恒星观测数据，经过坐标转换等计算，与现代恒星星表中的恒星进行一一认证，最终确定了我国宋代传统星表，包括恒星的位置、名称、坐标和所属星官，以及其与现代恒星的对应关系。然后，考虑岁差和恒星的自行等因素后，按照现代天文学的星图制图标准，以不同的投影方式用计算机绘制出来的星图，可以用于科研和教学中。

《中西对照全天星图》和《中西对照四季星图》都采用“中西对照”的方式。理想的情况是，在星图上既有我国传统的星名和星官以及连线，也有西方天文学的星名与星座及其连线，这样可以方便读者对恒星和星座进行中西对照认识。但是，假如将中西两套星座体系画在同一幅星图上，由于标注文字太多，会造成识图困难。因此，我们将中国传统体系与西方体系分开，把同样天区的恒星画在两张星图中，称作“中国星图”和“西方星图”，分别标注星名和星座及其连线。此外，在编排时，将同一天区的中西两套星图，排版在左右对页的位置，从而方便读者进行对照。

《中西对照四季星图》是为每个季节里认星而绘制的，因此是四套星图。每个季节绘有两幅星图，分别是面向南方和面向北方所看到的星空。星图采用“中西对照”方式，在左右对页上，绘制的是同一天区的恒星，分别标注中国传统和西方的星名和星座。此外，该套星图主要针对北半球中纬度地区观察者，在 5 月、8 月、11 月和 2 月的月初北京时间 21 点时，可以看到的星空。在一年的其他时间观察所见的星空，可以适当综合前后两季的星图得到。

书中的恒星星名和编号

为尽可能地方便读者阅读和理解，在全书中对古代星官及某颗星的官方名称均用〖〗括起来，以避免不必要的歧义，如〖心〗〖心宿二〗〖开阳〗等。

关于在本书的星图中对古代恒星的编号，特做如下说明。

中国古代比较重视每个星官中的主星（也称为距星），一般习惯称呼为“某大星”，例如“心大星”“河鼓大星”等。也有按照其在本星官中的方位来称呼，例如“某星官西南大星”等。除此之外，传统天文学对星官中其他的大多数恒星一般不进行精确描述，并且所有恒星都不设编号。

需要提醒读者，将恒星进行编号的做法，是在明末清初时受到西方科学的影响才出现的。例如今天常见的星名〖心宿二〗〖大陵五〗〖轩辕十四〗等，是清朝康熙年间比利时传教士南怀仁等人赋予的名称，该用法至今不过两三百年而已。这些编号在我国上下五千年的古代典籍中是从来没有的。

如前所述，本书研究基于的数据以及书中呈现的星图，是宋代皇祐年间（公元 1052 年）的实测星表数据，代表了我国传统星象。其传承自上古直至明末，数千年一脉相承，与清代星象有着本质的区别。因此，按照我国传统的习惯，本不应对恒星进行编号。

但考虑到方便读者认星，本书一方面参考了清代时对恒星编号的习惯，另一方面按照我国传统星象的特点，在编号时着重强调每个星官中的距星，因此大多数星官的距星的编号都定为第一，例如〖参宿一〗等。此外，本书采用在星官内恒星自左向右、自上向下的顺序逐一进行编号的方法。这使得最终的编号有可能与清代的有所不同，请读者注意。

总之，本书对古代恒星进行编号，只是为了方便读者认星，不能作为恒星对照的依据，毕竟在我国传统天文中，恒星并不编号。

星图的使用方法

为方便认星，自古就有人把天上的星星画下来，绘制成星图。星图类似地图，但是在使用星图的时候，却与地图有所不同。

现代的地图一般都采用“上北下南，左西右东”的绘制方式，但是在星图上往往是“上北下南，左东右西”。二者为什么会不一样呢？这主要是因为它们的使用方法不同。

我们知道，地图是为了把地面上的景物与图中的标记相对应，所以，地图在使用的时候要将图面向上，铺陈在人面前。因此，当上方对应北方的时候，图的左边就是西，右边是东。

而星图与此不同，它是为了表现天空中星星的相互位置关系。因此，在使用星图的时候，需要把它高高举起，将图面向下，仰起头来使用。因此，当星图的上方对应北方的时候，左边是东，右边是西。不信，您可以把图举过头顶，找找方向，试试看是不是这样。

无论是使用纸质星图，还是观看手机中的电子星图，在使用的时候，都要举起来使用，请不要像使用地图那样，放在面前的桌子上，低头来看。

本书的阅读方法

本书首创将《步天歌》与传统星官的描述相结合，希望读者在了解中国传统星空文化的同时，也能以古人的视角认识头顶的星空。因此，阅读本书的推荐路径是：先读《步天歌》歌谣，再看“文图”星官，然后结合现代星图认识实际星空，最后了解星空知识和人文故事。

因此，本书每一章中内容的顺序也是如此安排，读者在仰望星空时不仅能认出中国传统星官，还能体味中国传统文化，真正做到漫步中国星空。

好了，一切准备就绪，下面就让我们开始星空漫步之旅吧。

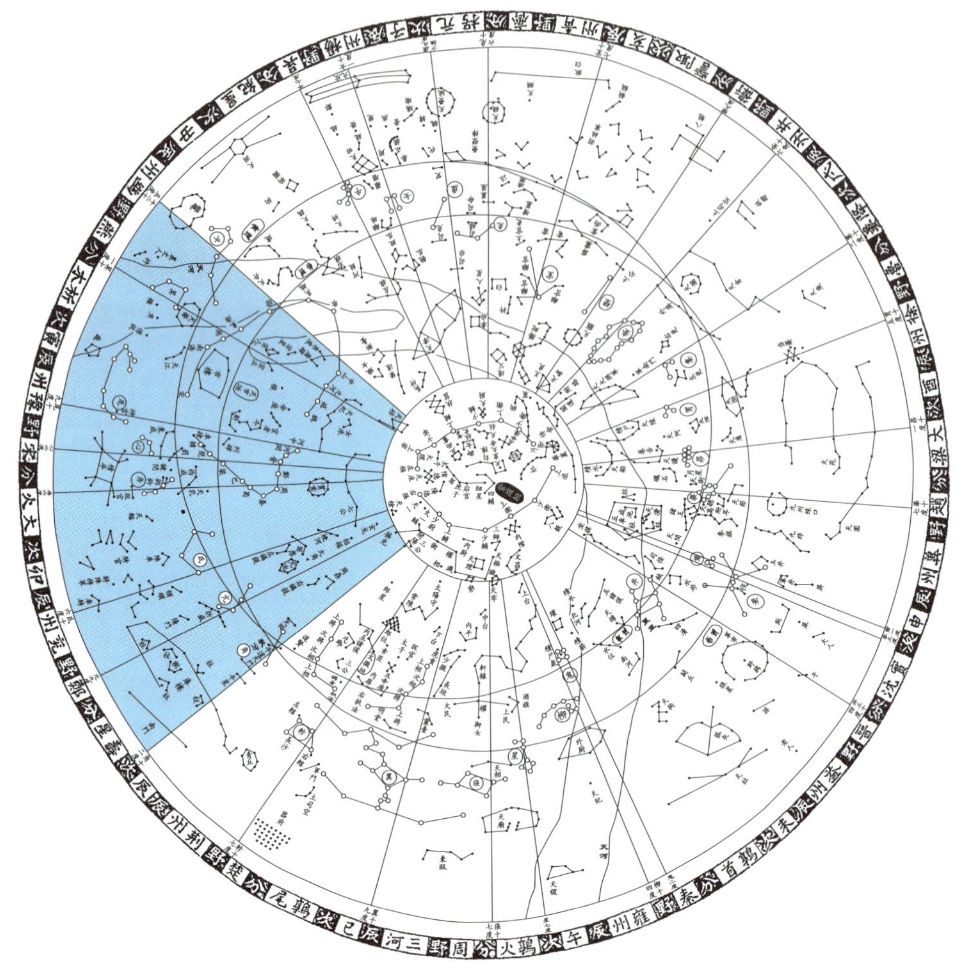

苏州石刻全天星图（摹本）

图中深色区域为东方苍龙七宿的范围

第二章 | 东方苍龙七宿

我国传统的二十八宿被分为四组，称为“四象”，分别是东方苍龙七宿、北方玄武七宿、西方白虎七宿和南方朱雀七宿。排在第一位的就是东方苍龙七宿。东方苍龙七宿是指：角宿、亢宿、氐宿、房宿、心宿、尾宿、箕宿。可见，角宿不但是东方苍龙的第一宿，也是二十八宿的第一宿，“数起角亢，列宿之长”，在古代读书人必备的辞典《尔雅》中，角宿拥有很高的地位。在《石氏星经》中称它为“苍龙之首，主春生之权”。这是因为，在我国传统文化中，东方代表着春天。而在《步天歌》中最先唱到的正是角宿。我们跟随《步天歌》认识全天星空，可以把角宿作为一个很好的起点。

在我国适合观察东方七宿的时间是每年 5 月到 7 月的黄昏后，可以在南方天空中看到它们。

角宿星官

东方苍龙第一宿

包括 11 个星官，共 45 颗星。

1. 角
2. 平道
3. 天田
4. 进贤
5. 周鼎
6. 天门
7. 平星
8. 库楼
9. 柱
10. 衡
11. 南门

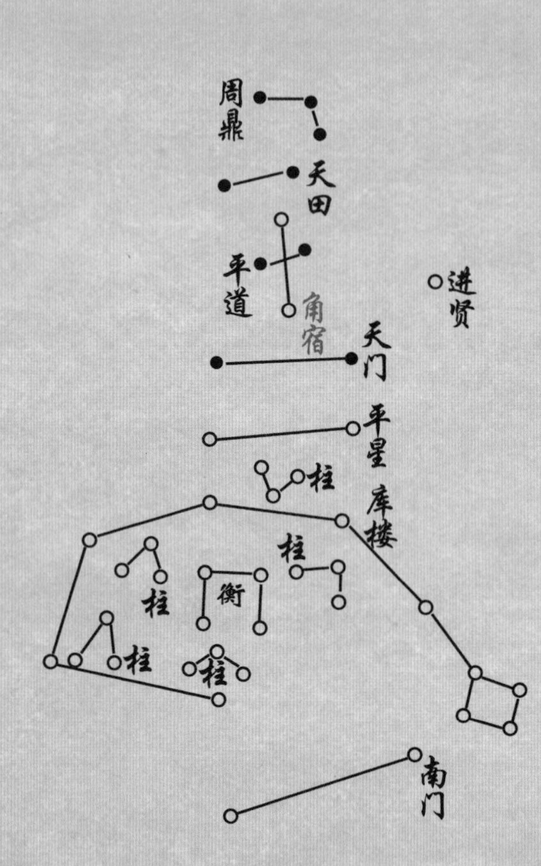

角宿星官文图

句数编号	步天歌	释义
角		
001	南北两星正直著	〖角〗由南北排列的2星组成
002	中有平道上天田	〖角〗2星中是〖平道〗,〖天田〗在〖角〗上方
003	总是黑星两相连	〖平道〗和〖天田〗都是2星相连
004	别有一乌名进贤	另有1颗星是星官〖进贤〗
005	平道右畔独渊然	〖进贤〗在〖平道〗的右边
006	最上三星周鼎形	〖周鼎〗3星在角宿的最上方
007	角下天门左平星	〖天门〗在〖角〗下边，再向下是〖平星〗
008	双双横于库楼上	〖天门〗和〖平星〗都是2颗星,横在〖库楼〗上方
009	库楼十星屈曲明	〖库楼〗10星弯曲相连
010	楼中立柱十五星	〖库楼〗中有〖柱〗15星
011	三三相似如鼎形	15颗星三三相连，似鼎的形状(三足鼎)
012	其中四星别名衡	库楼中还有4颗星叫作〖衡〗
013	南门楼外两星横	〖南门〗2星横在〖库楼〗外

角宿

星空的起点

每年的春夏之际是观察角宿的最好时机。对于初次认星者来说，在星空中找到角宿，需要有点技巧。

对于普通读者来说，在漫天的星星中，知名度最高的恐怕非北斗七星莫属了。七颗较为明亮的恒星，组成一个勺子的形状，而且附近没有其他亮星，因此较为醒目，很容易在夜空中找到。由于位置比较靠近北天极，对我国中原以北地区的观察者来说，北斗七星整年都不会沉入地平线以下；而对于南方地区，除了冬季之外的全年大部分时间里，也都能看到它们。因此，从它出发寻找其他星官的确是一个好办法。中国星空的漫步之旅，就让我们从北斗七星开始吧。

司马迁在《史记·天官书》中写道:“北斗七星，所谓璇、玑、玉衡，以齐七政。杓携龙角，衡殷南斗，魁枕参首。”这里的“魁”指的是北斗这个勺子头上的四颗星组成的四方形。古代星空中跟文人前途相关的，独占鳌头的〖魁星〗，说的就是这颗星。“衡”指的是北斗斗柄中间的星，叫〖玉衡〗。而“杓”指的是北斗斗柄末端的两颗星，它们的延长线代表了北斗斗柄的指向。

《天官书》中的这段话意为,“衡”指示出〖南斗〗星的方位，“魁”标识了参宿的方位，而“杓”所指向的正好就是龙之角，也就是〖角宿〗星官。如图 2.1 所示，从北斗的斗柄可以引出的一条长长的

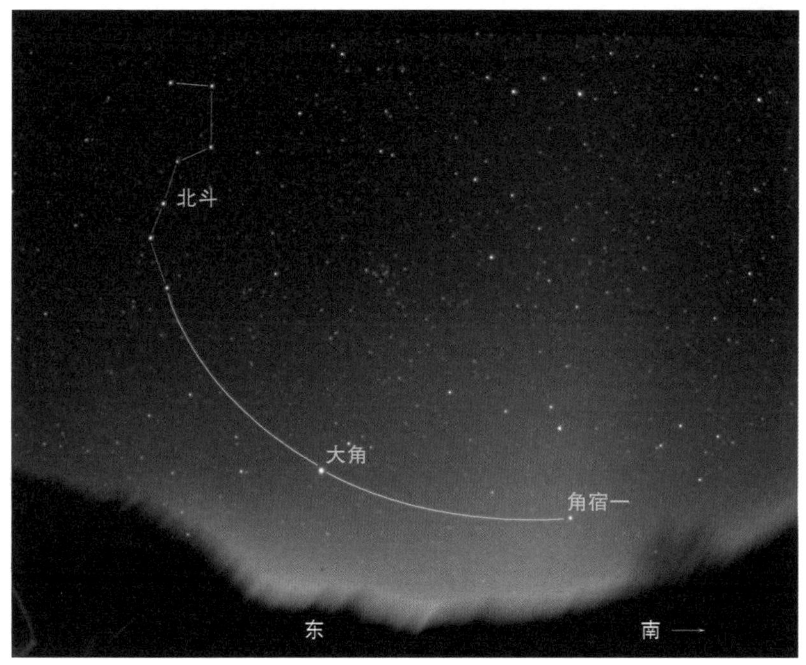

图 2.1 从北斗七星寻找〖角宿一〗

从熟悉的北斗七星出发，将斗柄的三颗星组成的曲线看成一个大圆上的一段，将这段曲线沿着大圆延长，大约两倍远的距离上有一颗亮星，再延长两倍，第二颗亮星就是〖角宿一〗。

弧线，先通过〖大角〗星，最终指向〖角宿〗星官的主星——〖角宿一〗。具体来看，将北斗斗柄的三颗星连成一条曲线，向外延长四倍的位置有一颗亮星，它是〖角宿〗星官的主星——〖角宿一〗。〖角〗星官由一南一北两颗星组成，在南边的是〖角宿一〗，在它北面不远处的是〖角宿二〗。

北斗与龙角

南宋的文史学家、浪漫主义诗人陆游曾写有一首充满感情的诗《将进酒》，说到北斗和龙角的关系。它的上半段是：

我欲挽住北斗杓，常指苍龙无动摇。

春风日夜吹草木，只有荣盛无时凋。

首先描述的正是斗柄指向苍龙星官的天象。自古人们就知道，当苍龙七宿的第一宿——角宿在傍晚时分出现在东方天空的时候，就意味着春天的来临。《淮南子》中有："斗柄东指，天下皆春；斗柄南指，天下皆夏"等，这明白无误地表明，随着一年中的季节变迁，天空中北斗斗柄的指向也会不停地转动，可谓"斗转星移"。

在这首诗中，陆游感叹时光的流逝，人生的短暂。他又突发奇想，打算让星斗停止转动，以便使时间止住脚步，希望这样一来，人生就再没有衰老与死亡。诗人接着说：

我欲划断日行道，阳乌当空月杲杲。

非惟四海常不夜，亦使人生失衰老。

您看，陆游有着多么不凡的想象力啊，他打算阻断日月运行的黄道，希望这样就可以让太阳不必西沉，月亮也不再有阴晴圆缺，能够时时驱除黑暗，将光明永驻人间。放翁先生不但能编修国史，一生中还笔耕不辍，写下近万首诗篇和散文，篇篇都语言平易、章法严谨。后人评价他，存世的书法墨迹遒劲奔放，诗与散文激昂慷慨。此言不虚！

一扇天门

唐代天文大家李淳风在《晋书·天文志》里说:“角二星为天关，其间天门。”这指明〖角宿〗星官在天空中的重要地位——它是天上的一扇门。

在古代，关口往往是人们去往异域的唯一通路。王维在送别西行的友人元二时留下名句“劝君更尽一杯酒，西出阳关无故人。”这个阳关，就是当年通往西域的必经之路上的重要关口。

组成〖角宿〗星官的两颗星，就像是关口的两扇城门一样，把守着天上的关隘。为什么这么说呢？原来，在〖角宿〗两颗星之间，有一条特别重要的天上的道路，它就是黄道。

黄道是太阳每年在天空中从西向东走过的固定道路。木火土金水五颗行星也是沿着黄道附近在运动，而月亮运动的道路——白道，也在黄道的附近。所以笼统地说，黄道是日月五星运动的道路，在天空中无比重要。而黄道实际上就从〖角宿〗两颗星之间通过（图 2.2）。这意味着，日月五星会定期地从〖角宿〗两星之间经过。正像古人在诗中所说的:“日月回龙角，星辰会紫垣。”

难怪古人也会把〖角宿〗称为天门呢。为了强调这一点，后来还干脆在这里设立了一个星官，名字就叫〖天门〗。

战国时期著名诗人屈原在《天问》中，关于〖角宿〗有这样的诗句:“何阖而晦？何开而明？”可见，他也把〖角宿〗比作一扇门，当它打开，天就亮了；当它关闭，天就黑下来。

“角宿未旦，曜灵安藏？”诗人还追问道，既然〖角宿〗这么重要，那么当它还没有升起来之前，太阳到底藏在哪里呢？

图 2.2 〖角宿〗上下 2 星的连线与黄道相交

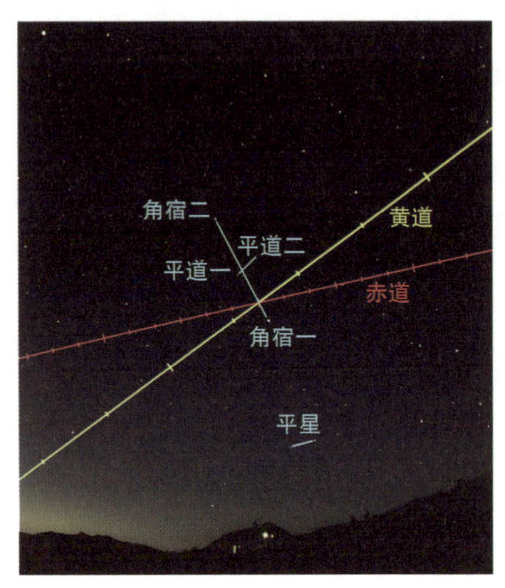

〖角宿〗上下 2 颗星连成的直线，与黄道相交且垂直。〖平道〗2 颗星的连线与黄道平行，且与〖角宿〗连线成十字交叉。这两个星官组成的“十字”标定了二十八宿的起始。在公元 300 年前后的魏晋南北朝时期，这里正是黄道与赤道相交的秋分点所在的位置。

二月二，龙抬头

我国有一个古老的节日跟〖角宿〗星官有关系，那就是每年“二月二”的龙头节。

民间有谚语：“二月二，龙抬头，大家小户使耕牛。”中国自古是一个农业大国，农业是国家之本，这是说在每年农历二月二前后，农民就要开始耕种了。这句谚语是对这个重要的务农日子的提醒。不过，这里的“龙抬头”，指的又是什么意思呢？

我们知道，农历二月初二对应到二十四节气的惊蛰前后。惊蛰这个节气的名称是对自然物候的写照。在这个时候，阳气生发，天气回暖，大地复苏，草木萌动，冬眠的昆虫、蛇之类的动物，就要结束冬眠，出来活动了。这就像它们被艳阳或者春雷从梦中惊醒一样，因此这个时节叫惊蛰。在民间，人们经常把蛇叫作小龙，所以有人说“龙抬头”指的就是蛇结束冬眠，开始活动的意思。这是对于“龙抬头”的第一种解释。

还有人说，农历二月进入仲春季节，黄河流域依然干旱，农民要春耕播种，就非常需要土壤湿润，保有水分。这时若是天公降雨，真是太宝贵了，所以有“春雨贵如油”之说。而神话里天上的龙，正是主管着兴云作雨，所以民间就有舞龙祈雨的风俗。希望神龙能够抬起头，给大地带来一场春雨。这么理解“龙抬头”肯定也不错。

实际上，“龙抬头”还有第三种解释。它来自天文。

我们知道，东方七宿中的角宿到尾宿代表了从角到尾的龙的形象。古时每年二月初的傍晚时分，在东方地平线上，冉冉升起的星星，就是代表东方苍龙龙头的〖角宿〗星官。这个场景，就像是一条蛰伏了一个冬天的龙渐渐苏醒，从东方慢慢地抬起了头。所以“二月二，龙抬头”，说的是古时每年二月初的傍晚，苍龙七宿的“龙头”升起在东方天空的星象。

当古人在傍晚看到龙抬头星象的时候，就知道春耕的季节到了。因此，“二月二”在古代也被称作龙头节。据西晋史书《帝王世纪》记载，被尊为“三皇”之首的伏羲重农桑、务耕田，在每年农历二月二，率领各个部落联盟的首领“御驾亲耕”，而百姓也要在这天开始下田耕作。后世的黄帝、尧舜禹也纷纷效法。司马迁在《史记》中记述，周武王在每年的二月二都会举行盛大仪式，率文武百官亲耕，并把这天定为“春龙节”。从唐代开始，二月二被正式定为“劳农节”，皇帝要率百官出宫到田里耕地、松土，象征性地参加劳动。可见，中国古人每年也有劳动节，日子就在二月初二。

到了明清两朝，这个节日进一步演变，除了皇帝带头亲耕，还要举办皇帝祭祀先农的重要典礼活动（图 2.3）。明朝永乐皇帝在北京的南郊修建了先农坛，并且按照古代传统，在那里划定了一亩三分地，专供皇帝在每年这个时候来这里亲耕。今天人们常说的“一亩三分自留地”，就是从这里来的。据记载，皇帝要用右手扶犁、左手执鞭，由春牛拉犁，往返犁地四趟。然后，他从西边登上观耕台，观看耕种成果后，由东阶退下回宫。

到了清朝，雍正帝觉得先农坛路途太远，于是就在圆明园附近设立了“一亩园”。皇帝每年春天都要来此举行亲耕之礼，这个礼仪延续了一百多年，到了道光皇帝时期才逐渐被废弃。今天的北京先农坛和一亩园已成为文物保护单位。

再回过头看看代表龙角的角宿星，《步天歌》里有“南北两星正直著，中有平道上天田”。这里的〖天田〗星官，代表的正是皇帝亲耕的那一亩三分地。既然农民耕种的叫农田，那么作为天子，他耕种的当然应该叫天田。

我们如何观察龙抬头的天象呢？实际上，如果现在每年农历二月初来到外面观察星空，是看不到〖角宿〗星官的。为什么呢？这是因为在这个季节的傍晚时分，角宿还没从东方升起来呢。它要在接近子夜的 23 点前

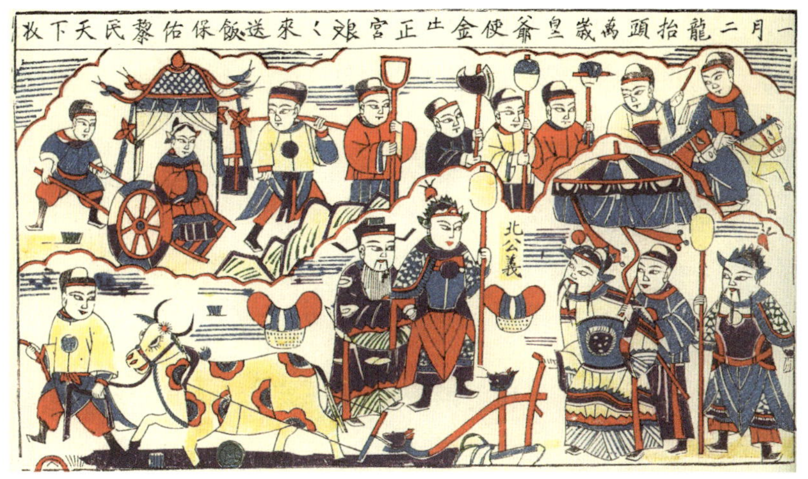

图 2.3 二月二年画（清代）

二月二，龙抬头，皇帝带头亲耕。图源：冯骥才《中国木版年画集成》。

后才从东方升起来，这是岁差造成的。

岁差，是地球的自转轴进动造成的一种天文现象。我们都知道，地球在围绕太阳公转的同时，自己也在飞快地自转。地球就像一个陀螺，它的自转轴不是固定方向的，轴本身在天空中不停地摇摆，这叫作进动。这造成了南北天极点每 25800 年在天空中画一个圈。

岁差还表现为春分点一直沿着黄道向西移动，这使得回归年比恒星年短了大约 20 分钟，岁差也因此而得名。岁差还导致在历史上不同的时期，在一天中的同一时间看到的星空不一样。

大约 2500 年前，在春秋时期的星空和现在差了将近 3 个小时。也就是说，那个时候每年二月初的傍晚时分,〖角宿〗星官才从东方刚刚升起。天象出现的古今时间差异，正好说明“二月二龙抬头”所记录的年代应在2500年以上。而这一年代，与古代帝王们开始有二月二春耕礼仪的时期对应上了。

天上的华表

在角宿两颗星连线的两侧，还有两颗星联成一条小横线，它就是〖平道〗星官。天空中这一竖一横的形状，很容易让人联想起一种古代建筑——华表（图2.4）。二者的外形实在是太像了。顾名思义,“华”是指经过装饰的意思，而“表”才是它的主体。要知道,“表”实际上是古人最早观天测时的一种仪器。

北京古观象台有一个古代天文仪器的复制品——圭表（见图2.5）。它由两部分组成，竖起来的叫作“表”，水平放置的叫作“圭”。每天的正午时分，阳光把表的影子投影在圭上。古时候，天文家通过测量投影的长度，确定一年的年长以及二十四节气的时刻。这个直立的“表”是用来指示时间的，因此今天我们习惯把记录和指示时间的东西叫作“表”。

早期的“表”只是一根杆子而已，后来它逐渐发展为一种比较精准的测量仪器。北京古观象台的圭表参考的是元代郭守敬的发明，在它的顶端有一根横杆，每天正午时分，阳光会把这个横杆的影子投射在水平的圭尺上，这样就能比较精确地读取影长的数据。圭表上的横杆对应

图 2.4 华表
古代华表一般立于皇宫门前，其起源是古代的天文仪器圭表。

图 2.5 北京古观象台的圭表 ▲ ▼
阳光把圭表的影子投射在刻画着尺度的圭面上，可以读出当天的日影长度。

着华表上的横杆，在星空中对应的是位于〖角宿〗两星之间的〖平道〗星官。

其实，在古代，早期的华表并不像现在这样华丽，它不过是立在国都皇城门前的一根高高的杆子，上边有一根小横杆用来挂旗帜。在古代都城中，这根高高的表杆很醒目，起到了路标的作用，标明天子所在的地方。此外，古人还经常把官府重要的告示文书张贴在上面。

〖灵星〗与棂星门

源自古代天文仪器的华表，后来演变成为表明高贵地位的建筑。除此之外，古代人们还把它作为一个元素，融入其他的建筑形式中。图 2.6 是山东曲阜孔庙的棂星门，不难看出它包含了华表的元素。这种建筑形式的名字也与天文星官有关。

《步天歌》里有“中有平道上天田”，在角宿两星的上边有两颗星，叫作〖天田〗星官。在很早以前,〖天田〗星曾是东方苍龙的左角，后来才演变为〖天田〗，代表天子的籍田，而龙的左角就被〖角宿二〗替代了。实际上,〖天田〗星还有一个名字，叫作〖灵星〗。在古代,〖灵星〗和〖文昌星〗，以及北斗中的〖魁〗星，都是天上的文曲星，受到文人的万般敬仰。

从汉高祖开始，皇帝每年在祭天时都要先祭灵星。到了宋代，把皇家祭天台的外墙上所建的门称作“灵星门”。既然角宿是“天门”，那〖天门〗上的〖灵星〗就相当于是门框，所以又叫作“棂星门”。后来，

图 2.6 山东曲阜孔庙的棂星门

仔细观察，棂星门几根高高的门柱上都横有一段牛角状石雕，组成十字形，如华表一样，这与角宿和平道组成的十字形十分相似。

棂星门这种建筑形式就被广泛用于各种祭祀场所，如祭坛、陵寝、祠堂等。

我们知道，孔子当年讲学时，追随他的弟子有三千，更有贤人 72 位，在他的思想影响下，很多学生都成为治国的功臣，所以人们把孔子尊称为“万世师表”。到了明代，为了突出对孔子的尊敬，明太祖洪武十五年（1382 年）在建文庙的时候也修建了棂星门，象征祭孔子如同尊天。这就是今天大家看到的曲阜孔庙棂星门的来历。后来人们干脆以“棂星”来命名孔庙的大门，象征着孔子可与天上施行教化、广育英才的〖灵星〗星官相比。

《步天歌》有:“别有一乌名进贤，平道右畔独渊然。”观察星图，在〖灵星〗的附近，在〖平道〗星官的右侧，果然有一个〖进贤〗星官。“进贤”就是广进贤才的意思。结合棂星门的故事，不难明白这个星官名称的含义：原来，设立孔庙的初衷之一，就是希望天下的儒生能够继续弘扬孔子的思想，贤能之士可以汇聚于这个棂星门内，为国家效力。

在明清两代，皇帝祭天地的重要场所都会设立棂星门。在北京的天坛圜丘和社稷坛周围都有棂星门（图 2.7）。后来，棂星门在民间也得到应用，例如褒扬功德节烈的牌坊，就是棂星门的形式。若以后再见到这样的建筑，您是否会想到天上的〖灵星〗呢?

图 2.7 北京古代建筑群中常见的棂星门

左侧是天坛圜丘周边的棂星门，右侧是社稷坛周围的棂星门。

两条平行线

我们再来观察【角宿】附近的星官。除了〖平道〗星之外，在【角宿】的下方，还有一个星官叫作〖平星〗，它和〖平道〗星的名字里面都有一个“平”字，而且都是两颗星组成，分别形成两条横线，不难看出，这两条线并不平行。但是仔细观察星图，你会发现图中还有两条重要的线路，一个是黄道，一个是赤道，它们的走向也不是平行的。〖平道〗星的连线与黄道线平行，而〖平星〗的连线则平行于赤道线（图 2.8）。

无论是黄道还是赤道，都是天球上反映天体运动的虚拟轨迹，在天上并没有肉眼可见的实际线条，因此，在观星的时候，黄道和赤道的方向并不太好把握。而假如借助〖平道〗和〖平星〗这两个星官，就能直观地确定黄、赤道这两条重要道路在天空中的方向。

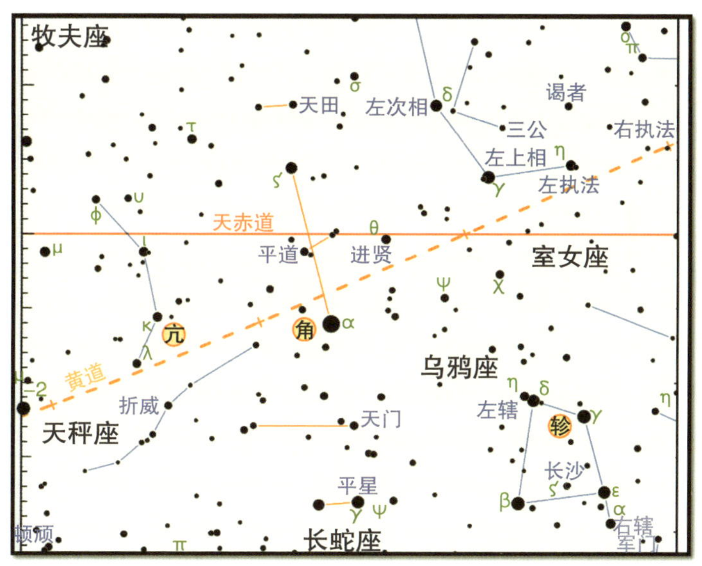

图 2.8 【角宿】附近的星官

〖平道〗星的连线与黄道线平行，而〖平星〗的连线则平行于赤道线。

此外，在古代星象得以定型的魏晋时期，赤道和黄道的交点之一——秋分点，正好就在〖角宿〗星官的连线上。因此，在那个时候,〖角〗2 星的连线和黄道、赤道这三条直线正好交会于一点，实在难得。当然，由于岁差的缘故，如今赤道和黄道的交点早已不在这里了。

〖左平星〗之谜

说到〖平星〗，李淳风在《晋书·天文志》上说它有“廷尉之象，主天下的法狱之事”。《开元占经》中也说“平星执法正纪纲”，当〖平星〗2 星“欲齐等，广狭有常，高下不差，则天下治，万物成”，否则“其星差，戾政乱荒”。可见，古代星占家认为，如果〖平星〗这两颗星高下位置不差，亮度相近，则预示了天下太平，否则就是失去法度，天下会大乱。

抛却占星术的成分，今人大概感到奇怪，这两颗星真的会发生这么大变化吗？实际上，关于这个事情，古人真的没有胡编乱造。

在〖平星〗2 星中，对于右边的那颗，也就是〖右平星〗，所对应的实际恒星，自古人们基本没有争议，在现代天文学中它对应的是长蛇座的 γ 星，在图 2.9 中用蓝色的圆圈标识。但是〖左平星〗到底是哪颗星呢？在历史上却存在争议。

通过研究史书上所记载的宋代皇祐年间的观测数据，笔者认为〖左平星〗是长蛇座的 R 星，在图 2.9 里用红色圆圈标识。一方面是因为这颗恒星的坐标位置最接近宋代观测的记录数据；另一方面是因为长蛇座 R 星是

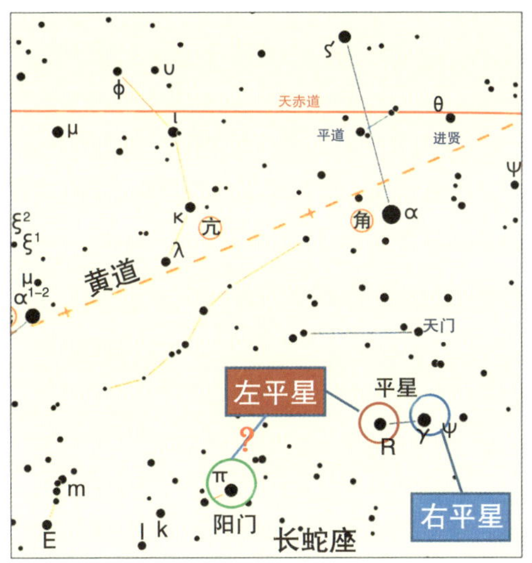

图 2.9 由 2 颗星组成的〖平星〗星官

其中左侧的〖左平星〗到底是哪颗星？宋代的记录是图中红色圈中的星，而清代的记录则是图中绿色圈中的星。

一颗变星。变星指亮度会发生变化的恒星。一般来说，每颗变星的亮度变化幅度大小不一，变化周期也各有不同，甚至有的变星的亮度变化根本就没有周期。长蛇座 R 星就是这样的恒星，它亮度会在 3.5 等和 11 等之间波动。

结合我们在第一章介绍的关于星等的知识，我们再来看看〖平星〗。既然〖左平星〗对应的是长蛇座 R 星，作为一颗周期变星，它的亮度会发生周期为 380 天左右的变化。最亮时可以达到 3.5 等，肉眼完全能看到。〖右平星〗的亮度为3等，那么可见，当〖左平星〗达到最亮的时候，与右平星的亮度十分接近。这就是古人所说的“星齐同而明”，被解读为天下太平之象。而当〖左平星〗最暗的时候，为 11 等，肉眼根本看不到它。对于〖平星〗2 星来说，这就是古人所说的“其星不明，差戾不正”，由此联想到会出现政法荒乱的情况。

然而在清代时期编纂的《仪象考成》的星表里，人们把另一颗恒星——长蛇座 π 当作〖左平星〗，见图 2.9 中绿色圈中的星星。这是为什么呢？我们知道,〖左平星〗会周期性地变暗，直至肉眼不可见，并且保持相当长一段时间。然而，清代时实际观天的人越来越少，而且观测者态度也不再那么认真。在某次观测时，假如恰好碰上这颗星变暗，对于不明就里、一知半解的人来说，这就是一个麻烦事。于是他们一不做二不休，干脆就把〖左平星〗的称号赋予了另外的一颗星星。

古是今非的星象

在图 2.10 中位于左侧的是清代的星图，是在网上能找到的，而位于右侧的是宋代的传统星图。对比这两幅图中的〖平星〗，可以看到它们所指的星是完全不同的。这就是中国传统星官在演变中出现的“古是今非”的典型现象。其实仔细对比这两张星图，不难发现“古是今非”的情况何止〖平星〗呢？例如,〖平道〗2 星还有〖进贤〗星，清代和宋代所指的星其实都完全不同。

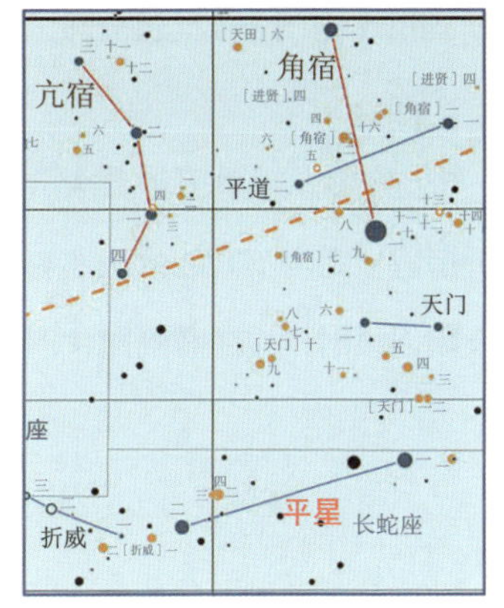

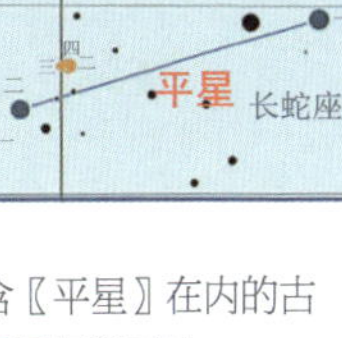

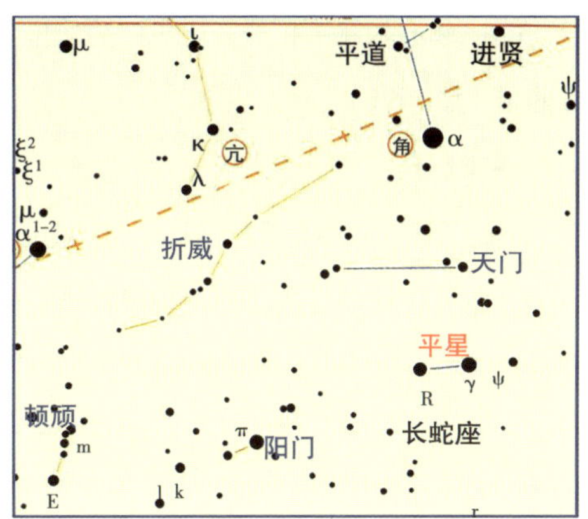

图 2.10 包含〖平星〗在内的古代星图局部对比

左侧是清代的星图，右侧是宋代的传统星图，不难发现二者有很多不同。

角宿《步天歌》的最后一句唱到“南门楼外两星横”，意思是说南门二星在库楼外呈横向排列。在恢复宋代皇祐星图的工作中，笔者发现根据古代观测数据的记载，这个星官的主星（距星）即〖南门一〗的去极度为 137°，折合为赤纬 -45°，考虑岁差因素后，应在〖库楼〗西南角下方的位置，即半人马座 ξ_2 星附近。依照文图看,〖南门〗的两颗星也都应在〖库楼〗的南墙端点附近。因此，最后确定了〖南门〗2 星分别是半人马座的 ξ_2 星和 ε 星。它们的亮度与〖库楼〗诸星相近。

需要说明的是，清代文献记载的〖南门〗2 星分别是位置更靠南的半人马座 ε 星和 α 星。它们很亮，尤其 α 星是全天第三亮星，被后人称为〖南门二〗，这一用法一直沿用至今。但从〖南门〗2 星的位置来看，明清以前的记载均与此不相符。可见，清代前后所指的〖南门〗2星已指向了其他星（图 2.11）。

明末清初，由于西方天文学知识的引入，中国传统星官体系被大大改变，类似〖南门二〗这种情况，星名相同但所指恒星完全不同的情况还有不少，在关注和研究我国的传统星官和古代天象记录时，应注意到时代的差别。

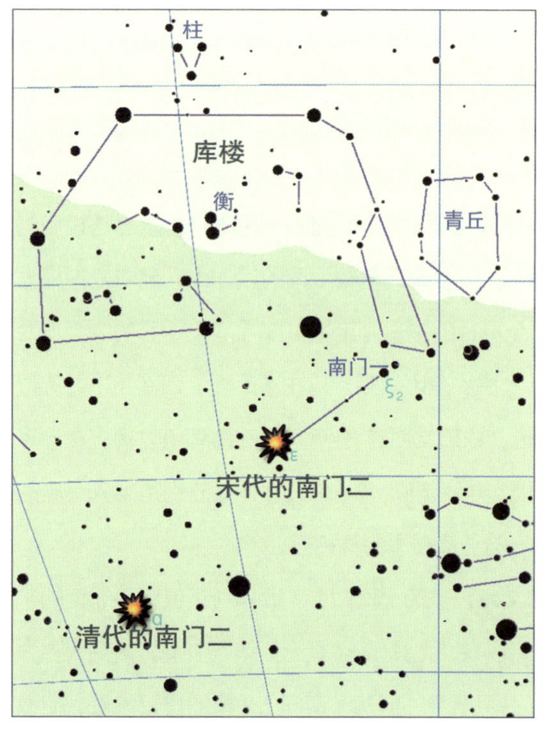

图 2.11 宋代的〖南门二〗星与清代的有所不同

应注意，在明末清初，由于西学东渐，中国的传统星官体系发生了重大变化，出现了“古是今非”“古有今无”的情况。

目前在网上流传的一些所谓的中国古代星图，其实大部分是清代的星图。我们知道，清代的星官体系经过了大规模的调整，星图上的星官与我国传统的星官相差太多。用这些不伦不类的星图来对古代天象进行研究，或者进行传统文化的解读，可谓缘木求鱼，后果不堪想象。

亢宿星官

东方苍龙第二宿

包括 7 个星官，共 22 颗星。

1. 亢
2. 大角
3. 折威
4. 左摄提
5. 右摄提
6. 顿顽
7. 阳门

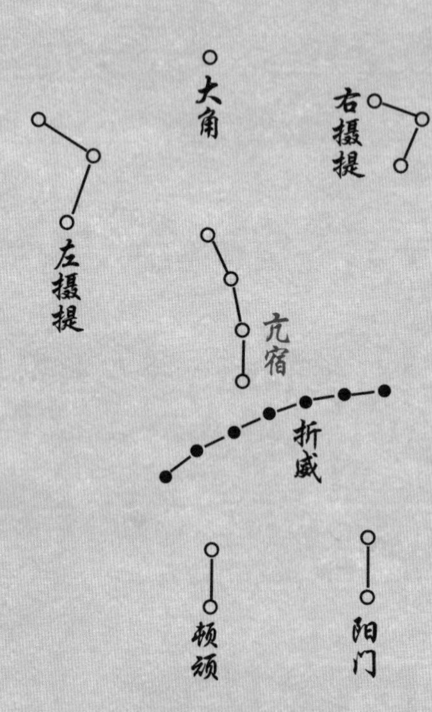

亢宿星官文图

句数编号	步天歌	释义
亢		
014	四星恰似弯弓状	〖亢〗4星相连似弯弓状
015	大角一星直上明	明亮的〖大角〗1星，在〖亢〗之上
016	折威七子亢下横	〖折威〗7星横在〖亢〗的下方
017	大角左右摄提星	〖大角〗的左右两边分别是〖左摄提〗〖右摄提〗
018	三三相似如鼎形	都是3星相连似鼎的形状
019	折威下左顿顽星	〖顿顽〗在〖折威〗左下
020	两个斜安黄色精	2颗星斜着相连
021	顽西二星号阳门	〖顿顽〗西边是〖阳门〗2星
022	色若顿顽直下存	在〖亢〗的下方，它与〖顿顽〗都是由同一家星官命名得来

亢宿

飞龙在天

上面介绍了东方苍龙的第一宿〖角宿〗，接下来看看〖亢宿〗。〖亢宿〗星官由 4 颗星组成，像一把弯弓，最下面的那颗，几乎就位于黄道上。

“亢”字的本意是脖子、颈项，有时候也特指颈的前部。《段注说文解字》中解释亢字：“《汉书》作亢，《文选》作颃，正‘亢’‘颃’同字之证。亢者，人颈。”所以说，考虑到〖亢宿〗是东方苍龙的组成部分，所以，自古人们就把它看作是龙的长长的颈项。

在〖亢宿〗星官的下方，有由 2 颗星组成的一个小星官，名字很奇特，叫作〖顿顽〗。实际上，在古代“顿顽”常指的是一种流星。在《隋书·天文志》中有：“飞星大如缶若瓮，后皎然白，前卑后高，此谓顿顽。”宋代的《文献通考》也说：“飞星有五：一曰天刑，二曰降石，三曰顿顽，四曰解衔，五曰大渎。”既然绘制在星图里的应该都是恒星，怎么会突然出现一颗流星呢？

原来，在早期的星官名称中，这个“顿顽”可能本是另外两个字——“颉颃”，在传抄中由于避讳等原因，逐渐错转成了顿顽。在《段注说文解字》解释亢字的那部分中还有几句话：“页部曰：颉者，直项也。亢者，人颈。然则颉亢正谓直项。”看来段玉裁认为，“颉颃”指的就是颉亢，也就是脖子的意思。结合到〖顿顽〗这个星官，正好位于亢宿之内，可以说段玉裁的解释很靠谱，这个“顿颃”原来也许就是“颉颃”。

段玉裁在说文解字中，把“颉颃”这两个字的意思加以区别，解释得很明白：“飞而下曰颉。飞而上曰颃。”在《诗经·邶风》中有：“燕燕于飞，颉之颃之。”这可能是这两个字最早出现在一起。它的原义是指飞鸟的身姿忽下忽上。后来，这个词就引申为不相上下、相抗衡，或者倔强傲慢的意思。因此，颉颃常用来形容鸟儿飞翔的姿态。汉代文学家司马相如的《琴歌》中有：

何缘交颈为鸳鸯，胡颉颃兮共翱翔。

南宋的陆游在《春和初迁坐堂中》也有：

笔砚陈横几，图书罗矮床。

颉颃燕雀声，左右兰茝芳。

这首诗描写的是诗人坐在放有笔墨的桌前，耳中传来飞翔燕雀的叫声，鼻中闻到兰花的芳香。

在东方苍龙七宿里设置〖颉颃〗星官，看来古人是想用它来形容飞龙在天的姿态。

帝王的朝廷

在亢宿包含的 7 个星官里，真正的主角是〖大角〗星。

〖大角〗星是天赤道以北最亮的恒星，也是全天第四亮星，亮度达到 0 等。在春天傍晚的星空里,〖大角〗星熠熠生辉，是夜空中最亮的星。它自古都受到人们的重视。

上古时代，原本〖大角〗星代表东宫苍龙头顶上的左角，而〖角宿一〗是右角。但是由于〖大角〗星距离黄道实在太远，后来龙的左角就被离黄道更近的〖角宿二〗星替代了，尽管它比较暗。不过，从〖大角〗星的名字，还是能够看出它也曾做过龙角。

〖大角〗星不但很亮，而且是橙黄色的，古人就自然把它和人间的帝王联系在一起。《史记·天官书》中说："大角者，天王帝廷。"李淳风在《晋书·天文志》里说："大角者，天王座也，又为天栋。"可见，在唐以前，人们就把〖大角〗星看作是帝王驾临的朝廷，或者是他的御座。到了后来，人们干脆就把〖大角〗星引申为人君之象，直接代表帝王本人了。

观察星图（图 2.12），在〖大角〗星的附近还有一些星官，都跟它有关系，例如:〖帝席〗〖周鼎〗〖亢池〗，理解它们的含义并不难。

顾名思义,〖帝席〗是帝王在朝廷或者宴会上的座位。而鼎是古代烹煮用的器物，盛行于商、周时期，一般是三足两耳，难怪〖周鼎〗星官由 3 颗星组成。由此看来，如果〖帝席〗指的是帝王所设宴会的座位，那么这个〖周鼎〗自然就是宴会上用来煮食物的用具。不过，既然这个鼎叫"周鼎"，那意义就不一样了。传说夏朝的大禹曾经铸了九尊鼎，传夏、商、周三代，都被视为立国的重器、传国之宝，是政权的象征。只是在周朝衰落以后，这九尊鼎不知所踪。如此重要的器物放在〖大角〗星的近旁，更说明了〖大角〗具备帝王之象。

在〖大角〗星的下方还有一个〖亢池〗星官。从名字看，它是位于〖亢宿〗的一个水池，其实它并不是一个普通的水池。《石氏星经》上说:

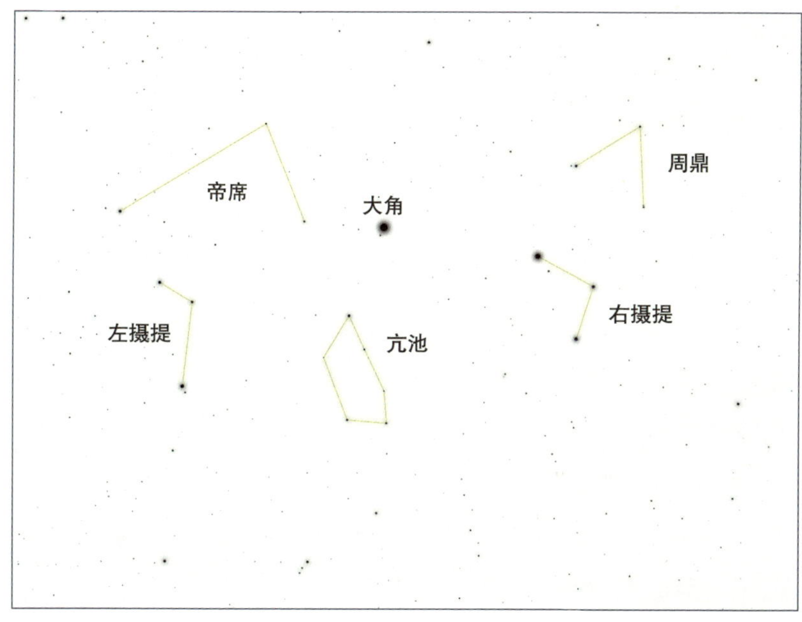

图 2.12〖大角〗星附近的星官

“亢池六星，在亢北，主度送迎之事。”既然〖帝席〗〖周鼎〗星官是帝王的御座和它附近的陈设，那么这个有水的池子，当然也应跟帝王有关。原来，它是皇城门前的护城河，河上边的桥就是金水桥，它是对外联系的必经之路，所以古人认为它主“迎来送往”之事。

摄提六星夹大角

在〖大角〗星的周围，有 6 颗星分别组成左右〖摄提〗星。

《史记 · 天官书》在介绍〖大角〗星后说：“其两旁各有三星，鼎足句之，曰摄提。摄提者，直斗杓所指，以建时节。故曰摄提格。”《步天歌》也唱：“大角左右摄提星，三三相似如鼎形。”从图 2.12 中可以看到，这 6 颗星，三三成对，东边的 3 颗星叫〖左摄提〗，西边 3 颗叫〖右摄提〗，可见《步天歌》对〖摄提〗星官的描述相当贴切。《石氏星经》中有“摄提六星夹大角”，正是这个天象的写照。

司马贞在《史记 · 索隐》中说：“摄提之言提携也。”既然〖大角〗星是帝王的象征，那么〖摄提〗当然就是辅助提携帝王的大臣之象。元代的郝经在《纬亢行》中有：

纲纪梁栋两摄提，招摇玄弋动光辉。

诗中把〖摄提〗比作是辅助帝王的栋梁之材。

屈原在《楚辞 · 离骚》中介绍自己出生的时间，说：“摄提贞于孟陬兮，惟庚寅吾以降。”这里的“摄提”并不是星官，但跟这个星官有关，它是古代历法中的一个名词。

在先秦时代的历法中有“岁星纪年法”。岁星指的是木星，它围绕天空运行一周的时间是十二年。于是人们按照它每年所在的方位，给这十二年里的每一年起了一个名字，其中一年是“摄提格”，指的是木星来到〖摄提〗星官附近的那一年；换言之，就是木星运行到亢宿附近的时候。

古人沿着东西方向把天空一周作十二等分，称为“十二星次”。亢宿附近对应的是十二星次中的“寿星”星次。另外，木星运动一周的这十二年，也对应了大家熟悉的十二支：“子丑寅卯辰巳午未申酉戌亥”。其中“摄提格”，对应的是十二支中的“寅”。因此，古人把干支纪年中的寅年叫作“摄提格”。因此，屈原在自我介绍中说自己出生的年份是在“摄提”，也就是寅年的意思。如此看来，屈原是属虎的啊。

摄提尚复指苍龙

《史记 · 天官书》说：“大角者……直斗杓所指，以建时节。”斗杓意为北斗柄部的 3 颗星。在利用〖北斗〗的斗柄来确定季节时，仅仅说斗柄所指的方向还不太明确，但是在柄的下方，以〖大角〗和〖摄提〗星官为标志，其指向就清晰多了。

如图 2.13 所示，斗柄所指，沿着〖大角〗〖摄提〗方向往南，其对应的星官便是代表东方苍龙之首的角宿和亢宿。如此看来，用苍龙在天空的位置来判断时节，确实更加容易些。

明代的徐渭在《春兴》诗中有：

二月四日吾以降，摄提尚复指苍龙。

道出了从〖北斗〗沿〖大角〗〖摄提〗指向角宿、亢宿的星象。

东汉的经学大师郑玄说：“招摇星在北斗杓端，主指者。”说的是氐宿中的〖招摇〗星位于北斗七星斗柄的延长线上，它可以协助人们辨明〖北斗〗斗柄的指向，从而对判断季节有着重要的作用。〖北斗〗斗柄的

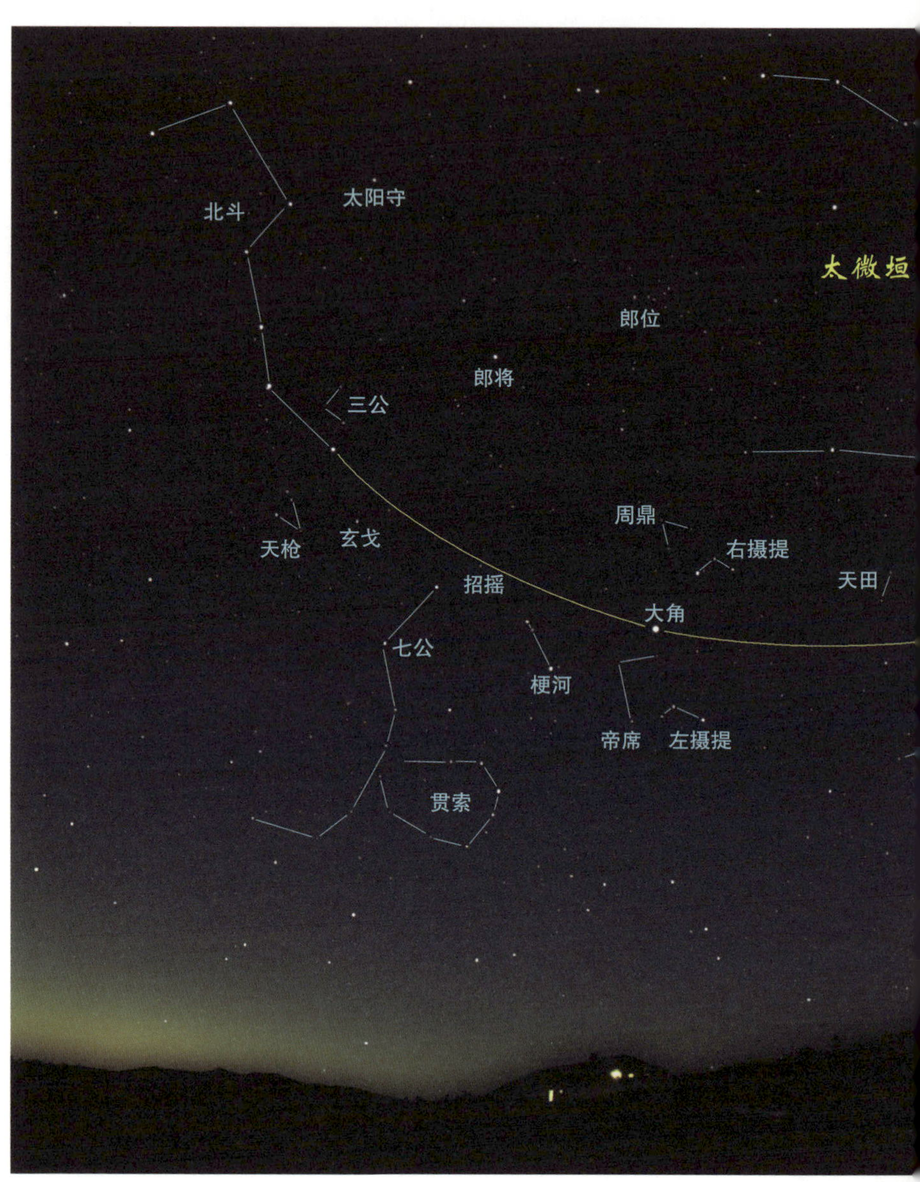
太微垣
北斗
太阳守
郎位
郎将
三公
周鼎
右摄提
天枪
玄戈
天田
招摇
大角
七公
梗河
帝席
左摄提
贯索

最后一颗星叫〖摇光〗，斗柄的延长线从它出发引向〖招摇〗星。从〖招摇〗的字面看正是“指引摇光”的意思。和〖招摇〗有类似作用的星官还有氐宿中的〖梗河〗星，以及紫微垣中的〖玄戈〗星（也叫〖天戈〗）。

唐代诗人王勃说：

闲云潭影日悠悠，物换星移几度秋。

斗转星移，时光荏苒，〖北斗〗和〖招摇〗随着时间不停地转动，当春季到来，它们所指的苍龙角傍晚正在东方。而当秋叶飘零、鸿雁南飞的秋季来临，黄昏时分苍龙飞到西方，〖招摇〗也指向了西天。正如唐朝田园诗人储光羲在《秋次霸亭寄申大》诗中唱道：

南听鸿雁尽，西见招摇转。

图 2.13 北斗斗柄延长线上的诸星官可以帮助人们判明季节

沿着北斗的斗柄向南看，依次有〖玄戈〗〖招摇〗和〖梗河〗星官，再加上左右摄提星的辅助，一路向〖大角〗星指去，沿着这条弧线继续向南就是角宿。〖大角〗和角宿正是东方苍龙的代表。当苍龙角黄昏出现在东方的时候，正是春天到了。《纬亢行》中说：“纲纪梁栋两摄提，招摇玄戈动光辉”，亦是把〖摄提〗〖招摇〗〖玄戈〗都唱到了，“光辉”是指运行的日月，代表了变化的季节和时间。

氐宿星官

东方苍龙第三宿

包括 11 个星官，共 54 颗星。

1. 氐
2. 天乳
3. 招摇
4. 梗河
5. 帝席
6. 亢池
7. 骑官
8. 阵车
9. 车骑
10. 天辐
11. 骑阵将军

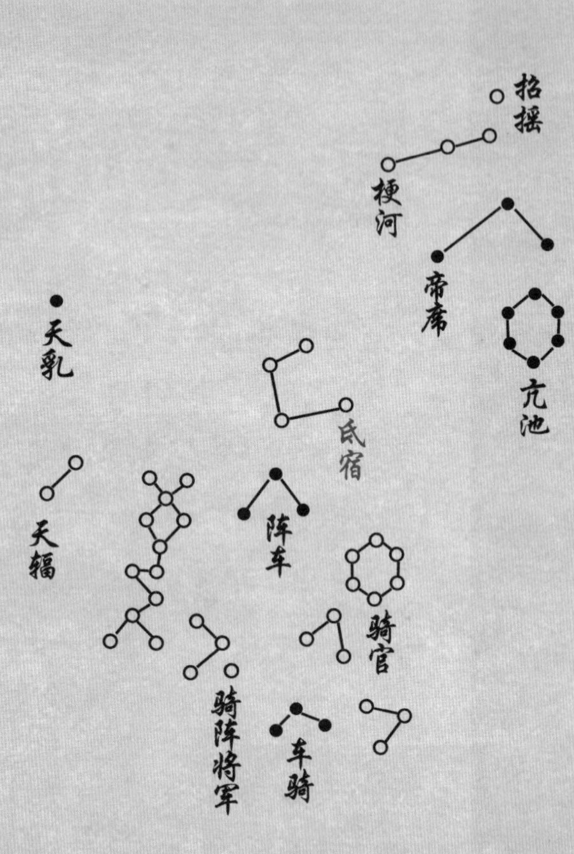

氐宿星官文图

句数编号	步天歌	释义
氐		
023	四星似斗侧量米	〖氐〗4 星像侧着量米的斗
024	天乳氐上黑一星	〖天乳〗1 星在〖氐〗之上
025	世人不识称无名	世人叫不出它的名字，就称其为无名
026	一个招摇梗河上	〖招摇〗1 星在〖梗河〗之上
027	梗河横列三星状	〖梗河〗3 星横着排列
028	帝席三黑河之西	〖帝席〗3 星在银河西边
029	亢池六星近摄提	〖亢池〗6 星靠近〖左摄提〗与〖右摄提〗
030	氐下众星骑官出	〖氐〗下若干星是〖骑官〗
031	骑官之众二十七	〖骑官〗共有 27 星
032	三三相连十欠一	三三相连，共 9 组
033	阵车氐下骑官次	〖阵车〗在〖氐〗之下，再向下是〖骑官〗
034	骑官下三车骑位	〖骑官〗之下是〖车骑〗3 星
035	天辐两星立阵傍	〖天辐〗2 星在〖阵车〗旁
036	将军阵里振威霜	〖骑阵将军〗威立于〖骑官〗阵中

氐宿

天根砥柱

东方苍龙的第三宿是〖氐宿〗,〖氐宿〗星官由4颗星组成一个四边形。

《史记·天官书》说:“氐为天根。”《索隐》中进一步解释说:“角亢下系于氐，若木之根也。”氐字的原意是根本、底部的意思。成语“中流砥柱”见于《晏子春秋》，原指立于黄河中的砥柱山，比喻能起到坚强支柱作用的人。这里的“砥”便来自“氐”字的这层含义。再联系到东方苍龙，不难理解,〖氐宿〗代表龙的骨架和它那强健有力的龙爪和四肢。

〖氐宿〗星官的四边形对应在西方星座中，是天秤座里4颗最主要的星（图2.14)。〖氐宿〗的这4颗星，再加上上方的一颗星，就是天秤座的样子。在图中用蓝色连线表示出来。

血缘根脉

在最早的甲骨文中，并没有“氐”字，不过，却有“氏”字,“氐”字就是从“氏”字演变而来的。

“氏”最初是植物向下生根的意思，意指植物的主要根系，逐渐被用于表示家族血脉的主干，例如“氏族”“姓氏”，这里的“氏”表示根脉的

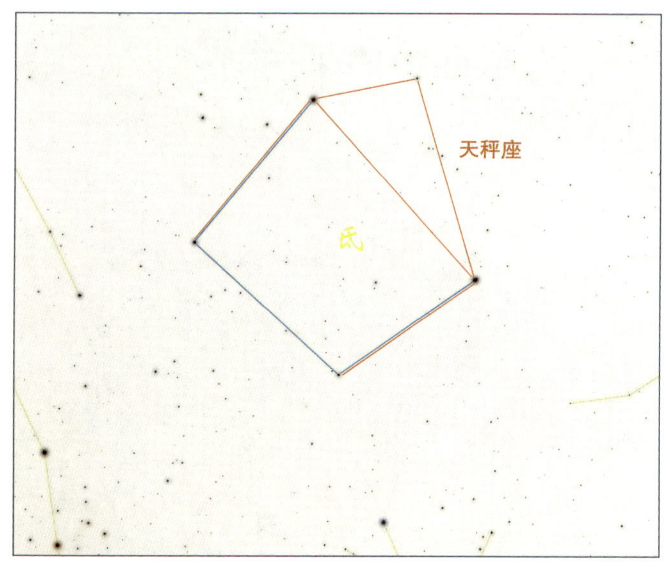

图 2.14〖氐宿〗星官大致对应了西方星座的天秤座

蓝色连线是〖氐宿〗星官，橙色连线是天秤座。

意思。从小篆开始，人们干脆在“氏”字下方加上一点来强调，特指在底部或地面之下的意思，这便出现了“氐”字。

后来在“氐”字的基础上，出现了其他与底部相关的汉字，例如“底”字，“广”字本意指山崖，后来泛指房屋，房屋的下面就是房子的墙根，这便是底部的意思。再如“低”字，加上“亻”表示与人身有关，于是“低”就是人附身向下的意思。

有了对于这些汉字的理解，我们再来记忆〖氐宿〗作为“天根”的含义就容易多了。

房宿星官

东方苍龙第四宿

包括 7 个星官，共 21 颗星。

1. 房（钩铃）
2. 键闭
3. 罚
4. 东咸
5. 西咸
6. 日
7. 从官

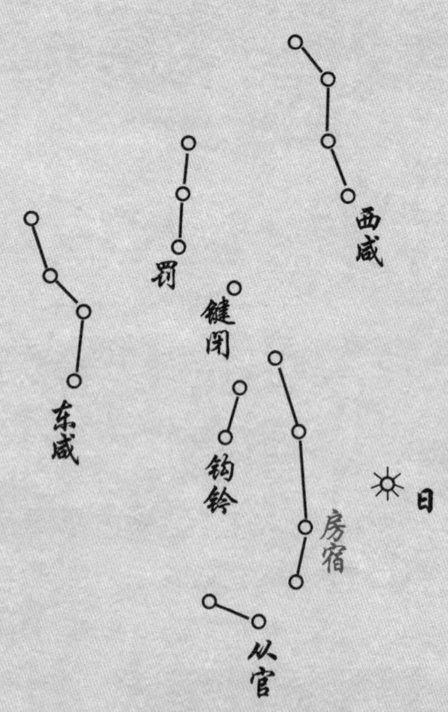

房宿星官文图

句数编号	步天歌	释义
房		
037	四星直下主明堂	黄道附近的4星上下相连为〖房〗
038	键闭一黄斜向上	〖键闭〗1星在〖房〗的斜上方
039	钩钤两个近其傍	〖钩钤〗2星依靠在〖房〗旁
040	罚有三星直键上	〖罚〗3星连成线在〖键闭〗之上
041	两咸夹罚似房状	〖东咸〗〖西咸〗与〖房〗一样，均为4星，夹着〖罚〗
042	房西一星号为日	〖房〗西1星为星官〖日〗
043	从官两星日下出	〖从官〗2星在〖日〗之下

房宿

天马行空

东方苍龙的第四宿是〖房宿〗。《石氏星经》中说:“东方苍龙七宿,房为腹。”显然,〖房宿〗星官指的是龙的腹部。〖房宿〗星官的4颗星排成一线,很像〖亢宿〗的4颗星。不过〖房宿〗4星的最上面的那颗几乎就在黄道上,与〖亢宿〗的情况正相反。既然这个星官与黄道有关,那么其含义就可能不止一个。

在《石氏星经》中有:“房四星,一曰天马,或曰天驷。”在古代,“驷”指的是同驾一辆车的四匹马,或是指套着四匹马的车。既然是四匹马拉着,那这辆车就很快、很有劲,因此有“一言既出,驷马难追”。〖房宿〗在天象中代表拉车的四匹马。不过此马并非人间的凡马,由于它是苍龙的星官之一,因此这个拉车的其实就是龙。古人常把天上的马称作龙,所以有“龙马”一说。《西游记》里面唐僧的座驾,正是西海龙王的三太子,所以叫“白龙马”。

唐代田园山水诗人储光羲在《和张太祝冬祭马步》中有:

房星隐曙色,朔风动寒原。今日歌天马,非关征大宛。

显然,诗人知道〖房宿〗星官对应在天上就是一匹行空的天马。

日月所经的门户

如前所述,〖房宿〗星官的连线与黄道相交,说明日月和木火土金水五星都会运动到〖房宿〗星官附近，所以在古代的星占家眼里,〖房宿〗是很重要的星官。在《国语·周语下》里有:“昔武王伐纣，岁在鹑火，月在天驷。”说的就是当年周武王讨伐商纣王时，当天的晚上月亮正好位于〖房宿〗这里。

陆游在《初秋露坐作短歌》这首词里说:

房星纵，心星横，斗牛阑干河汉明。

意思是说,〖房宿〗4星的连线是竖着的，而作为东方苍龙的下一宿〖心宿〗星官的3颗星，它们的连线则是横着的。这两个星宿和附近的〖斗宿〗〖牛宿〗都沉浸在银河之中。这首诗充分说明陆游这位南宋的文学家肯定是懂天文的，关于〖房宿〗星官,《步天歌》中有“四星直下主明堂”。看来〖房宿〗还有“明堂”的含义，代表着古代帝王的重要厅堂。《开元占经》说:“房主开闭，以其蓄藏之所由也。”这说明〖房宿〗是帝王收藏宝物的场所。为什么这么说呢？在〖房宿〗星官的左右两侧分别有〖东咸〗〖西咸〗星官，而它们可以看作是〖房宿〗的两扇大门。《石氏星经》中有:“房户之扇，常为帝之前屏。”说的就是这两扇门。

古代的“门”与“户”不同，有地位的人家才有“门”，因为门都有两扇门扉，而普通人家的门只有一扇门扉，所以这种门只能称为“户”。

星空中的这扇大门甚至还配有锁和门闩呢。在两扇门合并起来的中心位置上，有一个〖钩钤〗星官，它指的是古代的门锁，而在它上方有〖键闭〗星官，指的是古代的门闩。可见,〖房宿〗这扇大门配件齐全。

心宿星官

东方苍龙第五宿

包括 2 个星官，共 15 颗星。

1. 心

2. 积卒

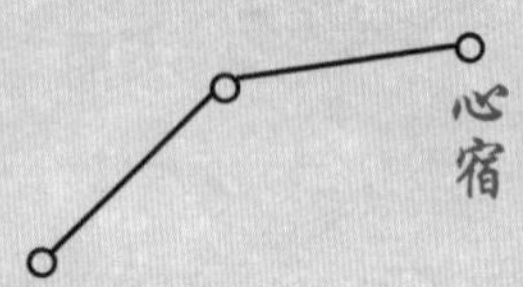

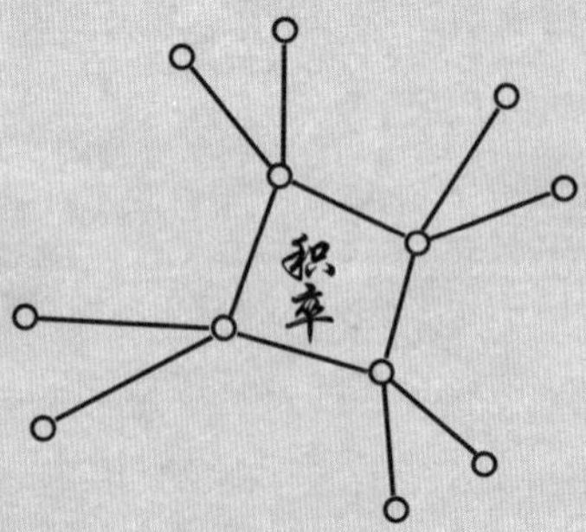

心宿星官文图

句数编号	步天歌	释义
心		
044	三星中央色最深	〖心〗3 星，中央那颗最亮
045	下有积卒共十二	向下是〖积卒〗12 星
046	三三相聚心下是	三三相聚共 12 颗，在〖心〗之下

心宿

帝王之星

东方苍龙的第五宿是〖心宿〗。〖心宿〗星官由 3 颗星组成，在我国传统星官中,〖心宿〗代表的是龙之心，而在西方星座中则对应了天蝎的心脏。

我们知道，中国传统星空体现着天人相应的思想。古代帝王都称自己是真龙天子，所以，天上代表龙心的星官的地位自然就很高。位于〖心宿〗3 星中间的星最亮，被称为“大火星”，在古代占星学中，它常常代表帝王本人，而两旁的星一般代表帝王的儿子，还有书上说它们分别代表了嫡子和庶子 (图 2.15)。

大火星的亮度为 1 等，是全天第 15 亮星，它颜色发红，在我国古代它也被叫作“心大星”，在西方星座中，它是天蝎座中最亮的星，天文学上叫作天蝎座 α 星，代表蝎子的心。它是一颗红超巨星，不但颜色发红，而且体积巨大，直径是太阳的 900 倍。这么巨大的一颗星，古人用它来指代君王，倒是也蛮匹配的。

在夏季星空中，天蝎座是最醒目的星座之一。它位于南方天空中，由于高度比较低，在北半球中低纬度的地方，观察条件最好。天蝎座是黄道经过的星座，属于西方古典星座之一，公元前 4000 年左右的美索不达米亚时期就有这个星座了。

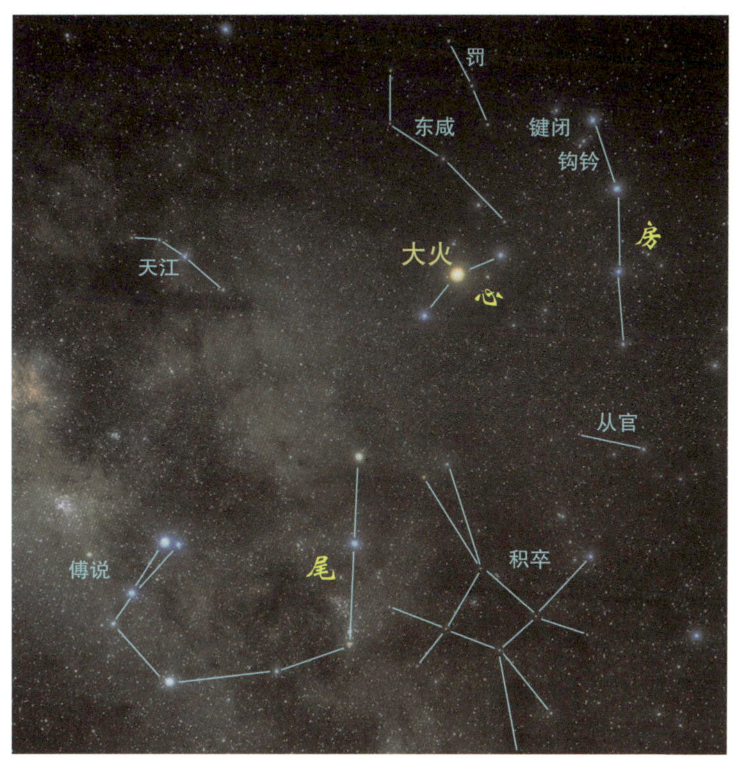

图 2.15 星空中的〖心〗与〖房〗

位于〖心宿〗3 星中间的星被称为“大火星”，它色红似火，在夏季南天星空中最为显眼。〖房〗与〖心〗也都代表天子布政的明堂。

二“火”相遇

“大火星”这颗星的英文名字为 Antares，是两个词 Anti 和 Ares 拼合而成。Ares 是希腊神话中的战神与火星的名字，而 Anti 是“与某相对”

的意思，可见这颗星在西方星座文化中意思是“火星的敌手”。

巧合的是，在中国传统星官文化中，大火星与火星也有某种特殊的关系。火星，荧荧似火，古人称其为“荧惑”。由于大火星位于黄道附近，当火星沿黄道运动，来到大火星近旁并徘徊不前时，古人称此天象为“荧惑守心”，在古人看来，这是很不吉利的天象。

在《史记》中记载了两则与此天象有关的故事，主人公的处理办法截然相反。

据《史记·秦始皇本纪》记载，秦三十六年（公元前211年），荧惑守心。有颗陨星坠落在东郡，落地后变为石块，有人在那块石头上刻了“始皇帝死而地分”。始皇听说后，派御史前去挨家查问，结果没有人认罪，于是就把居住在那块石头周围的人全部抓来杀了，并焚毁了那块陨石。

春秋时代，宋景公三十七年（公元前480年）发生荧惑守心的天象。在古代星占学看，心宿对应地上的宋国，这意味着灾难可能会发生在宋国。宋景公很担心，就问大臣们怎么办。大臣子韦说：“把灾祸移给宰相吧？”景公说：“宰相是我的左膀右臂，怎么能移祸给他？”子韦说：“移给百姓？”景公说：“百姓是为君之本，他们都死了，我还做国君干吗？！”“移给年岁？”景公说：“年岁不好，百姓就会困乏，我还给谁当君主啊？！”子韦等众大臣听到景公的话语，一起跪下说：“您这三句有君主之德的话，上天会听到，荧惑应该会移走的。”果然接下来宋国没有发生灾祸，而火星很快远离了心宿。

七月流火

在清朝康熙年间，担任皇家天文官的比利时传教士南怀仁提议更改恒星的命名规则，并给恒星编号。从那时起，“大火星”被叫作〖心宿二〗，它两侧的两颗星分别被叫作〖心宿一〗和〖心宿三〗，这些名字一直沿用下来。要知道，在康熙年以前的古代典籍中并没有〖心宿二〗这个星名，大多时候它都被叫作“大火星”“心大星”等。在古代它还被简称为“火”。

在《诗经·国风·豳风》中有“七月流火，九月授衣。”这个“火”，不是指人间的烟火，而是天上的“大火星”。而这首诗中的“流”，是古代天文学的一个术语，指天体处于天空偏西特定角度的位置。这整句诗说的是，到了每年农历七月的傍晚时分，看到大火星偏向西南方天空，说明秋季就要到了。而到了农历九月，天气就变冷了，需要准备防寒的冬衣。

在《诗经》所记载的年代使用的是先秦时期的历法，与今天我们使用的公历甚至农历都不一样。“七月流火”不是说七月里天气很热，像天上下火一样，那时的每年农历七月已经进入了秋季。所以，我们读古文切不可望文生义，以今人的习惯妄测古人的意思。

参商不相见

唐代的大诗人杜甫有一首流传千年的诗《赠卫八处士》，诗的开头几句描写久别重逢的场景，特别让人记忆深刻：

人生不相见，动如参与商。今夕复何夕，共此灯烛光。少壮能几时，鬓发各已苍。焉知二十载，重上君子堂。昔别君未婚，儿女忽成行。

这首诗描写的是诗人在被贬华州之后，与发小偶遇的情景，抒发了人生聚散不定，故友相见格外亲切的感受。然而又让人不免感叹聚少离多，世事渺茫。

这首诗里的“参”与“商”指的是天上的两个星宿。“参”是西方白虎七宿的第七宿，对应于西方星座的猎户座。而“商”则指的是大火星。

杜甫在这首诗里引用了一个典故，这个典故出自《春秋左传》，说的是古代华夏族的高辛氏，也就是“三皇五帝”之一的帝喾的故事。据记载，他有两个儿子，大的叫阏伯，小的叫实沈。这兄弟两个从小就合不来，经常打架。于是高辛氏就把他们分开。让阏伯去到东边的商地，他主要靠观测辰星，来定季节和历法。由于是在商地，这里的居民叫作商人，阏伯在这里观星的高台就是商丘。所以这颗星也作商星，实际上它就是大火星。

同时，高辛氏把老二实沈调去了西方的大夏，就是今天山西省的南部地区。他靠观测〖参〗星来定季节和历法，所居住的地方是唐地，后来称作晋。

“参商不相见”的故事，一方面说的是，把这两兄弟安排在一东一西两个相距很远的地方，让他们再也见不到面，也就避免了打架；另一方面讲的是，古代一东一西两个大的部族，东方的是商人，西方的是大夏人（唐人），他们各自有自己的文化，也都有自己的天文历法，并不相同。

阏伯在商地担任天文官，专门观测和祭祀位于东方苍龙的〖心宿〗中的商星，也就是大火星，来确定季节。而实沈在大夏，观测西方白虎中的参星，为大夏人确定时间和历法。于是，他们观测天文所依靠的商星和参星，也就成为东西两个部族的文明代表物了。

所谓“不相见”，实际上表明了这两个星官在天空中的特殊位置：当一个星官从东方升起的时候，另一个就从西方落下了，永远不可能在天空中同时看到它们。现在每年春天的晚上，我们就能看到这个情景，如图2.16。当参星从西方落下去的时候，大火星才从东方升起，给人“参商不相见”的感觉。

图 2.16“参商不相见”反映了实际的天象

当商星从东方升起的时候，参星就从西方落下了，永远不可能在天空中同时看到它们。

火正始祖

阏伯和实沈是古代早期的天文学家。有一个名词和他们有关系，那就是火正。

在河南省商丘古城的西南1500米外，有一处有4000多年的遗址，就是火神台，也叫阏伯台。这座台高35米，传说是当年阏伯观测大火星的天文台。由于阏伯主要依靠观测大火星来制定历法，因此历史上把天文家称为火正。可以说，阏伯就是火正的始祖。

早期的火正，还有几位很有名。据《国语》记载，颛顼帝“乃命南正重司天以属神，命火正黎司地以属民。”“黎为高辛氏火正，以淳耀敦大，天明地德，光照四海，故命之曰祝融。”在《左传》里也有：“木正曰句芒，火正曰祝融，金正曰蓐收，水正曰玄冥，土正曰后土。”可见，颛顼帝时候的黎以及祝融，都是当时的天文家，都曾当过火正。

可见在古代，大火星很重要，是一颗用来定季节和历法的星。既然那时观测大火星的天文家叫作火正，因此那时的历法也就叫作火历，或者大火历。

在记录夏代天文历法的《夏小正》一书中，记载有：“五月，初昏，大火中。八月，辰则伏。九月，内火，辰系于日。”这里的辰，指的就是大火星。在夏代，每年五月的傍晚时，大火星出现在南方天空中。到了八月，傍晚时大火星就偏向西方。而到了九月，大火星就会和太阳一同落下，这就是所谓的“辰系于日”。

在《春秋左传》中有：“火出，于夏为三月，于商为四月，于周为五月。”这是说，假如天刚黑下来的时候，大火星才从东方升起来，这是什么季节呢？《左传》认为，在夏代时，这是每年的三月，而到了商代，这个天象发生在四月，到了周代，则是五月了。主要的原因在于，夏商周三代采用了不同的历法。

文献记载表明用大火星定季节的“火历”，早在三皇五帝时期就有运用。但到了秦汉时期，这个传统遗失了。而到今天，很多人早已不知道这个历史。因此，不懂古代天文的人，看到史书上有“火历”，便以为是一种点火烧荒的历法，这确实有些不着边际。

南方战场

在角、亢、氐、房和心各宿的下方，有一群星官与军事相关，合成一幅古代武士整装出战的画面，这就是中国古代星空中的南方战场（图2.17、图2.18）。

位于角宿南方的〖库楼〗星官，是为这个战场设立的一座大型兵器库，在它四周的〖柱〗上，则高挂着我方的旗帜。在〖库楼〗的东边，有这个战场上的各级军官——〖骑阵将军〗〖从官〗〖骑官〗，这些星亮度较高，但是分布区域较广，排列分散，要对照星图才能仔细辨认出来。这些兵士坐上〖阵车〗，组成〖车骑〗的战斗方阵，随时准备出发作战。

再往东看，在心宿的南部是〖积卒〗12星，代表投入战场的大量士

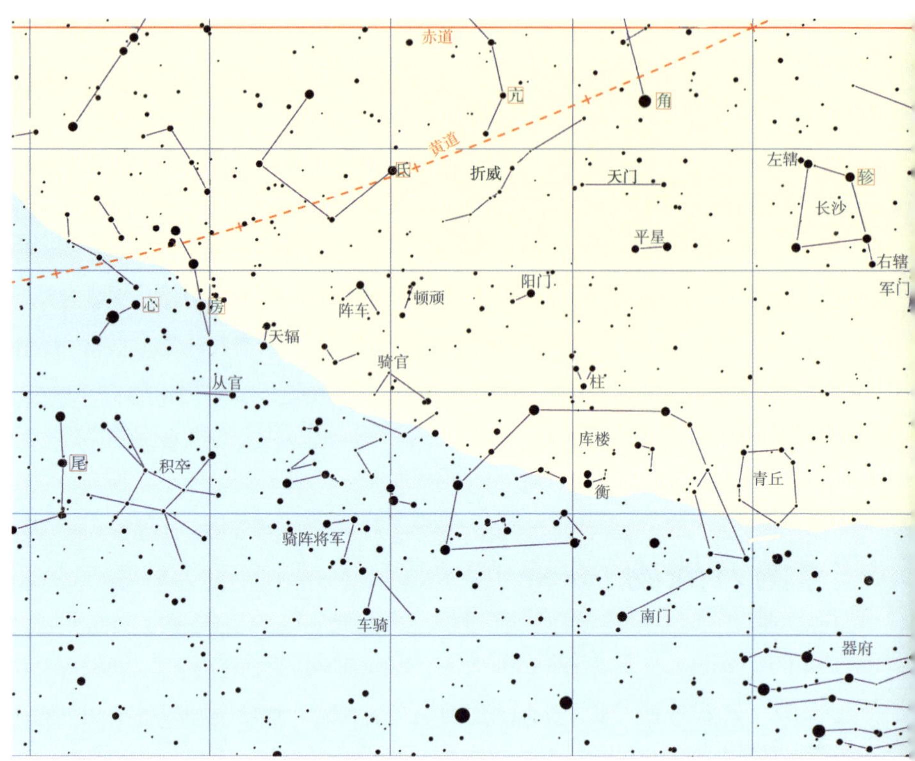

图 2.17 东方苍龙七宿中组成南方战场的诸星官

兵，这些星的亮度稍暗一些。在氐宿中有〖天辐〗2 星，我们知道，“辐”是连接车轴和车轮的配件。在星空的战场上，特别列出〖天辐〗星，说明在战斗中，战车轮辐的损坏十分频繁。

在这片战场上，〖阳门〗2 星构成了通向后方的必经关隘。在〖阳门〗关内，设有负责关押和审讯战俘的〖顿顽〗2 星，甚至还有负责斩杀逃跑士兵和将领的宪兵——〖折威〗7 星。这三个星官都在〖库楼〗的北面，

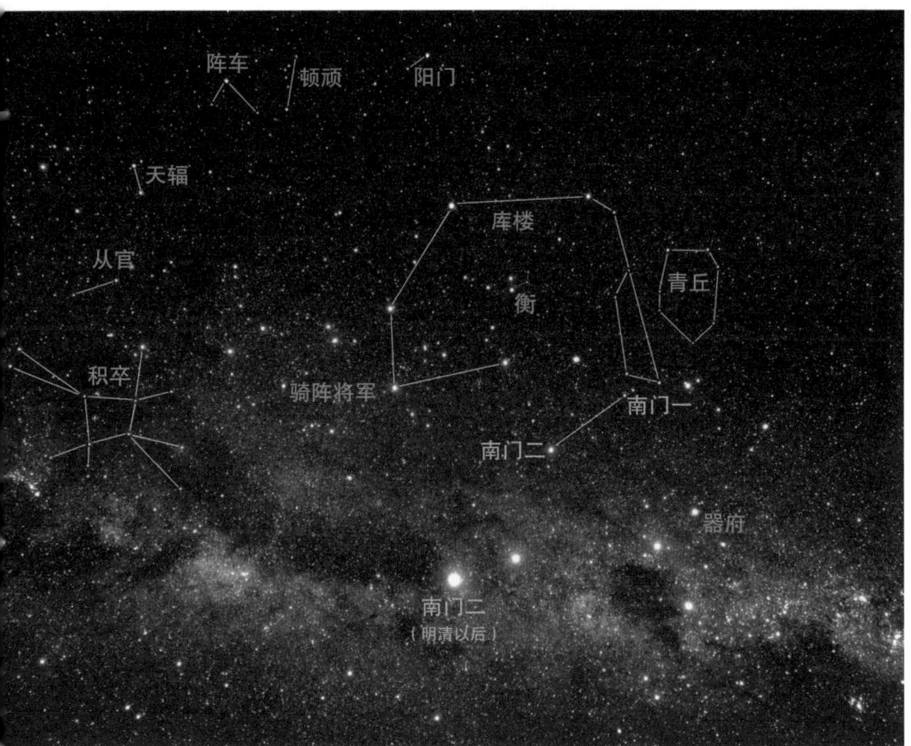

图 2.18 灿烂的南天银河　巨大的南方战场诸星官以及明清时代前后不同的〖南门〗2 星所在之处，是银河最灿烂的地方。它们位于南方的天空，在南半球最方便欣赏。在我国纬度较低的地区，人们能在每年 5—6 月的前半夜看到它们。

其中〖阳门〗2 星最亮，其他两个比较暗。

这场战争的敌方是西边不远处的南方七宿，其中轸宿有〖青丘〗〖长沙〗星官，在这里指代的是南方蛮夷之国。在中国古代，北方统治阶级与南方少数民族之间的战争和冲突持续了千百年。古人用这个战场的星象，来反映战事的胜败与政权的稳固。

尾宿星官

东方苍龙第六宿

包括 5 个星官，共 21 颗星。

1. 尾（神宫）
2. 龟
3. 天江
4. 傅说
5. 鱼

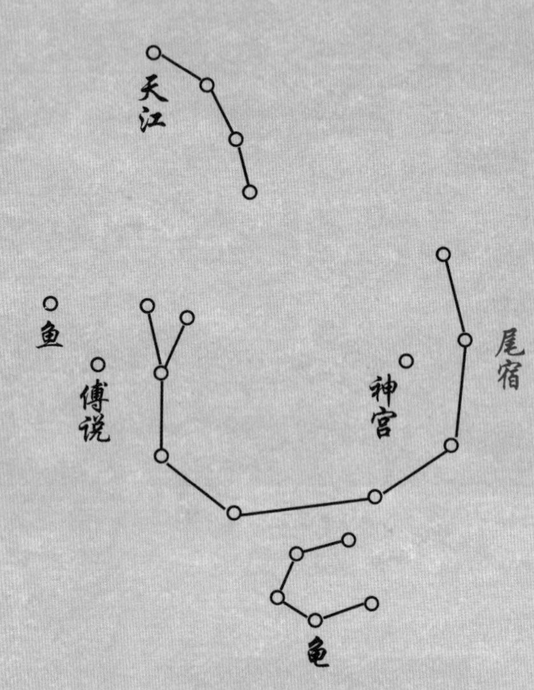

尾宿星官文图

句数编号	步天歌	释义
尾		
047	九星如勾苍龙尾	9 星相连似勾，是东方苍龙的星官〖尾〗
048	下头五点号龟星	〖尾〗下 5 星叫作〖龟〗
049	尾上天江四横是	〖尾〗上横着 4 星是〖天江〗
050	尾东一个名傅说	〖傅说〗1 星在〖尾〗之东
051	傅说东畔一鱼子	〖傅说〗东边有 1 星是〖鱼〗
052	尾西一室是神宫	（意喻天子后宫的星官）〖尾〗内之西有星叫〖神宫〗
053	所以列在后妃中	作为后宫更衣之所，列在〖尾〗内

尾宿

后妃与皇室

东方苍龙的第六宿是尾宿，一共包含6个星官。

其中,〖尾宿〗星官由9颗星组成，代表的就是这条苍龙的龙尾（图2.19）。巧合的是，同样是这几颗星，在西方星座中，是天蝎座这只蝎子的尾巴。实际观察就会发现，这9颗星连在一起，排列成弯曲上翘的龙尾形状，真的很像一根尾巴，难怪不同文明的人都把它看作动物的尾巴呢。

如前所述,〖心宿〗是东方苍龙的心，代表了帝王，那么作为龙尾的〖尾宿〗应该也与帝王有关系。《石氏星经》中说:“尾者，后宫之场也，妃后之府也。”看来,〖尾宿〗星官果真代表后宫居住的场所。不但如此，在古代星占家看来，这几颗星甚至还各有所指。在《石氏星经》中有:“上第一星，后也。”后面还补充说,“尾第一星，嫡妃也；第三星，夫人也；次五星，嫔妾星。”看来分得还挺细。星占家对于这几颗星的亮度和形状也有占词:“欲均明，大小相承，则后宫有序，多子孙。”可见，如果这几颗星亮度都很明亮，排列有规则，那么意味着后宫的秩序井然，皇子皇孙很多。因此，在《石氏星经》中还干脆把〖尾宿〗星官的这九颗星对应为帝王的九个儿子,《史记》也是这样记载的。这可真是多子多福啊。

除了〖尾宿〗星官之外,《石氏星经》还描述道:“第三星旁一星，相

图 2.19 尾宿附近的星官

去一寸，名神宫；解衣之内室，说虞之堂。”在尾星官的第三颗星的旁边，有一颗〖神宫〗星，它代表的是后宫居住的卧室或者更衣的内室。其实，从名字看，这颗星也可以理解为帝王祭祀神明的宫殿。

关于东方七宿的含义,《晋书·天文志》中说:“亢四星，天子之内朝也”“氐四星，王者之宿宫，后妃之府”“房四星为明堂，天子布政之宫也”“箕四星，亦后宫”。由此可见，东方七宿还可以看作是一个皇家的天庭。

自角宿的〖天门〗而入，沿着〖平道〗便可进入这个天庭的内朝——亢宿，在内廷后面，是后妃们居住的行宫——氐宿，氐宿中有代表太子的乳娘的〖天乳〗星，接着就是天子宣布政令的明堂，即房宿和心宿。而代表天子的是位于心宿的“大火星”。再向东，就到达了天子的后宫——尾宿和箕宿，这里有后妃和皇子，也有皇家的祭祀宫殿，即〖神宫〗星。

武丁中兴的大宰相——傅说

在〖尾宿〗星官的旁边有一颗亮星，名叫〖傅说〗。它与〖尾宿〗星官的九颗星一样明亮，很容易找到。不过很多人不小心会把它错念成“传说”。其实，傅（读音同“付”）说（读音同“悦”）是一位古代贤人的名字（图 2.20）。

傅说是山西平陆人，我国殷商时期卓越的政治家、军事家、思想家及建筑科学家。〖傅说〗星官是为了纪念这位贤人而设立的。

据说，在公元前 1250 年左右，商王小乙的儿子武丁即位，此时商王朝刚刚度过九世之乱，政治腐败，社会不安定。西部北部的方国觊觎商朝的富庶，也经常到内地来骚扰，因此战争连年不断。一度兴旺的商王朝又陷于困难重重之中。

武丁想要复兴商朝，但是每次上朝，不等武丁说话，那些掌握实权的王公大臣们就都试图左右他的治国方略，七嘴八舌地出主意、提建议。其实，他们出的都是些“馊主意”。武丁苦于没有得力的大臣辅助他治理国家，于是干脆不管大臣们说什么，就是不表态。这就是所谓的“武丁即位，三年不语”。

图 2.20 商朝贤相傅说

傅说，是殷商王武丁的至高权臣——大宰相，是比孔子早八百年的先贤圣人。半身像选自清代顾沅辑的《古圣贤像传略》（道光十年刻本）。

武丁想起当年曾在民间巡游，在傅岩这个地方结交了一位做建筑工的奴隶，他名叫“说”，因此人称他为傅说。此人谈吐不凡，怀有雄才大略。于是武丁就借口托梦，说梦里出现一个人，此人可以帮他治理天下。于是命人画了一幅人像，派官员去民间按画像查找这个人，果然在傅岩找到傅说。回到王宫后，将傅说拜为相，统领百官，人称“梦父”。

这位傅说果然非同凡响，不负武丁之望，他辅助商王武丁，励精图治，开疆拓土，使商王朝出现政局稳定、经济发展、天下太平的兴盛局面。考古资料说明武丁在位的 59 年间，是商朝最繁盛的时期。天下人丁兴旺，境内安定，国力增强，使不少边远小国都前来归附。这正是商代历史上著名的“武丁中兴”。

据《尚书》记载，傅说著有《说命》一文，他留下的名言是：“非知之艰，行之惟艰。”意思是懂得道理并不难，付诸行动才难。也就是我们常说的知易行难。

由于傅说的贡献重大，被尊奉为与伊尹齐名的商朝名相。为了铭记傅说的功绩，在他死后，人们就把天上位于箕宿和尾宿之间的一颗星，依照他的名字来命名，这就是傅说星。人们相信这颗星是他的在天之灵幻化而成的，于是在《庄子》中有：

傅说得之，以相武丁，奄有天下，乘东维，骑箕尾，而比于列星。

在中国的星空中，用真实的人名来命名的星官很少，傅说正是其中的一个。此后各个朝代都有提到傅说这位贤相的。例如汉代的《淮南子》中就有：“故圣人在位，怀道而不言，泽及万民。此傅说之所以骑辰尾也。”意思是说圣人得道，惠及天下万物，所以才能得道成神，变成星辰骑在龙尾上。到了南宋，著名的豪放派词人刘克庄在《挽叶谦夫尚书二首》中有云：

方立班心九霄上，忽骑箕尾列星边。

奏篇谁肯收遗藁，主祭妻为选象贤。

他希望能效仿这位古代的先贤。刘克庄是南宋的才子，宋理宗评价他说：“学富醇儒雅，辞华哲匠能。”他生活的年代，正是苏州石刻天文图问世的时候。

傅说曾经劳动的地方——山西傅岩就是今天的运城市平陆县。从唐代开始，在县城东北的傅岩山上建立了纪念傅说的傅相祠。据说，每年的农历四月初八日是傅说诞辰日，千百年来，当地人都会在这里举行隆重的官祭大典。据说，这里还有古代平陆的八大胜景之一的“傅岩霁雪”。

畅游银河的〖鱼〗和〖龟〗

尾宿所在之处是银河最亮最宽的地方。在尾宿的北方有〖天江〗4星，从北至南依次排列，代表了银河自北而来，一泻千里。龙尾的南边有5颗小星组成一个五边形，称〖龟〗星，仿佛是在银河中畅游的神龟。而在〖傅说〗星的东北方不远处有一团小星，就像一群鱼儿，叫作〖鱼〗星。

如果以肉眼分辨，组成〖鱼〗星的小星有30多颗，密集成一团，范围大约有两个满月的大小，是夜空中最出色的星团之一，因此它也是自古以来人们很熟悉的天体。公元130年古希腊天文学家托勒密就曾写下过这个星团的观测记录，西方人把它叫作“托勒密星团”（图2.21）。

图 2.21〖鱼〗星官所在的托勒密星团

这个肉眼可见的星团，实际上由大约 100 颗星组成，成员大多都是蓝色的恒星，星团的直径大约 25 光年，距离我们将近 1000 光年。

箕宿星官

东方苍龙最后一宿

包括 3 个星官，共 8 颗星。

1. 箕
2. 杵
3. 糠

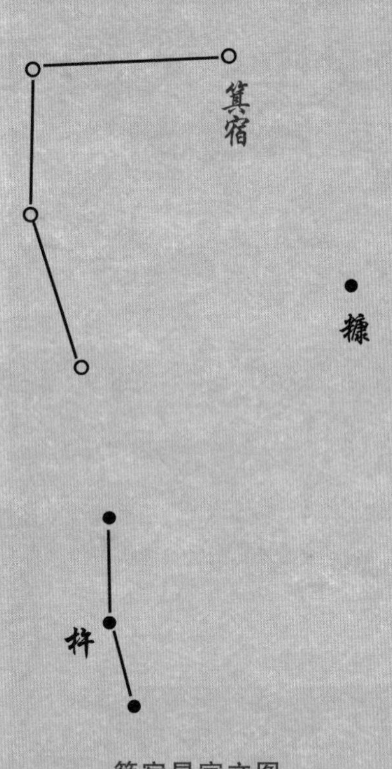

箕宿星官文图

句数编号	步天歌	释义
箕		
054	四星其形似簸箕	〖箕〗4星相连似簸箕
055	箕下三星名木杵	〖杵〗3星在〖箕〗之下
056	箕前一黑是糠皮	〖箕〗前1星叫作〖糠〗

箕宿

簸扬的南箕

东方苍龙的最后一宿是箕宿。〖箕宿〗4 星，呈方形排列，形似一个开口向西的簸箕（图 2.22）。簸箕是一种铲状农用器具，一般是用藤条、去皮的柳条或竹篾编成。人们用簸箕将谷物扬起，同时借助风将谷皮吹掉。簸箕也有收纳、装盛物品或垃圾的用途。不过这里的〖箕〗肯定是筛选谷物的农具，因为就在它西边箕口的方向上有一颗〖糠〗星，正是吹出的谷皮。

《诗经》中有：

维南有箕，不可以簸扬；维北有斗，不可以挹酒浆。

图 2.22〖箕宿〗星官的形状颇似一个簸箕

这里的“箕”就是指〖箕宿〗星官，意思是说天上的簸箕无法拿来簸扬谷物。而诗句中的斗是指“南斗”，即北方七宿中的第一宿〖斗宿〗。

箕子明夷

我们知道，从角宿到尾宿是一条完整的东方苍龙，显然〖箕宿〗不是龙身的一部分。难道它就只是一个普通的簸箕吗？

让我们再次穿越回商朝，比武丁的年代要晚100多年，即商朝末期，商纣王的时代，大约是公元前1120年，此时有三位贤人，分别是箕子、比干、微子。其中，箕子是商纣王的叔父、殷商末期的贵族，任太师一职。他本名胥余，因为被封在箕地，而被尊称为箕子。

据记载，商纣王后期暴虐无道，酗酒淫乐，不理朝政，挥霍无度。箕子苦心谏阻，但纣王都不听。为躲避杀身之祸，箕子只好装疯，纣王就把他囚禁起来，贬为奴隶。

后来，武王兴兵，牧野一战，纣王兵败自焚。武王攻入商都朝歌，商朝随之覆灭。在这商周变易之际，箕子趁乱逃往箕山（今山西东南部晋城市陵川县棋子山），隐居起来。据记载他在那里观测天象，参悟星象运行、天地四时、万物循变之理，并利用天然的黑白两色石子摆卦占方，据说这就是围棋的起源。

武王灭商建周后，求贤若渴的周武王找到箕子，向箕子询问商纣灭亡的原因。一开始箕子不说话，因为他不愿意讲自己祖国的坏话。武王发觉自己失言，就向他询问怎样才能顺应天命、治理国家。箕子便将《洪范九畴》传于武王，史称“箕子明夷”。“洪范”就是大法，《洪范九畴》是夏代的大禹传下的治理国家必须遵循的九条大法，包括五行、五事、八政、五纪等。箕子将洪范传授武王，告诫要强核心、施仁政、替天行道，唯有如此才能让大周朝避免重蹈商纣的覆辙，复兴远古圣皇的伟业。

武王听后十分钦佩，就想请箕子出山委以重任，但他不愿一身事二主作周的顺民。箕子带着殷商的五千遗老故旧，连夜出走，东渡朝鲜。武王在箕子所传的《洪范九畴》原则的指引下，封邦建国、礼乐天下，开创了八百年的封建王朝。在传统文化上的影响更是一直延续到今天。

面对箕子出走朝鲜的举措，武王只好顺水推舟，将箕子封于该地。箕子在朝鲜定都平壤，史称“箕子朝鲜”。据史料记载，箕子朝鲜直到西汉时被燕国人所灭。箕子朝鲜是朝鲜半岛文明开化之始，在考古学上，有很多证据支持这一点（图 2.23）。

箕子来到朝鲜后，带去了当时先进的殷商文化。他以礼义教化人民，教授耕织技术。受殷商文明的影响，朝鲜半岛社会有了迅速的进步，产生了自己最早的成文法。箕子本人号为朝鲜文圣王。今天朝鲜族的传统服装以白色为主，据称朝鲜族自古就有“白衣民族”之称，自称“白衣同胞”，这就是传承自箕子，因为殷商人的服饰就是以白色为贵。

图 2.23 位于朝鲜平壤的箕子陵

箕星好风

在《尚书·洪范》中有:“庶民惟星，星有好风，星有好雨。”古人认为天上的星星和风雨有关系。还有个成语“箕风毕雨”，认为〖箕宿〗与风有关，而〖毕宿〗与雨有关。这是怎么回事呢?

我们前面已经说过,〖箕宿〗是东方七宿的最后一宿，接下来就是北方七宿，因此，在整个全天的布局来看,〖箕宿〗位于东北方。

实际上，在我国东北部，自夏代以前就有一个箕人的大部落，后来逐步演化为东夷民族的一支，他们曾以风为图腾。而历史上的箕子，其实就出身于该部落，因此也被称为风伯。这就把〖箕宿〗与风扯上了关系。后人不知道这些历史渊源，只是从表面理解，认为簸箕之所以能够把谷物的糠皮去掉，要靠风来吹动，于是就把箕与风联系在一起，认为〖箕宿〗代表风。

天上的星宿所在的方位，与地上相应方位的国家和人物，具有特定的对应关系，这在传统星象中是一个常见的现象。古代的占星学家认为，地上各邦国和天上的某区域相对应，在该天区发生的天象，预兆着对应地方的吉凶。把地上的事物对应到天上，叫作“分星”；把天上的星空对应到地理上，称为“分野”。一般把这种天地的对应关系，笼统地叫作分野。

传统星象中的二十八宿的分野理论，最早在战国初期就形成了。从科学的角度来看，分野理论具有人为和迷信的成分。不过在中国几千年的历史文化传承中，尤其是天文学中，它是一个很严肃的话题。即便是到了今天，在平时的生活中也还经常遇到。

关于〖毕宿〗和雨的关系，我们在西方白虎七宿的故事中再讲。

东方苍龙
——东方乾龙，自强不息

前面介绍了东方苍龙七宿所包含的主要星官，以及和它们相关的天文和人文内涵以及历史典故。从整体上看，东方苍龙的〖角〗〖亢〗〖氐〗〖房〗〖心〗〖尾〗〖箕〗七宿，共同刻画出了一条苍龙从龙角到龙尾栩栩如生的形象。中国人往往自称“龙的传人”，对中国人来说，龙的含义更是博大而精深。那么，从天文的角度来审视这个巨大的苍龙星象，它是否蕴含着某些深刻的道理呢？

群经之首

中国古代天文独树一帜，迥异于世界其他古老文明，它的发端与《易经》有着密切的联系。

在我国传统文化中，作为“群经之首”的是《易经》，也称《周易》，相传是商朝末年周文王姬昌被纣王囚禁时所作。主要记载的是周文王通过体察天道人伦、阴阳变化的道理，以上古流传下来的八卦为基础，推演出六十四卦，阐述世间万物相“易”的思想和哲理。《周易》历经数千年传承，已成为中华民族文化的源头活水。《四库全书·总目》中说：“易道广大，无所不包，旁及天文、地理、乐律、兵法、韵学、算术。”《易经》的内容涉及几乎所有的学问，以它为代表的古代思想智慧已经渗透到中国人生活的方方面面。在以科学为主导的当代社会,《易经》的人文、科学内涵正获得人们辩证的认识和广泛的尊重。

《易经》中的六十四卦，以 64 个符号表示，每个符号都由从下向上的六爻（读音同“尧”）组成（图 2.24）。六爻自下向上，分别称为初（即第一）、二、三、四、五、上（即第六），象征事物从发端到极致的完整的过程。而每一爻有阳爻和阴爻之分，一般用长的横线“—”来表示阳爻，习惯称为“九”，而以两条断开的短横线“--”表示阴爻，称为“六”。

我们知道，在《易经》中每一卦有卦辞来说明该卦的含义，此外，每卦的每一爻也均有各自的爻辞，用来说明和描述该爻的含义。

乾卦的时空演变

《易经》的六十四卦以代表天的“乾卦”开始。从中国古代天文学的视角来看,《易经》最重要的乾卦，与中国传统星象中的苍龙有着密切的联系。

由于岁差的缘故，今天的星空与古时已有所不同，就让我们重回周文王的时代（约为公元前 1000 年），站在那时的星空下，和先人一同仰望群星，找寻乾卦蕴含的星空密码，解读乾卦的各爻的爻辞与天象的关系。

首先说明，由于乾卦的六爻都由阳爻组成，因此乾卦的这六爻从下到上分别称作“初九”“九二”“九三”“九四”“九五”和“上九”（图 2.25）。以下为各爻的爻辞。

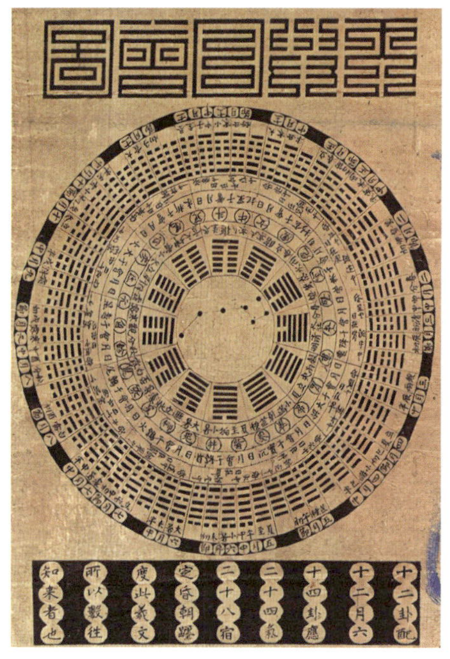

图 2.24 天文周易图

图 2.25《易经》中的乾卦，从下到上，它的六爻都是阳爻

乾卦第一爻，“初九：潜龙勿用”

乾卦代表天和阳，“大哉乾元”寓意着万物生发之始。一年之计在于春，观看乾卦第一爻所对应星空的时间，应该是在农历正月初的黄昏后不久，如果用二十四节气来标示，则是大寒到立春的这一时段。

夕阳西沉，暮色苍茫，天幕上群星闪烁。向东方看去，此时苍龙七宿的第一宿〖角宿〗还没有升出地平线，这条东方苍龙还潜在地下，因此称作“潜龙”。

这一天象正好与该季节的物候特征相合：此时阳气尚未升腾出地面，各种越冬作物仍深藏地下，许多动物也正在冬眠，等待着春天的到来，故称之为“勿用”（图 2.26）。

乾卦第二爻，“九二：见龙在田，利见大人”

斗转星移，转眼来到雨水至惊蛰的节气前后。黄昏后的东方星空中，苍龙之角——〖角宿〗星已升出地平。

组成〖角宿〗的是一南一北两颗星，其中北面的那颗星在上古时代曾称为〖天田〗星，到了后来，干脆把〖角宿〗北面不远处的两颗小星改作〖天田〗。在这个播种的季节，〖天田〗星随着龙角升上天空，呈现在广阔田野上的星空中正是“见龙在田”之象（图 2.27）。

这一时节正值民间传统节日的“春耕节”，俗话说：“二月二，龙抬头，大家小户使耕牛”，此时大地解冻，春耕将始。传说，自上古的伏羲氏开始，这一天国家君主都要带领文武百官来到田间地头“御驾亲耕”，遂留下春耕节这一传统节日。对于平时远离皇亲贵族的百姓来说，这一天当真是“利见大人”。

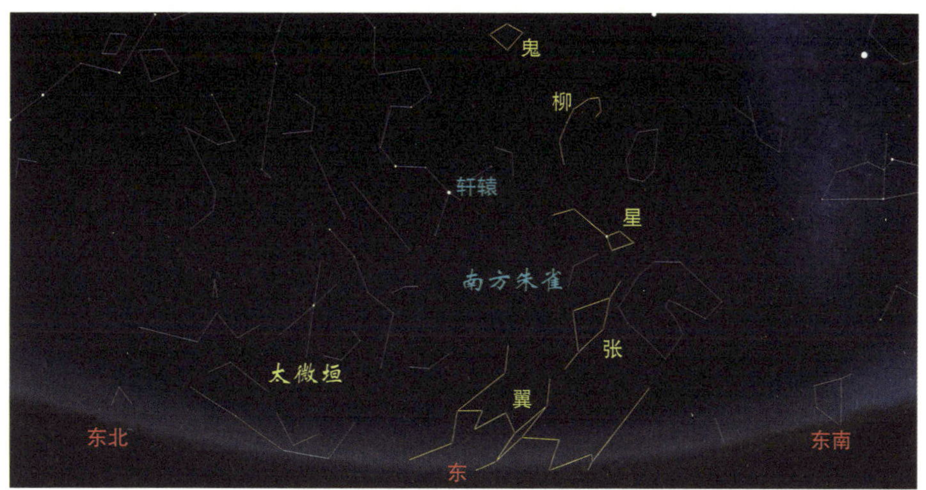

图 2.26 乾卦第一爻星象：初春之前的苍龙，此时正潜于地平线之下。天空中呈现的是南方朱雀各星官

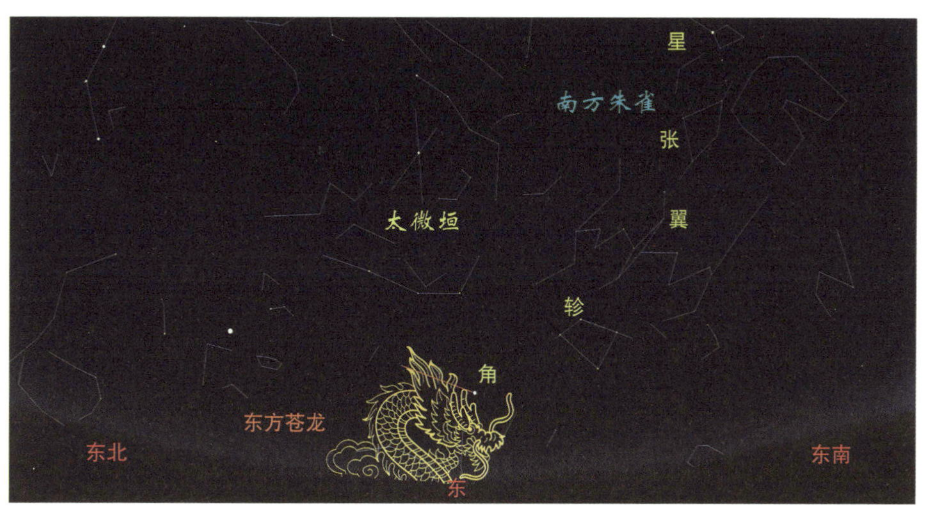

图 2.27 乾卦第二爻星象：古时的二月初，苍龙在东方地平线刚刚崭露头角

乾卦第三爻，“九三：君子终日乾乾，夕惕若厉，无咎”

在〖房宿〗西边不远处有个小星官名为〖日〗星（图 2.28）。在春分至清明这个时节，〖日〗星和太阳在天空中夹角几乎为 180°。黄昏时分，太阳刚落山，〖日〗星从东方地平线上升起来，此时〖日〗星和太阳这个真正的“日”，正好一升一落。而到黎明时分，当〖日〗星西沉时，正是一轮红日初升的时候。如此这番景象恰恰反映的是“终日乾乾”（“乾乾”就是自强不息、持续发展之意）。

乾卦第四爻，“九四：或跃在渊，无咎”

时光荏苒，进入谷雨和立夏时节。此时从南方到中原地区，雨水多了起来，大河小河渐渐涨满，“雨水生百谷”，以农业立国的中华民族，先人们在这个季节期盼着雨水的光顾，期待着好运的到来。

此时，黄昏的东方地平线处，在代表苍龙之尾的〖尾宿〗之后，冉冉升起的正是银河的明亮部分（图 2.29），古代人们把这里看作银河最深之处，称为“天渊”，而在龙尾处正有一个〖天渊〗星官。此时苍龙七宿恰好完全升出地平，身后就是漫漫的银河和〖天渊〗，这正是“龙跃在渊”的景象。

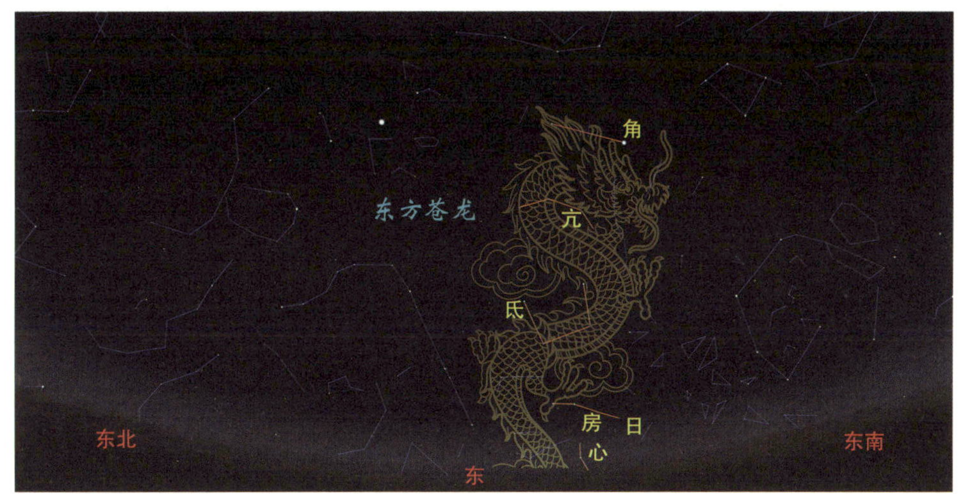

图 2.28 乾卦第三爻星象：伴随苍龙升起的〖日〗星，与太阳的夹角为 180°，彼此一升一落

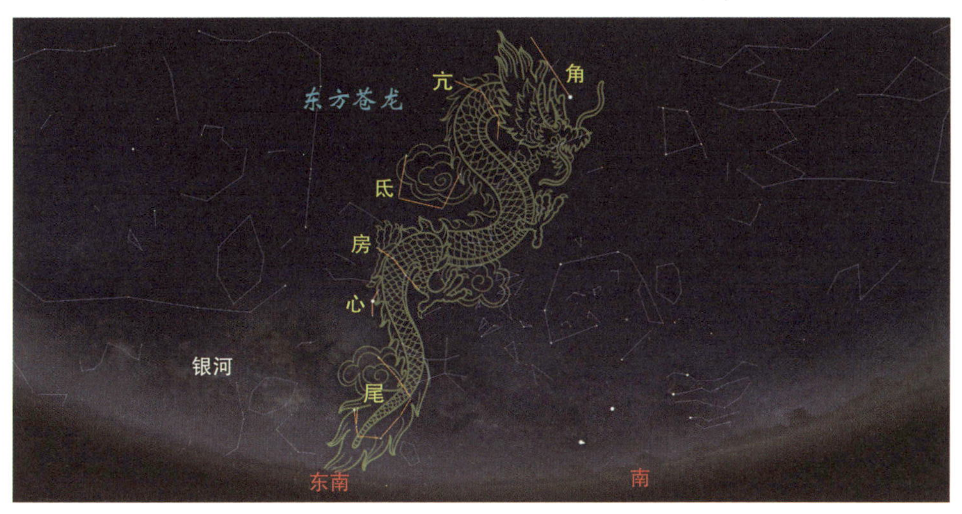

图 2.29 乾卦第四爻星象：苍龙即将腾出地平，身后是银河最亮的部分

乾卦第五爻，“九五：飞龙在天，利见大人”

这条苍龙的星象继续向上腾起，到小满和芒种之时的黄昏，它正好飞到南方天空的最高处，一幅“飞龙在天”的星空画面，栩栩如生（图 2.30）。

由于这是壮观的苍龙天象的最佳展现时刻，古人认为这意味着事物刚好发展到了最佳的状态，做人也到了施展才华的最佳时机，故有“九五至尊”的说法。作为苍龙来说，最佳状态的“飞龙在天”出现在第五爻，即“九五”。

乾卦第六爻，“上九：亢龙有悔”

随着时光流逝，星空慢慢向西转动，东边的星空逐渐升上夜空。到了夏至时节，太阳到达天空的最北端。黄昏后，〖角宿〗已经偏西，而其后代表龙颈的〖亢宿〗反而升到最高处。一眼望去，西飞的苍龙此时仿佛低下了高昂的龙头，正是“亢龙有悔”的景象（图 2.31）。

在这个时节，已经到达北回归线的太阳，开始每天向南移动一点，意味着此时阳气开始下降，而阴气开始生发，北方从此进入秋季。乾卦的这一爻告诫人们物极必反的道理，因此，做事做人还须保持平和谦卑，不能太过嚣张。

图 2.30 乾卦第五爻星象：苍龙完全展现在南方天空，反映事物发展达到极致的状态——飞龙在天，九五至尊

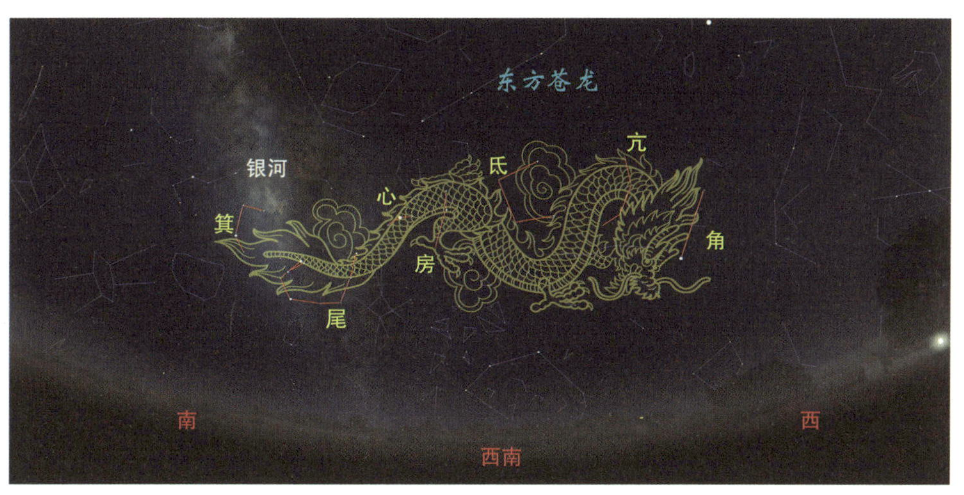

图 2.31 乾卦第六爻星象：随着龙角西沉，这条苍龙低下了头，恰是亢龙有悔

通过上面的解读，可以看到，乾卦的六爻和春夏两季的东方苍龙星象十分完美地对应起来。而六爻的变化过程，正是随着时间的推移，人们眼前的星空发生变化的景象（见图 2.32）。

在《易经》中，乾卦六爻的爻辞之后，还有一个“用九”的卦辞：“见群龙无首，吉。”仔细想想，这不恰是夏秋之交的黄昏，代表龙之角的〖角宿〗正慢慢沉入西方地平线，人们看不到苍龙七宿的龙首，而出现的“群龙无首”景象吗？

君子以自强不息

至此，我们已将古老的《易经》与东方苍龙星象联系起来了。六爻均为阳爻的乾卦，代表着天，而龙乃天子。乾卦的六爻自下而上，表现的是一条苍龙随着一年中时间的推移，自初春季节从地平线下逐步腾飞于天穹，然后在初秋时节逐渐没入西方地平的整个过程，象征了事物从萌芽到发展，最终成熟结果的生命周期。

图 2.32 乾卦“用九”星象：夏秋之交黄昏时分，龙头沉入西方地平线，正是群龙无首之象

在孔子为《易经》乾卦所作的《象》中，把它的含义描述为“天行健，君子以自强不息”，表达了对天道运行、生生不息的敬畏，以及作君子当顽强奋斗的人生哲学。

当你走出户外，仰望星空，从繁星中找到苍龙星象，脑海中是否会浮现出历史上许多“自强不息”的仁人志士？是否会被先人们写在苍穹上的这部伟大的“天书”所折服呢？

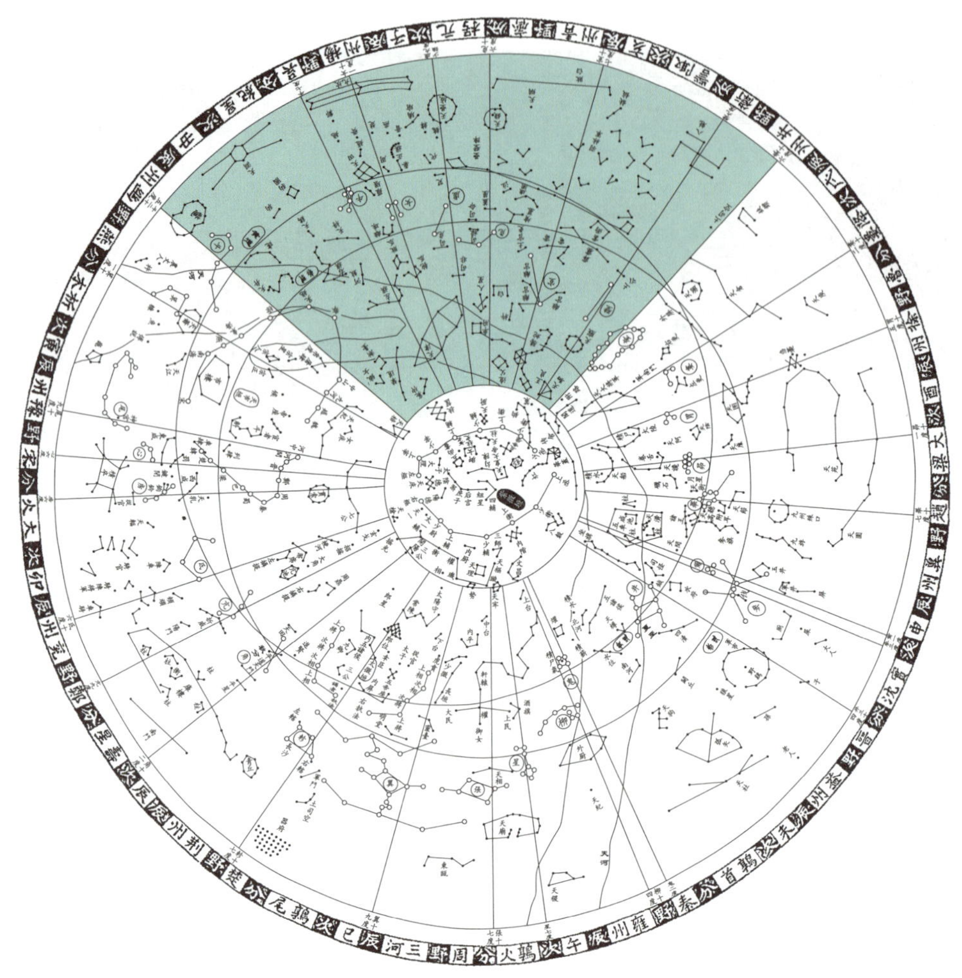

苏州石刻全天星图

图中深色区域为北方玄武七宿的范围

第三章｜北方玄武七宿

观察北方七宿，最适合的季节是在9月上旬，处暑节气前后的黄昏。在天空中找到这些星官并不难，这里有人们熟悉的织女星，从位置上看，它实际是整个北方七宿的核心，不妨就从织女星开始北方七宿的星空漫步之旅吧。

这条路沿着北方七宿，从西向东延伸，出发点是夏季的繁星，而结束的地方已位于秋季的夜空了。

夏季大三角

对于黄河流域以北的观察者来说，仲夏时节的黄昏后，大约晚上九点，织女星正好来到头顶。它散发着白色耀眼的光芒，在慢慢黑下来的夜空中总是第一个出现。其实〖织女〗星官有三颗星，最亮的这颗是〖织女一〗，只不过人们常常把它直接叫作“织女星”。

此时在织女星南边天空中，银河的对岸，还有一颗明亮的星，就是人们常说的“牛郎星”，它的星官名称是〖河鼓二〗。〖河鼓〗星官由三颗星构成，位于中间的一颗就是〖河鼓二〗。尽管牛郎和织女的美丽故事凄婉动人，但是在古代正统的天文史书中却没有牛郎星的名字，取而代之的是〖河鼓〗——意为隆隆的战鼓。

从织女星向东看去，在头顶近旁的银河之中，还有一颗亮星，它与〖织女一〗和〖河鼓二〗组成了一个直角三角形，〖织女一〗是这个三角形的直角顶点（图 3.1）。这颗亮星名叫〖天津四〗。〖天津〗意为天上银河的渡口，一共有 9 颗星，其中最亮的主星排在第四位，因此被称为〖天津四〗。这个大三角是夏季星空中最醒目的标志。

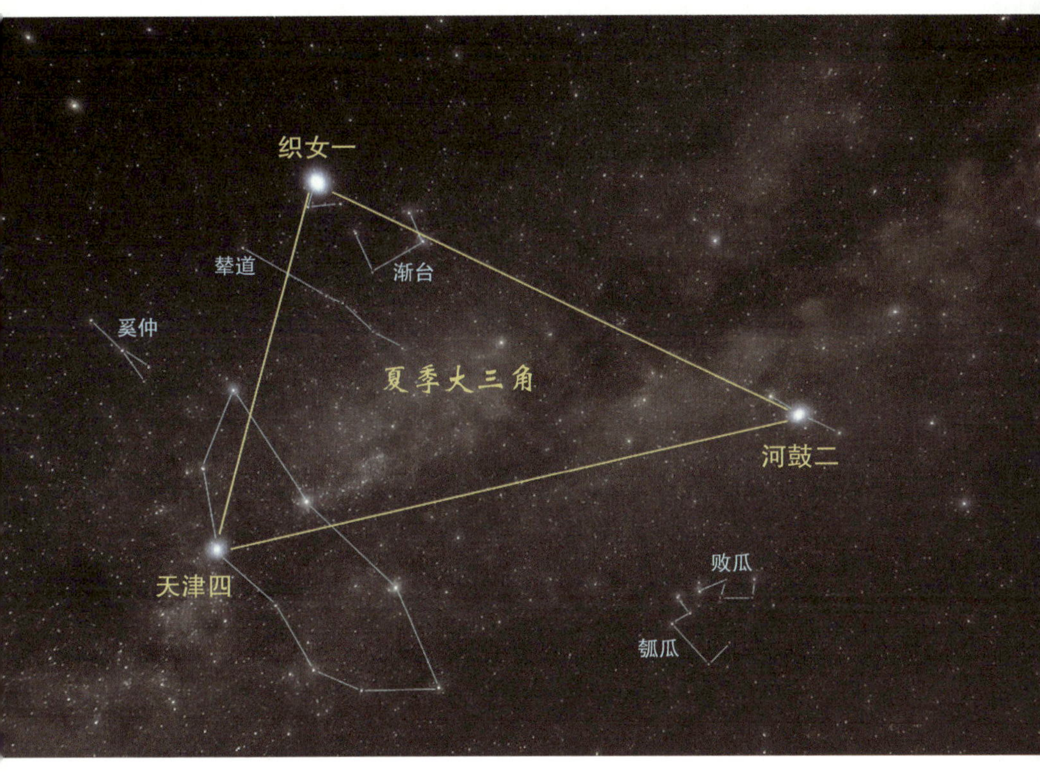

图 3.1 夏季大三角

由〖织女一〗〖河鼓二〗和〖天津四〗可以连成一个直角三角形，这个三角形在夏季夜空中最为醒目。在民间人们把〖河鼓二〗叫作牛郎星。

斗宿星官

北方玄武第一宿

包括 10 个星官，共 62 颗星。

1. 斗
2. 建星
3. 天弁
4. 鳖
5. 天鸡
6. 天籥
7. 狗国
8. 天渊
9. 狗
10. 农丈人

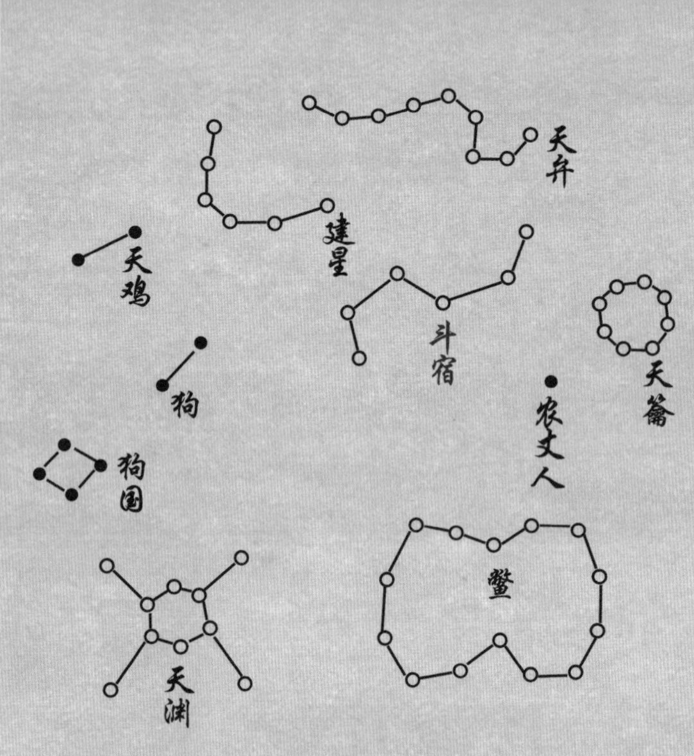

斗宿星官文图

句数编号	步天歌	释义
斗		
057	六星其状似北斗	〖斗〗6 星相连形似〖北斗〗
058	魁上建星三相对	〖建星〗6 星在〖斗〗的魁部上方，三三相对
059	天弁建上三三九	〖天弁〗在〖建星〗之上，三三相连共 9 星
060	斗下团圆十四星	〖斗〗下有 14 星相连
061	虽然名鳖贯索形	虽然称为〖鳖〗，形状却似贯索
062	天鸡建背双黑星	〖天鸡〗2 星在〖建星〗背后
063	天籥柄前八黄精	〖天籥〗8 星在〖斗〗柄前方
064	狗国四方鸡下生	〖狗国〗4 星连成方形，在〖天鸡〗之下
065	天渊十星鳖东边	〖天渊〗10 星在〖鳖〗东边
066	更有两狗斗魁前	还有〖狗〗2 星在〖斗〗魁前方闪烁
067	农家丈人斗下眠	总能找到〖农丈人〗休憩于〖斗〗之下
068	天渊十黄狗色玄	〖天渊〗与〖狗〗由两家星官命名而来

斗宿

维北有斗

从北天极出发，做一条直线，连接北极星（星官名为〖勾陈一〗）和〖织女〗星，并向南延伸一倍的地方，正是北方玄武七宿的第一宿斗宿。

〖斗宿〗星官由6颗星组成，呈现一个倒扣勺子的形状，这把勺的勺柄横跨在黄道上。为了与北斗区别，人们把它称作“南斗”。南斗只有6颗星，比北斗七星少了一颗，亮度不如北斗七星，范围也小一些。由于这个星官位于天赤道以南，所以从北半球的观察者看来，它位于南方的天空中，看上去永远都是一把倒扣的勺子。难怪《诗经·小雅·大东》中有：

维南有箕，不可以簸扬。维北有斗，不可以挹酒浆。维南有箕，载翕其舌。维北有斗，西柄之揭。

这里“维北有斗”，说的就是南斗，由于它是倒扣的，所以没法用来盛酒。最后一句“西柄之揭”，表明勺子柄是朝向西边的。

什么情况下才能这把勺子翻过来呢？假如读者有机会到南半球，例如澳大利亚、新西兰，或者非洲南部、南美洲，可以再来找找这个星官，看看这把勺子的摆法，是不是和北半球看上去的不一样？

南斗所在的星空，是银河星光最密集的地方，是在地球上能看到的最灿烂银河的一段，因为这个方向正是银河系的中心方向。南斗所对应的西方星座是人马座，在西方的占星学中它被称为射手座。

在图3.2中，黄色的线条是黄道，可以看到黄道经过南斗的勺把。我

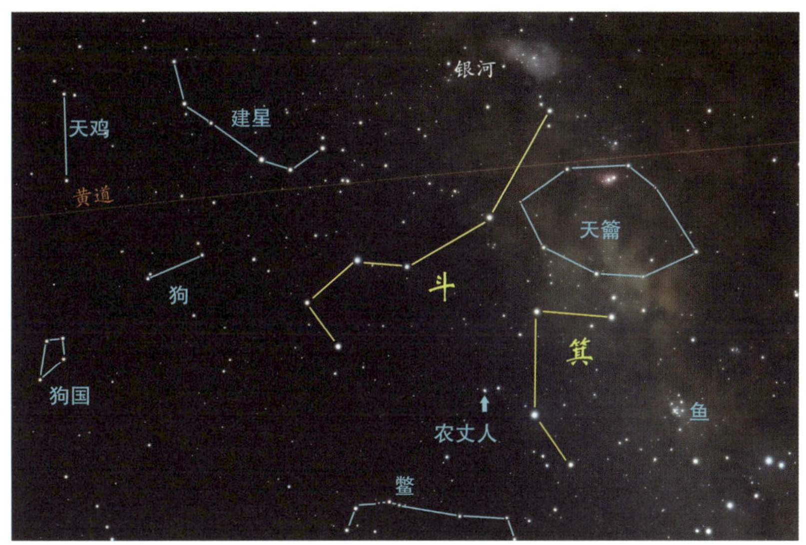

图 3.2〖斗宿〗星官靠近夏季银河的中心，而黄道也从这里经过

们知道，黄道是日月和五星运行的道路。《开元占经》有：“石氏曰，日月五星常贯之，为中道。”可见由于南斗与黄道相交，是天上很重要的星官之一。

斗建之地，七曜之道

观察星图 3.2，可以看到在〖斗宿〗星官的上方，有 6 颗星连成一串的星官，叫作〖建星〗。在南斗与〖建星〗之间是黄道。《开元占经》里有：“郗萌曰，建星，天之都关也。斗建之间，三光道也。”这里的“三光”是指日月五星。

所谓“建”，有设置或建立之意。这里指在时空坐标系中，它是起点的位置。《开元占经》说：“海中占曰，斗建者，阴阳始终之门，大政升平之所起，律历之本原也。”是说南斗和〖建星〗，都对制定历法很关键。

为什么呢？因为中国自古一向很重视冬至这个时间节点，历来把冬至当作传统历法中一岁的起始节点，甚至往往把一部新颁布的历法的时间起点放在某一年的冬至，历法上把这个大的起点叫作“历元”。古人观测发现，从东汉以后，黄道上的冬至点位置就位于南斗和〖建星〗之间，因此这里就变得很重要。

《开元占经》中总结了在一岁中的几个特殊时间点太阳所在的黄道位置：“冬至日躔北方斗宿也。秋分日躔东方角宿也。春分日躔西方娄宿也。”这里的“日躔”是指太阳运动到某个位置。太阳在冬至时位于斗宿，秋分来到角宿，而春分则位于西方白虎七宿中的娄宿。

由于岁差的影响，冬至点每年向西移动大约 50 角秒，这样一来，每经过 6500 年，冬至点就西移了 90 度。在春秋战国时代，古人观测发现冬至的起点在牛宿中，到了公元元年前后，也就是汉代的时候，冬至点从牛宿进入斗宿的范围内。而最近几百年来，冬至点已经进入箕宿（图 3.3）。

在〖建星〗的北面有一串 9 颗星组成〖天弁〗星官。弁（读音同“变”，图 3.4），是古时的一种官帽，通常配礼服穿戴。黑色布做的叫爵弁，是文官的冠；白鹿皮做的叫皮弁，是武官的冠。后来弁用来泛指帽子，也可指代古代的武官。

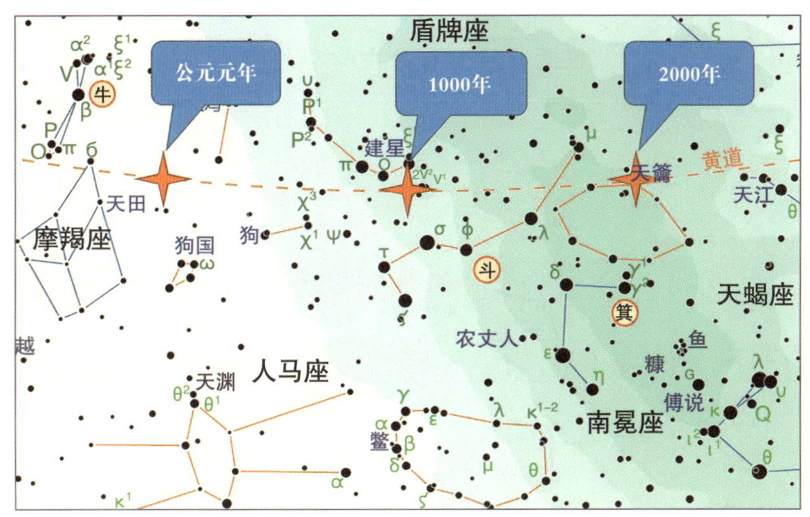

图 3.3 由于岁差的缘故，历史上不同时代的冬至点位置不同

图 3.4 汉代人头戴爵弁的服饰

牛宿星官

北方玄武第二宿

包括 11 个星官，共 64 颗星。

1. 牛
2. 天田
3. 九坎
4. 河鼓
5. 织女
6. 左旗
7. 右旗
8. 天桴
9. 罗堰
10. 渐台
11. 辇道

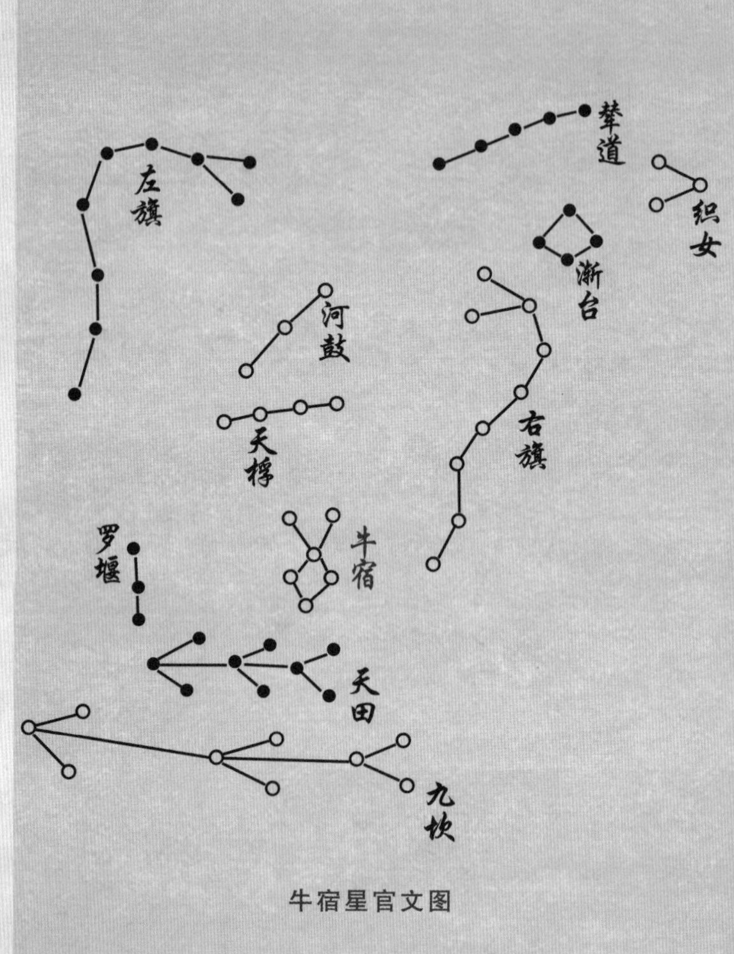

牛宿星官文图

句数编号	步天歌	释义
牛		
069	六星近河岸头上	〖牛〗6 星靠近银河岸边
070	头上虽然有两角	靠上的 2 星似牛的两角
071	腹下从来欠一脚	腹下却总似少一脚
072	牛下九黑是天田	〖天田〗9 星在〖牛〗的下方
073	田下三三九坎连	〖九坎〗9 星三三相连在〖天田〗之下
074	牛上直建三河鼓	〖河鼓〗3 星在〖牛〗的直上方
075	鼓上三星号织女	〖织女〗3 星在〖河鼓〗上方
076	左旗右旗各九星	〖左旗〗〖右旗〗各 9 星
077	河鼓两畔右边明	河鼓 3 颗星中右侧星比左侧星亮
078	更有四黄名天桴	还有〖天桴〗4 星
079	河鼓直下如连珠	在〖河鼓〗下方，串连如珠子
080	罗堰三乌牛东居	〖罗堰〗3 星在〖牛〗东边
081	渐台四星似口形	〖渐台〗4 星形似口
082	辇道东足连五丁	〖辇道〗5 星相连，在〖渐台〗的东角边
083	辇道渐台在何许	去何处找〖辇道〗和〖渐台〗呢？
084	欲得见时近织女	可以在〖织女〗附近找到它们

牛宿

迢迢牵牛星

北方玄武七宿的第二宿是牛宿，它包含11个星官。

其中,〖牛宿〗星官在古代也称作牵牛星，它由6颗小星组成，像两个倒置的三角形，一上一下。这个〖牛宿〗星官，上头的两星代表牛的两只角，很是形象，只不过这头牛却只生有三只脚。在古代，牛是用来耕种田地的，你看，在这个星官的下方果然有耕种的农田，那就是由九颗星组成的〖天田〗星官。

既然有耕田，就少不了灌溉系统（图3.5），在牵牛星的下面有〖九坎〗星。我们知道，在八卦中，坎代表水。“九坎”就是指灌溉用的多口水井。因此《开元占经》中说:“牵牛主关梁、七政，故置九坎，通水道。”

水井有了，还需要水渠之类的设施来引水，因此，古人在这里设下了〖罗堰〗星,“罗堰”就是以土堆成的灌溉系统。

《开元占经》中有:“黄帝占曰，九坎主通水泉，星明则阴阳调和，百川通流，皆注于海。”〖九坎〗这几颗星靠近南方天空，位置比较低，并且又不是亮星，所以在一些季节的某些特殊天气条件下，看上去它们的亮度会发生变化，占星家们便据此作出自己的预测。

〖牛宿〗星官这6颗星都比较暗，它的周围也没有什么亮星。倒是在它的上方高处有一颗真正的明星，那就是牛郎星。我们知道，牛郎星的真正名称是〖河鼓二〗，它是全天第12亮星，作为夏夜星空中的代表星，知名度很高。

在五言诗的冠冕之作《古诗十九首》中，有大家耳熟能详的一篇：

迢迢牵牛星，皎皎河汉女，盈盈一水间，脉脉不得语。

这里提到了牛宿内的两个明星，其中一个牵牛星，一个织女星，中间隔开它们的是银河，古人称为“河汉”。大家都很熟悉织女星，而诗中的牵牛星指的就是牛郎星，只是古时人们习惯把银河边上的这颗亮星称作牵牛星。

图 3.5〖牛宿〗星官附近的农田和水利设施

前面说道,〖牛宿〗星官也叫牵牛星。可见关于天上的牵牛星，古时所指的星官有两个：一个是〖牛宿〗星官，一个是牛郎星。前者较暗，后者明亮。

旗鼓相当

人们都很熟悉牛郎星这个名字，而〖河鼓〗星听上去就比较陌生（图3.6）。实际上,“河鼓”指的是立在银河岸边的战鼓。《开元占经》说:“黄帝曰，河鼓，一名天鼓，一名三武，一名三将军也。中央星大将也，左星左将军，右星右将军。皆天子将也。”这就是说,〖河鼓〗既可以看作是战鼓，也可以看作是将军，位于中间的亮星代表大将军。

在〖河鼓〗星的下面还有一串4颗星，叫作〖天桴〗星。“桴”是鼓槌的意思，看来它是用来敲击〖河鼓〗这面战鼓的。从星图可以看到，在〖河鼓〗星的两侧还有两个星官，分别是〖左旗〗星和〖右旗〗星，顾名思义，它们就是两面战旗。

旗和鼓是古代战场上最常见和最重要的东西，这让人联想到成语“旗鼓相当”。《后汉书·隗嚣传》记载，王莽时期末年，占据甘肃一带的是西州大将军隗嚣，同时期公孙述占据了四川一带，并且自称皇帝。此时光武帝刘秀刚刚建立东汉政权，但是边远地带却还没有完全统一。刘秀为了孤立公孙述，就拉拢隗嚣，写信给他表示愿意同他友好。刘秀说:“如令子阳到汉中、三辅，愿因将军兵马，鼓旗相当。”意思就是说，希望能得到你军队的帮助。这样，在西方战场上，我就可以和公孙述相匹敌了。后来，

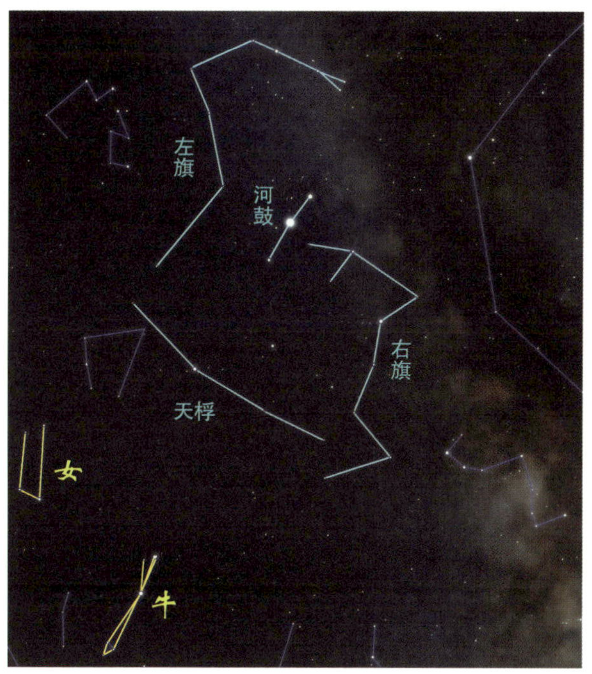

图 3.6〖河鼓〗星附近的星官

隗嚣果然归顺了刘秀，成为光武帝的将领。可见，旗鼓往往代表着军队的实力。

古代的将军往往能根据鼓声和战旗的状态判断战斗的局面。《左传》中的名篇《曹刿论战》，讲述的是鲁国的曹刿在长勺之战中对战争双方情势的判断，最著名的就是“一鼓作气，再而衰，三而竭。”鼓声往往能鼓动心神，激发斗志。然而从鼓声也能判断敌人士气的衰退。在追击敌人的路上，本来应该小心，防止埋伏，然而当看到敌人战旗都倒下了，便推知敌人彻底溃败，于是乘胜追击，一举获胜。

气冲斗牛

二十八星宿的分野是古代占星学的核心内容之一。古代占星家认为，斗宿和牛宿对应在地方上的分野是吴越之地。例如，李淳风在《晋书·天文志》中说：“斗、牵牛、须女，吴、越、扬州。”而《开元占经》中的说明则更为详细：“南斗牵牛，吴越之分野。今之会稽、九江、丹阳、豫章、庐江、广陵、六安、临淮，皆吴之分野。今之苍梧、郁林、合浦、交趾、九真、日南、南海，皆越之分野。”

关于斗宿和牛宿分野的故事，有一个与成语“气冲斗牛”有关。据《晋书·张华传》记载，西晋时期，晋国刚刚灭掉了蜀国，国势强大，朝野上下正在讨论灭吴方略。就在此时，天文官夜观天象，发现在斗、牛二宿的方向有一股紫气出现。要知道，紫气意味着祥瑞，而斗、牛二宿的分野对应在吴国，于是就有大臣说，天象意味着吴国国运兴盛，切不可进犯吴国。

关内侯张华力主伐吴，他想出一个办法，派民间的方士、豫章人雷焕前往豫章丰城（在今天的江西）去寻找紫气的出处。雷焕在丰城县牢房的地下几丈深处挖出一个石头匣子，打开一看，里面装着一对发出耀眼光芒的宝剑，一把叫“龙泉”，一把叫“太阿”。宝剑出土之时，斗牛之间的紫气也消失了。如此一来，伐吴的主张得到了晋武帝司马炎的支持，最终吴国被灭掉，晋武帝完成统一大业，从此张华名声显赫。

同时，由于出了两把名剑，丰城闻名天下，从此便有“丰城剑气”一说。唐代诗人崔融在《咏宝剑》中说：“匣气冲牛斗。”大诗人王勃在《滕王阁序》中有：“物华天宝，龙光射牛斗之墟。”说的都是这段故事。

关于“气冲斗牛”这个成语中的斗和牛，网上的解释基本都是指北斗星和牵牛星，显然是错误的。北斗星和牵牛星这两个星官一个在北，一个在南，完全不相关。至于说用斗和牛用来泛指天空，那就更不靠谱了。

在历史上，张华不但是一位著名的政治家，更是一位博物家，他曾编纂了中国历史上第一部博物学著作《博物志》十卷。《晋书》称张华为“博物治国，事无与比”。

在张华的《博物志》中记载了一个有趣的故事，也和〖牛宿〗星官有关系。古人认为天上的银河与地上的大海是相连的。《博物志》说有一个住在海边的人，每年八月都看到海上有浮槎（浮槎是指竹筏）漂来，很是好奇，于是就带上粮食，乘上竹筏，结果漂流了十来个月，来到一处城郭，见到有纺织的女子，还有一位老人牵着牛在饮水。他就去问老人这是何处。老人回答说，你回到蜀国去，问一个叫严君平的人就知道了。这人原路回到海边。后来去拜访蜀国的严君平，原来他是一位占星家，他说据观察，某年某月，有一颗客星出现在牵牛星官旁边。这人按照时间一推算，原来正是他在天河上见到牵牛星的日子，而他在城里见到的女子正是织女星。这便是词语“星海乘槎”的来历。

远古的北极星

说完了牵牛星，再来看看牛宿中最亮的星——〖织女〗星。《诗经 · 小雅 · 大东》中有：

维天有汉，监亦有光。跂彼织女，终日七襄。

诗中说的正是银河边的〖织女〗星。织女星位于天琴座中，是全天第五亮星，也是北半球夏秋夜空中最亮的恒星之一。关于〖织女〗星的角色，在《开元占经》中有："荆州占曰，织女，一名天女，天子之女也。在牵牛西北，鼎足居。"意思是说，〖织女〗由 3 颗星组成，呈鼎足而居。同时，织女是天子的女儿。

在《开元占经》中还记载了星占家石申的说法："石氏曰，织女主经纬丝制之事，大圣皇圣之母，二小星者，太子、庶子位也。三星俱明，天下和平。"他说织女主管纺织，她是一位皇后，她旁边的两颗小星分别代表太子和庶子。当这三颗星都明亮的时候，天下就和平。

由于岁差，公元前 12000 年前后，〖织女〗星曾距离北天极很近，是当时的北极星。而那时人类正处于新石器时代，母系氏族社会日渐成熟，妇女负责纺织，织网结绳，在氏族中具有崇高的威望，居于主导的地位。于是那时的人们把天上明亮的北极星起名为"织女"，是很自然的事情。

在〖织女〗星的东南方向，在银河岸边还有两个星官：〖渐台〗和〖辇道〗（图 3.7）。渐台是古代的天文台，是漏刻计时、发布律历的地方，一般都建在水边的高地上。为了方便人登上〖渐台〗，在银河岸边还建有一条坡路——〖辇道〗，可以让人乘辇车往来。

图 3.7 古代的渐台示意图

渐台一般指的是建在水边的高台，用于漏刻计时，也指代古代的天文台。相传汉武帝曾修筑“建章宫”，在太液池中就有一个二十余丈的高台，因其在水中，故名渐台。西汉末，刘玄领兵从宣平门入城，王莽逃至渐台上被众兵所杀。

〖渐台〗星官由 4 颗星组成，其中〖渐台二〗是天琴座 β，是一个双星系统，在阿拉伯语中叫作“乌龟”。这个双星属于食变星，它的亮度以 12.9 天的周期在 3.4~4.6 星等之间变化。

据说当年汉武帝为了往来方便，还跨城修筑了飞阁和辇道，可从未央宫直至建章宫。如此看来，地上的辇道也和天上的星官相对应。

女宿星官

北方玄武第三宿

包括 8 个星官，共 55 颗星。

1. 女
2. 十二国
3. 离珠
4. 败瓜
5. 瓠瓜
6. 天津
7. 奚仲
8. 扶筐

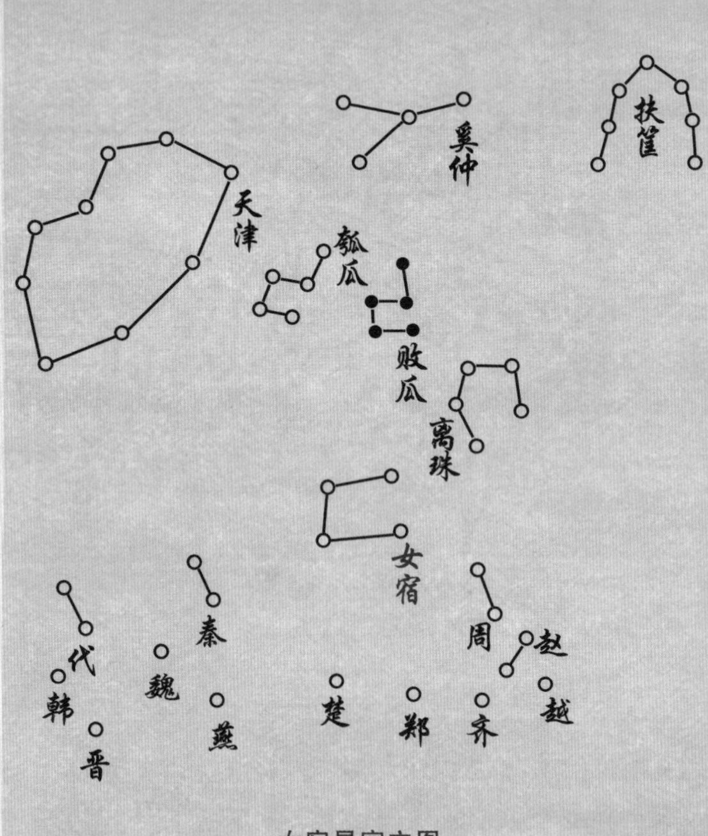

女宿星官文图

句数编号	步天歌	释义
女		
085	四星如箕主嫁娶	〖女〗4星似簸箕，星占中主嫁娶
086	十二诸国在下陈	十二国陈列在〖女〗之下
087	先从越国向东论	从〖越〗开始，向东边看去
088	东西两周次二秦	从东向西有〖周〗2星,〖秦〗2星
089	雍州南下双雁门	〖代〗2星（双雁门）在〖秦〗（雍州）之南
090	代国向西一晋伸	〖晋〗1星在〖代〗西边
091	韩魏各一晋北轮	〖韩〗〖魏〗各1星，在〖晋〗北依次排列
092	楚之一国魏西屯	〖楚〗1星在〖魏〗西边
093	楚城南畔独燕军	〖燕〗1星在〖楚〗南边
094	燕西一郡是齐邻	〖齐〗1星在〖燕〗西边
095	齐北两邑平原君	〖赵〗2星在〖齐〗北边（赵国平原君指代赵国）
096	欲知郑在越下存	要找〖郑〗1星，去〖越〗下找
097	十六黄星细区分	十二国共16星，需仔细区分
098	五个离珠女上星	〖离珠〗5星在〖女〗上方
099	败瓜珠上瓠瓜明	〖败瓜〗在〖离珠〗之上，再向上是〖瓠瓜〗，与〖离珠〗一样，都是5颗星
100	天津九个弹弓形	〖天津〗9星相连似弹弓
101	两星入牛河中横	〖天津〗横越银河，其中有2星在牛宿天区
102	四个奚仲天津上	〖奚仲〗4星在〖天津〗之上
103	七个仲侧扶筐星	〖扶筐〗7星在〖奚仲〗之侧

女宿

平凡的劳动妇女

北方玄武七宿的第三宿是女宿，共包含 8 个星官。

先来看〖女宿〗星官，既然〖牛宿〗星官并不是牛郎星，那么〖女宿〗星官看来也不是织女星了？没错！它由 4 颗小星组成，是一个簸箕的形状，在天空中很不起眼，需要仔细观察才能找到。《史记》中把这个星官称为“须女”。据《广雅》说“须女谓之婺女”。所以〖女宿〗星官又称须女、婺女或务女。在屈原的《离骚》中有：

女媭之婵媛兮，申申其詈（读音同“立”）予。

据学者考证，这个“女媭”指的就是须女。

在《步天歌》里，〖女宿〗星被认为主嫁娶之事。据唐代张守节的《史记·天官书·正义》注说：“须女四星，亦婺女。天少府也。须女，贱妾之称，妇职之卑者。”他给出了这个星官的两个含义：一个是指少府，少府在古代是为皇室管理私财和生活事务的机构，在战国时就有了，直到秦汉时期。而到了唐代这个名称开始泛化，主要指负责宫廷所有衣食起居、游猎玩好等需要的供给和服务。到清代，它相当于内务府。〖女宿〗的另一个含义是指民间的贱妾，就是妇女中的卑贱者。如此看来，与〖织女〗为天帝孙女的身份有所不同，〖女宿〗指的是劳动妇女。

北宋白体诗人王禹偁在《送鞠评事宰兰溪》这首诗中，就说到婺女星：

东下兰溪数十程，几多山水入图经。

科名旧捷仙人桂，县界遥看婺女星。

这首诗是诗人祝贺朋友金榜高中，送他去兰溪做官时写的。到了兰溪县的时候，抬头正好看到婺女星。兰溪在今天浙江省中西部的金华，金华在古代叫婺州，是女宿所对应的分野。女宿的分野还包括今天的江西婺源，那里是婺江的源头。看来诗人是懂得天象的。

多子多福

在须女星的上方有5颗亮度与它相仿的小星，叫作〖离珠〗星（图3.8）。离珠是古代贵妇人衣服上的珠宝装饰物，用来代表华丽的服饰。把〖离珠〗星官放在这里，倒是与须女星负责内务府的含义相符合。

在〖离珠〗星的上方还有一片小星，组成了两个星官，分别是〖瓠瓜〗和〖败瓜〗。瓠瓜是葫芦科的草本植物，在我国南北各地均有栽培，古时该类植物也包括葫芦。瓠瓜要在嫩时食用，而老熟干燥后的果壳，可以用来作容器——瓢。甜瓠瓜也可作药用，有利水消肿、止渴除烦、通淋散结的功效。葫芦科的植物都是籽实比较多的，尤其是葫芦，因其多子，寓意子孙万代，多子多福，所以古时就有葫芦崇拜（图3.9）。民间一直有送瓜求子的民俗。败瓜，可以看成把成熟的瓜打开的意思，以取出其中的籽实。

在须女星的下方天区中，分布着〖十二国〗星官，分别是:〖赵〗〖越〗〖周〗〖齐〗〖郑〗〖楚〗〖秦〗〖魏〗〖燕〗〖代〗〖韩〗和〖晋〗。这些

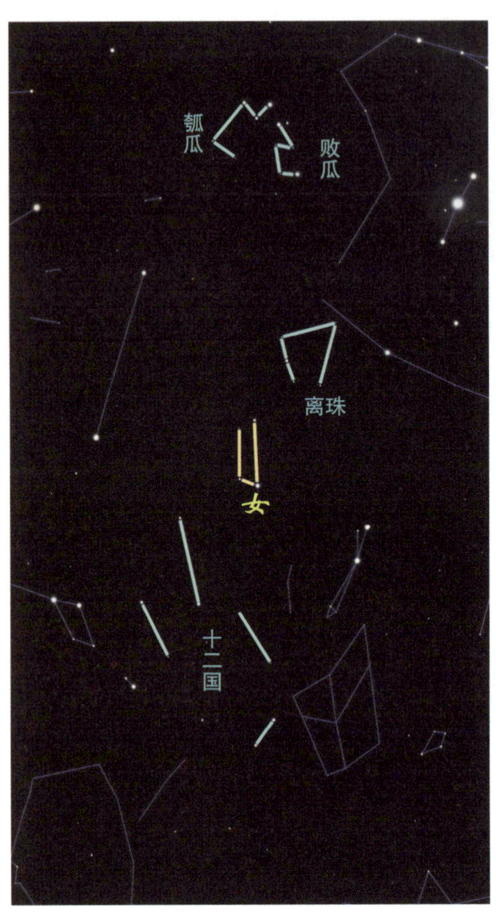

图 3.8〖女宿〗附近的星官

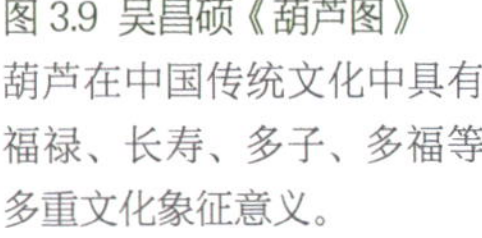

图 3.9 吴昌硕《葫芦图》
葫芦在中国传统文化中具有福禄、长寿、多子、多福等多重文化象征意义。

星都不怎么亮，而且相当分散，在天空中全部找到它们并不容易，要仔细对照星图辨认才行。〖赵〗〖周〗〖秦〗和〖代〗都是由两颗星组成，其他的星官都只有一星，一共 16 颗星。我们知道，在历史上，韩、赵、魏是在三家分晋之后才出现的，那是公元前 403 年，因此看来这十二国星官名称的出现，应该不会早于这个年代。

至于《步天歌》里的一些名词，可能需要具备一些历史知识，才能和这〖十二国〗对应上。例如“雍州南下双雁门”，这里的雍州指的是中国古九州之一。据史料载，其名来自陕西省凤翔县境内的雍山、雍水。在这里，雍州是指秦国。再比如“齐北两邑平原君”，这个“平原君”指的是战国四公子之一，因贤能而闻名的赵国公子赵胜。因此，这里的“平原君”代指的是赵国。

天上的天津

在女宿中的星官大部分都比较暗，唯独〖天津〗星官相当明亮。它由 9 颗星组成，横跨于银河之中。“津”字的本义是渡口。因此〖天津〗星是指银河上的渡口。《步天歌》有“天津九个弹弓形”，是说这 9 颗星连起来很像一把弹弓。在西方星座中，这个星官对应的是天鹅座的主体部分。

那么到底是先有〖天津〗星官，还是先有天津市呢？其实，早在战国屈原的《离骚》中就有天津:“朝发轫于天津兮，夕余至乎西极。”到了隋朝，隋炀帝迁都洛阳，他认为洛水很像天河，所以就在洛水上建了一座桥，取名为天津桥。至于今天的天津市，它名称的出现就相当晚近了。在明成祖朱棣迁都北京以后，海河口变为北京的门户，成为皇帝南巡必经的渡口，因此得名“天津卫”。从那之后，才慢慢发展成一个大城市的。

〖天津〗星官中最亮的那颗星称作〖天津四〗。如前所述，在夏季到秋季的星空中,〖织女星〗〖河鼓二〗和〖天津四〗这三颗明亮的星星连成了一个大三角，相当醒目。它是初学者认星的好标志。在城市里，受到周围灯光的影响，天晴的时候，人们往往也只能看到这个夏季星空的大三角。

车神奚仲

在〖天津〗星官的西北方有四颗小星，排列成一个“Y”字形，这个星官叫作〖奚仲〗。奚仲是古代的一个人名。我们知道，在天上的星官中，真名真姓的星官并不多，前边我们学习过的傅说也是一位。

据《左传》记载，奚仲是夏王朝最善于造车的人。相传他居住在薛地，就是今天的山东滕州。他因造车有功，被夏王禹封为“车服大夫”，也称“车正”。奚仲发明的第一辆车，有车架、车轴、车厢，为保持平衡，采用左、右两个轮子。在《墨子》中也有“奚仲作车”的记载。汉代陆贾在《新语》中说奚仲“挠曲为轮，因直为辕”，创造了有辐的车轮。后来，夏禹将薛地分封给他，称为薛国。据传，他的十二世孙担任过商朝君主商汤的左相。

上古时代的人类运输，全靠手提、头顶、肩扛、背负，后来以马、牛来驮运。随着社会的发展，产品增多，大量的商品交换产生了对运输工具的需要，于是逐步创造出滚木、轮和轴，最后出现了“车”这种陆地运输工具。车的发明，是中国科技史上的一大创举，它不但解决了落后的交通问题，而且还促进道路设施的发展，扩大商贸运输和文化交流活动。奚仲发明的车，其贡献不亚于“四大发明”。奚仲过世后被百姓奉为车神，后人修建了奚公祠常年祭拜，以求出行平安,“祭拜奚仲，平安出行”的民谚流传至今。

虚宿星官

北方玄武第四宿

包括 10 个星官，共 34 颗星。

1. 虚
2. 司命
3. 司禄
4. 司危
5. 司非
6. 哭
7. 泣
8. 天垒城
9. 败臼
10. 离瑜

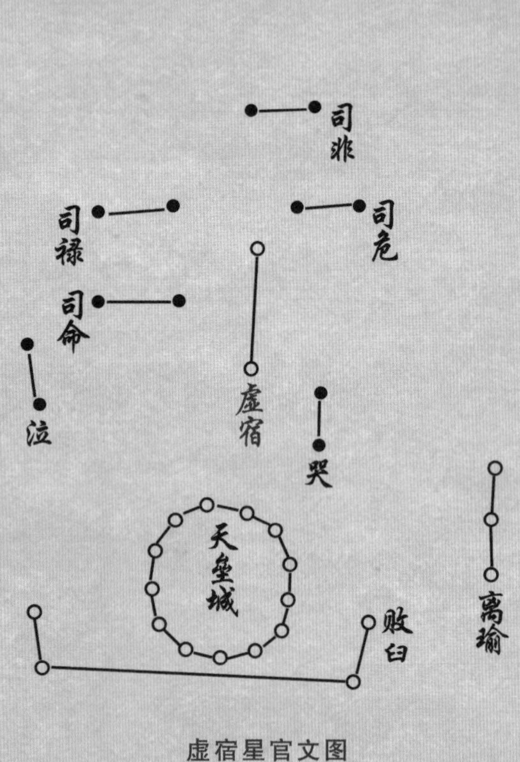

虚宿星官文图

句数编号	步天歌	释义
虚		
104	上下各一如连珠	〖虚〗2 星上下相连
105	命禄危非虚上呈	〖司命〗〖司禄〗〖司危〗〖司非〗横于〖虚〗之上，均为 2 星
106	虚危之下哭泣星	在〖虚〗及〖司危〗之下，是〖哭〗和〖泣〗
107	哭泣双双下垒城	〖哭〗及〖泣〗均为 2 星，它们之下是〖天垒城〗
108	天垒团圆十三星	〖天垒城〗13 星相连抱成团
109	败臼四星城下横	〖败臼〗4 星横在〖天垒城〗之下
110	臼西三个离瑜明	〖离瑜〗3 星在〖败臼〗西边

虚宿

参悟人生

北方玄武的第四宿是虚宿，包含 10 个星官。

其中,〖虚宿〗星官由一上一下两颗星组成，它在远古时已相当著名，周代《尚书·尧典》中记载的“四仲中星”里就有虚宿:“宵中星虚，以殷仲秋”。说的是，在秋分前后的傍晚,〖虚宿〗出现在南方正中天的位置。古人利用这个星宿的位置就能辨别秋季的到来。

图 3.10 中，在〖虚宿〗星官的旁边有几对小星，名称很相像，这就是四组以“司”命名的星官:〖司命〗〖司禄〗〖司危〗〖司非〗。它们每个星官都是由两个距离很近的星组成，尽管亮度不高，但是两两成对，在星空中还是比较容易找到的。

在《开元占经》中列出了它们的含义。先说司命,“诗纬曰：司命执刑行罚。”意思是它主管处罚曾经犯下的罪过，还说“甘氏曰：司命继嗣，移正朔。”看来〖司命〗星还跟王朝的传承有关。“甘氏曰：司禄，增年延德。”就是说〖司禄〗星主管福禄和寿命。至于〖司危〗星,“甘氏曰：危，骄逸亡下。”它是主管人行为的端正，而〖司非〗星,“甘氏曰：司非，以法多私。”即它主管是非功过。

在秋季的傍晚,〖虚宿〗位于南方高空中。秋季意味着收获与回望，在这个季节仰望星空，最容易引发对时光易逝的感叹，和对人生的反思、参悟。难怪在〖虚宿〗中会有这些与人生命运相关的星官。

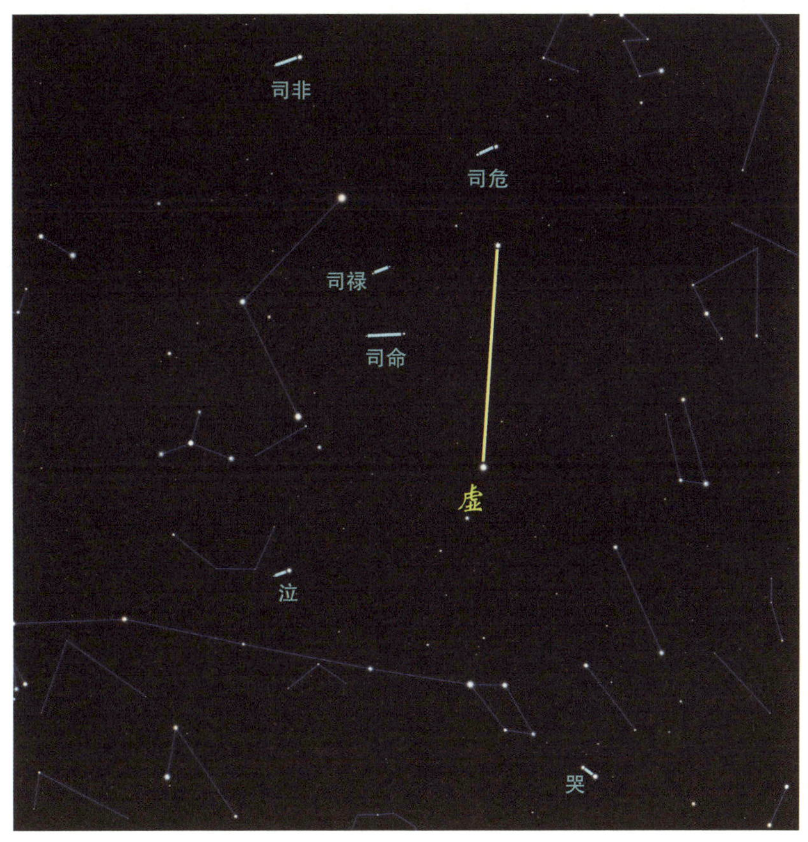

图 3.10〖虚宿〗附近的星官

在这个天区中有四个名称含“司”的星官，不过这些星星并不明亮，肉眼分辨起来有些困难。

危宿星官

北方玄武第五宿

包括 10 个星官，共 56 颗星。

1. 危
2. 人星
3. 杵臼
4. 车府
5. 天钩
6. 造父
7. 坟墓
8. 虚梁
9. 天钱
10. 盖屋

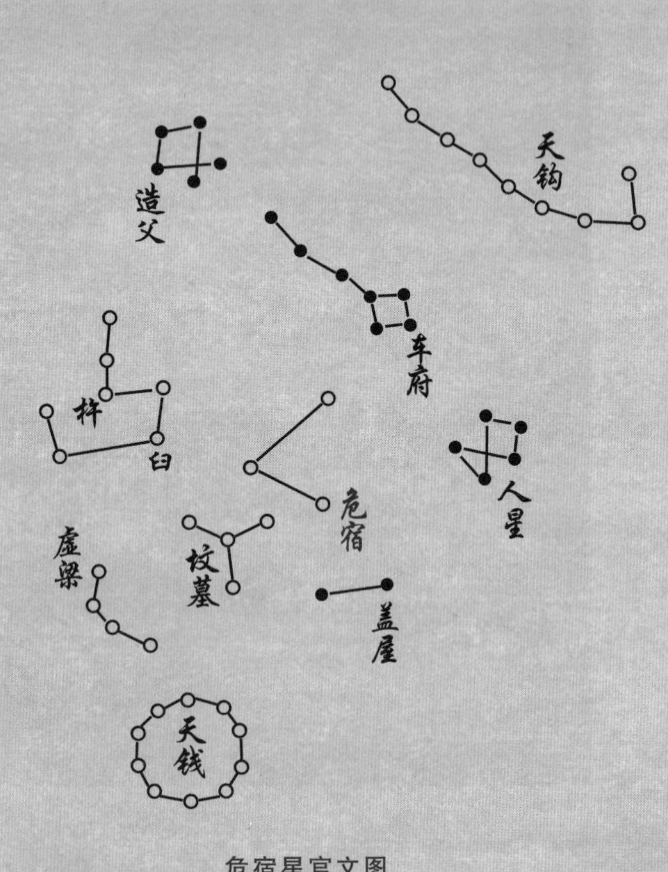

危宿星官文图

句数编号	步天歌	释义
危		
111	三星不直旧先知	先人早知〖危〗3星不在直线上
112	危上五黑号人星	〖人星〗5颗在〖危〗上方
113	人畔三四杵臼形	〖杵臼〗在〖人星〗旁，3星相连呈杵，4星相连呈臼
114	人上七乌号车府	〖车府〗7星在〖人星〗之上
115	府上天钩九黄晶	〖天钩〗9星在〖车府〗之上
116	钩下五鸦字造父	〖造父〗5星在〖天钩〗之下
117	危下四星号坟墓	〖坟墓〗4星在〖危〗下方
118	墓下四星斜虚梁	〖虚梁〗4星斜呈在〖坟墓〗之下
119	十个天钱梁下黄	〖天钱〗10星在〖虚梁〗下方
120	墓傍两星能盖屋	〖盖屋〗2星在〖坟墓〗旁
121	身着黑衣危下宿	且在〖危〗下边

危宿

自古逢秋悲寂寥

作为北方玄武的第五宿的主要成员,〖危宿〗星官由三颗星组成，它们的连线并不是一条直线。这个星官在历史上出现的时间很早,《步天歌》说“三星不直旧先知”，意思是说，古人早就知道这条连线不直了。

此外，在〖危宿〗星官的上方还有三个星官，分别是〖人星〗〖杵〗〖臼〗，它们组成了一幅劳动的画面：一个人正举着杵，捣着臼中的粮食，特别形象。

在危宿中还有〖坟墓〗〖虚梁〗两个星官。它们与虚宿中的〖哭〗星和〖泣〗星合并在一起，也组成一个完整的画面（图 3.11）。

在汉语中,“虚”通“墟”字，有大丘之意，即大的土山。古代的城邑，往往是以土丘为基础修建的，当城邑毁灭后，丘就变成了墟。因此，虚宿也有荒废的旧国故地的意思。而“危”字的本义是高耸的意思，危楼就是指高楼。因高又引申出畏惧，所以才有“危险”的意思。〖危宿〗的下方有

图 3.11 寂寥的秋季南天星空

〖盖屋〗星，也指明这曾是一座高楼。由于它是立在故国的废墟之中，可以想象，此时也许只剩下残垣断壁，只有高高的屋顶还在。

每当傍晚时〖虚宿〗来到南方天空，正是万木凋零的秋季。在清冷的夜空下，更凸显了故地的一派衰败景象。这里有〖坟墓〗星，而〖虚梁〗指的也是已故之人的陵园。在这里祭奠故人，再加上〖哭〗〖泣〗二星，甚至还有随风吹起的烧给亡灵的〖天钱〗，更加烘托了悲伤的气氛。

“神龟”与“灵蛇”

我们知道，东方苍龙的星官，有角、有身、有尾，组成一条飞腾的巨龙，十分形象。而北方玄武，它代表的传统形象却是龟与蛇的合体，那么这龟和蛇到底在哪里呢？

在东方七宿的尾宿中有〖龟〗星官，它是一个五边形。而北方七宿中的龟究竟是什么，学者们有不同的看法，大部分人认为，〖虚〗2 星与〖危〗3 星，正好组成了一个五边形，与尾宿中的〖龟〗星十分相似，这 5 颗星就代表了龟（图 3.12）。

在西安交大出土的汉墓中，有二十八星宿的壁画，其中的〖虚宿〗两星和〖危宿〗三星，是连在一起的，组成一个五边形，用它来代表龟的形象（图 3.13）。

那么，还有一条蛇在哪里？在根据苏州石刻图恢复的全天星图中，在〖危宿〗的北方不远处有一个很大的星官，名叫〖腾蛇〗。

〖腾蛇〗星官由 22 颗星组成，位于银河之中。虽然这些星星都不太明亮，但是整个星官的范围规模却相当壮观。它位于危宿所辖的天区之内，因此，它与那个五边形代表的龟，共同组成了龟与蛇的形象，即玄武，还是比较合理的。

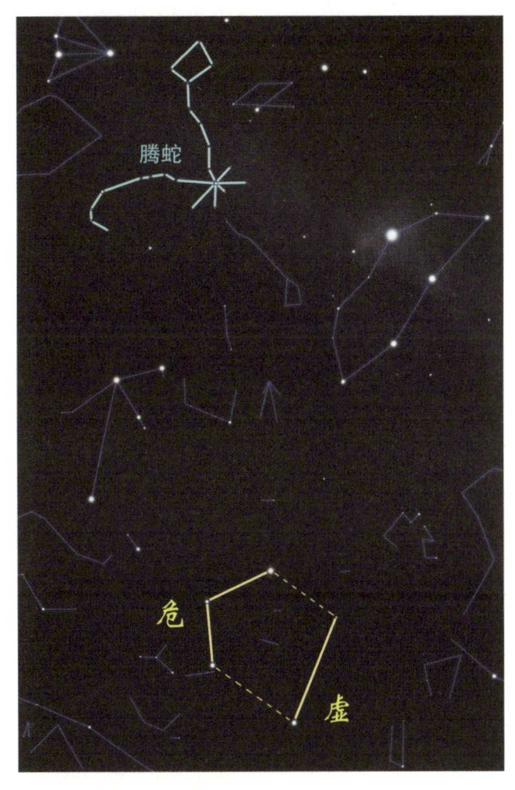

图 3.12 北方玄武的〖虚宿〗和〖危宿〗星官，组合成代表龟的五边形，而在它们的北方有代表蛇的〖腾蛇〗星官

图 3.13 西安交大汉墓的壁画（全图见 250 页）中，用五边形的连线代表龟的形象

室宿星官

北方玄武第六宿

包括 10 个星官，共 109 颗星。

1. 室（离宫）
2. 雷电
3. 垒壁阵
4. 羽林军
5. 铁钺
6. 北落师门
7. 八魁
8. 天纲
9. 土公吏
10. 腾蛇

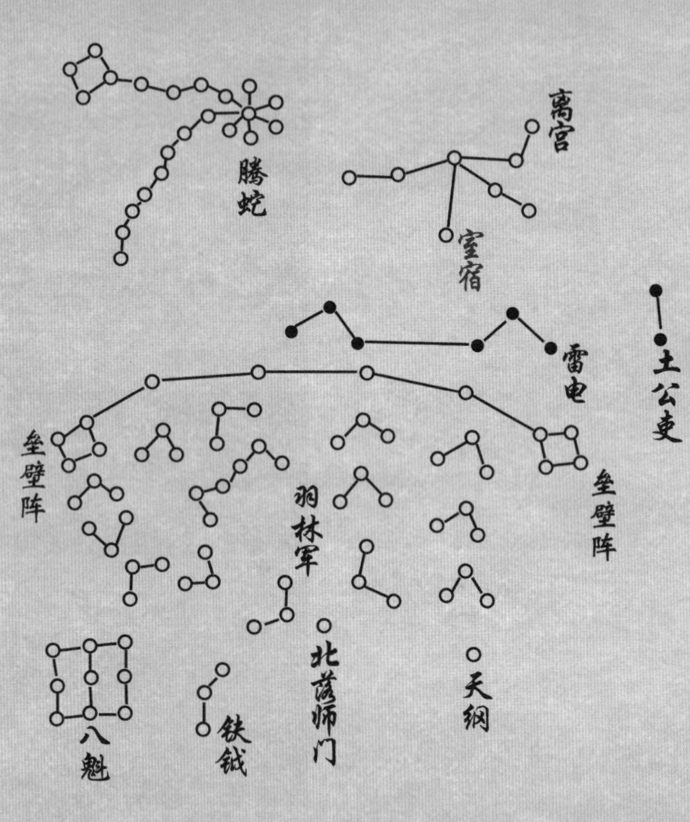

室宿星官文图

句数编号	步天歌	释义
室		
122	两星上有离宫出	〖室〗2 星，还连着〖离宫〗
123	绕室三双有六星	〖离宫〗绕〖室〗两两相连，三对共 6 星
124	下头六个雷电形	〖雷电〗6 星〖室〗下，形似雷电而得名
125	垒壁阵次十二星	〖垒壁阵〗有 12 星
126	十二两头大似井	两头形状似井
127	阵下分布羽林军	〖羽林军〗分布在〖垒壁阵〗之下
128	四十五卒三为群	三个一群，共 45 星
129	军西四星多难论	〖羽林军〗在下方，多且难分辨
130	仔细历历看区分	需要认真辨认细区分
131	三粒黄金为铁钺	〖铁钺〗为 3 星
132	一颗珍珠北落门	〖北落师门〗1 星
133	门东八魁九个子	〖八魁〗9 星在〖北落师门〗东边
134	门西一宿天纲是	〖天纲〗1 星在〖北落师门〗西边
135	电傍两黑土公吏	〖土公吏〗2 星在〖雷电〗旁边
136	腾蛇室上二十二	〖腾蛇〗22 星在〖室〗之上方

壁宿星官

北方玄武最后一宿

包括 6 个星官，共 28 颗星。

1. 壁
2. 霹雳
3. 云雨
4. 天厩
5. 铁锧
6. 土公

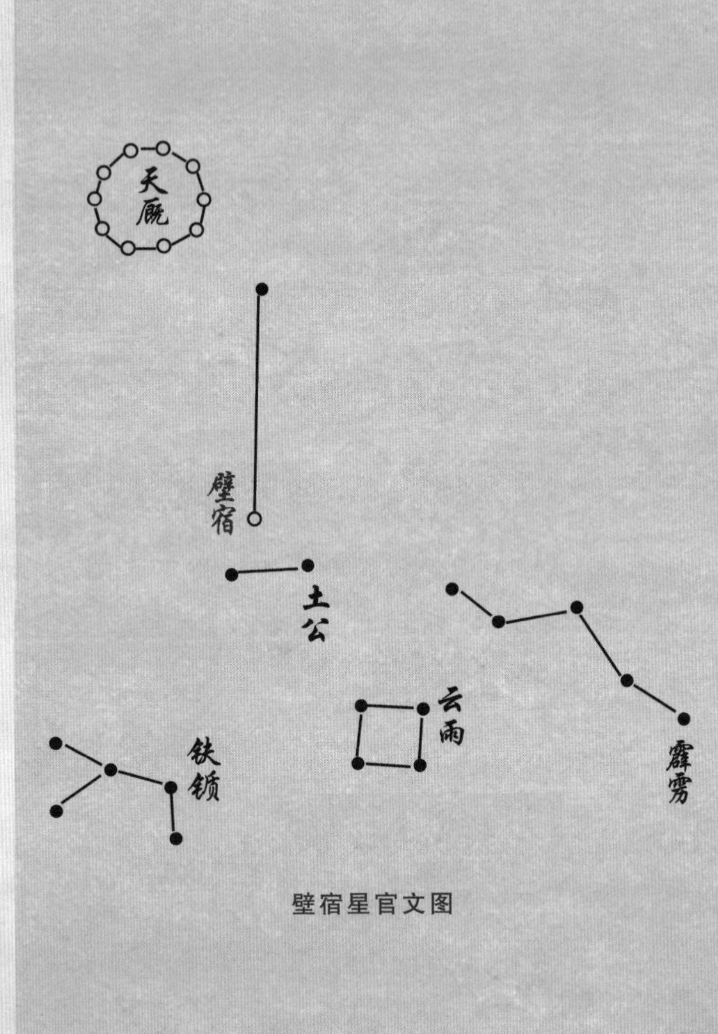

壁宿星官文图

句数编号	步天歌	释义
壁		
137	两星下头是霹雳	〖壁〗2 星下头是〖霹雳〗
138	霹雳五星横着行	〖霹雳〗5 星横着走
139	云雨之次曰四方	〖云雨〗4 星依次相连
140	壁上天厩十圆黄	〖天厩〗10 星在〖壁〗上方连成圈
141	铁锧五星羽林傍	〖铁锧〗5 星在〖羽林军〗旁
142	土公两黑壁下藏	〖土公〗2 星藏〖壁〗下

室宿和壁宿

天帝的离宫

将目光越过虚、危二宿，继续向东北，就来到了室宿和壁宿。

〖室宿〗星官和〖壁宿〗星官，都分别由一上一下两颗星组成。在古代〖室宿〗也称为营室。《周礼·冬官》中有："营室，北方玄武之宿，与壁连体为四星。"即〖室宿〗星官两颗星，与〖壁宿〗星官两颗星，共同形成一个四边形，像一间方方正正的房子。《尔雅》中也有："室壁二宿，四方似口。"看来古人实际上往往是把〖室宿〗和〖壁宿〗合起来看待的。

从这两个星官在天空的分布位置来看，〖室宿〗在西，〖壁宿〗在东，它们分别代表房子的西墙和东墙。《尔雅》中说："营室，谓之定。"是说这个房子也叫做"定"。《诗经·鄘风》中有：

定之方中，作于楚宫。揆之以日，作于楚室。

对于这个说法，朱熹在研究《诗经》时所撰写的著作《诗集传》中有说明："定，北方之宿，营室星也。此星昏而正中，夏正十月也。于是时可以营制宫室，故谓之营室。"他认为，在古代对于采取夏正的历法来说，每年的十月傍晚的时候，能够看到营室星正好位于南方天空，而这时正好是营造宫室的季节，所以人们就给这个星官起名为"营室"。由于岁差的缘故，2000 多年后的今天，我们只有到了农历十一月的傍晚，才能见到这个情景了。

据记载，古代每到营室星位于正南方的时候，农夫们就收拾好场院，准备好建筑的工具，集合起来为帝王服劳役，构筑宫室。

《诗经》的“定之方中，作于楚宫”，这个楚宫，不是指楚国的宫殿，而是指在楚丘的宫殿。这段诗出自鄘风，是卫国的诗。据说周武王灭殷以后，将纣王的京都附近地区封给纣的儿子，并将其地分而为三：北为邶（今河南汤阴县东南），南为鄘（今河南卫辉市东北），东为卫（今河南淇县）。武王死后，周公摄政，这三个地方叛乱，被周公率兵镇压，合并三地为卫国，建都殷墟，即今河南淇县。卫国是一个小国，日渐衰败，公元前660年被来自北方的狄人所灭，后来在齐桓公的帮助下，卫文公在楚丘（今河南滑县东）重建卫国。所以，诗经的这一段，描写的是百姓在冬季来临的时候服劳役，给卫国的国君建造宫殿。

另外，有学者认为“室”这个字在早期并非是人住的屋子，而是敬神的宫殿或者大庙。例如，在今天河南省登封市号称“中岳”的嵩山山脉里有太室山和少室山,《史记》中记载太室山是古代中国的八大名山之一。《孝武本纪》说:“天下名山八，而三在蛮夷，五在中国。中国华山、首山、太室、泰山、东莱，此五山黄帝之所常游，与神会。”如此看来，太室山是黄帝经常登临的一座大山，就像一座敬神的大庙一样。

关于营室星，清代的僧人成鹫作有一首诗，名叫《蜃楼歌》：

天空海阔波不兴，浴日浴月百宝生。
海滨老人双眼明，昨宵仰见营室星。
帝命海若修乾城，六丁六甲胥效灵。
骑箕传说版筑鸣，吴刚伐柯声丁丁。

扶桑若木为栋楹，龙宫珊瑚装画屏。

天孙云锦交疏棂，空中楼阁随目成。

这里除了提到营室星，还提到了其他星官，例如〖六甲〗等。诗中的“箕”指的是〖箕宿〗，诗中所说骑箕之人就是傅说，庄子说他“乘尾箕，比于列星。”前面讲过〖傅说〗星官的故事。傅说的出身是商朝时期的奴隶，专门干建筑的活儿，古代叫做版筑。所以诗人看到营室星，自然就想到了傅说这个建筑工出身的商朝宰相。

古人把天空中呈现出来的楼阁叫做“蜃楼”，认为是由蜃吹的气形成的，成语“海市蜃楼”就是这个意思。这整首诗描写的是一座天上的宫殿。

显然，天上建的宫室不是普通民居，而是天帝居住的宫殿。在〖室宿〗星周围分别有两两成对的六颗星，叫做〖离宫〗星。这说明除了宫殿之外，还有专门为天帝在外巡游而设立的离宫。离宫一般是指在国都之外，为皇帝修建的永久性居住的宫殿，皇帝一般在固定的时间都要去居住。古代离宫也泛指皇帝出巡时的住所。承德的避暑山庄就是清代皇帝们的离宫（图 3.14）。皇帝们每逢夏季炎热的季节，就到避暑山庄去住几个月，在这期间，帝王的办公场所也就设在那里。大臣们要汇报请示，可要跑长途了。

一座图书馆

再来看看〖壁宿〗星官，它也是由 2 颗星组成，由于相对于〖室宿〗来说，它的位置在东边，又叫“东壁”。

图 3.14 万树园赐宴图（局部） 由郎世宁等创作，描绘了 1754 年乾隆皇帝在承德避暑山庄的万树园内接见蒙古族首领的情景。

南宋后期的骈文作家李刘在《鹧鸪天》里有：

群玉府，紫微天。看看东壁二星连。

月中斫桂吴夫子，定是长生不记年。

说的正是〖壁宿〗这两颗星。《开元占经》中有：“圣洽符曰：东壁主土功之事。”说明东壁星和筑城、建造宫殿有关，因此，在它的附近还有〖土公〗星、〖土公吏〗星，分别代表建造营室之事、管理建造的官员。《开元占经》还说:“甘氏占曰:东壁主土,星动则土功事兴。”意思是说,假如〖壁宿〗星看上去有动摇,则意味着有利于建造宫殿。

除了这个含义之外,“东壁”星还有一个重要的含义,也经常被人们说起。《开元占经》中有:“石氏曰:东壁主文章图书府,故置垒壁,以卫后。”意思是说,东壁星代表收纳天下图书的秘府,也就是皇家图书馆。

南宋爱国词人宇文虚中在《古剑行》中有:

自从武库冲屋飞,化作文星照东壁。

同时代的著名词人和书法家张孝祥,也在《赋沈商卿砚》这首诗中写道:

石渠东观天尺五,壁星下直图书府。
琳琅宝镇出三代,浩瀚简编照千古。

这些都说明东壁星是天上最有学问的场所。以后再描述图书馆,不妨借用东壁星来指代,会显得很有学问。

天上的气象

在营室星的下方有三个星官,从上到下分别是〖雷电〗星、〖霹雳〗星和〖云雨〗星(图 3.15)。

隋代的天文家李播在《天文大象赋》中唱道:

布离宫之皎皎,散云雨之霏霏。霹雳交震,雷电横飞。

正是对这些星官的描述。古人认为风雨雷电这些天上的现象与天文星象是

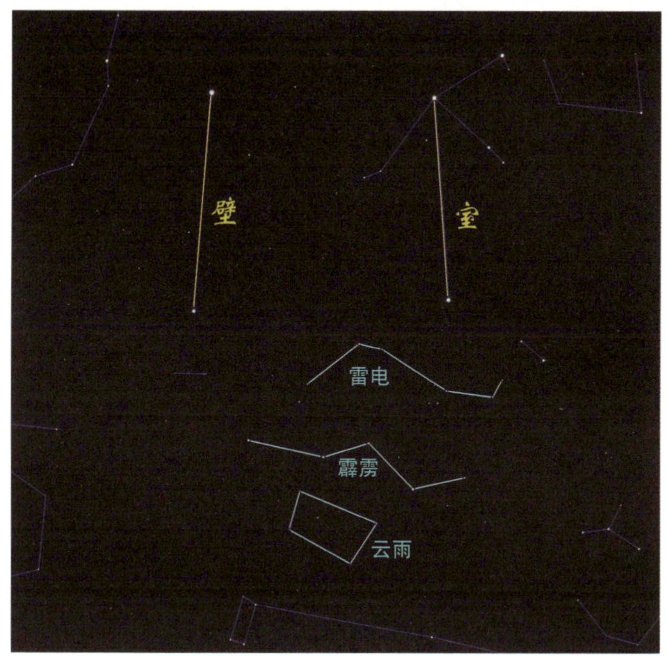

图 3.15 营室星的下方的气象之星

一类，因此在星官中为它们起名是很正常的。

古人用〖雷电〗星代表雷神，他在天上鼓出震耳的雷声，而射向人间耀眼的〖霹雳〗，则体现了可以照亮黑暗、劈裂一切的天威。与此同时，〖云雨〗带来雨水，滋润大地，因为有了水，万物才能生长。如此看来，恩威并施，赏善罚恶才是天道。

中国古代以农立国，风调雨顺的年景才会有好的收成，也才会国泰民安。想必观察这些星官，是古代占星家们的重要工作内容。

李播是隋朝的一位道士，号黄冠子，擅长天文历法，撰有《天文大象赋》。《旧唐书》记载“（淳风）父播，以秩卑不得志，弃官而为道士。”他的儿子李淳风比他更有名。作为一位神童，李淳风著有二十四史中的《晋书》和《隋书》的天文志，他除了精通天文星占，还是一位数学家，据说还校注过《本草》。李淳风与袁天罡并称“盛唐双奇”。

秋季四边形

〖室宿〗两颗星与〖壁宿〗两颗星构成了一个大的四边形（图 3.16），由于在秋季夜空中，周边没有其他的亮星，因此这个四边形十分醒目，人们叫它“秋季四边形”，看上去像一座方正高大的宫殿。

从星图可以看出，在西方星座中，这个四边形的右下方的三颗星属于飞马座，而左上角的星则是属于仙女座。这匹长着一双翅膀的马，是希腊神话中的一匹神马。

在仙女座中有一个特殊的天体十分出名，它就是仙女座星系，这是人类历史上第一个确认的银河系外的天体（图 3.17）。它位于秋季大四边形的对角线的延长线上，借助星图，不难找到它。虽然用肉眼看上去，它只是一团模糊的亮斑而已，但实际上却是一个比我们的银河系直径大一倍的星系，含有 1 万亿颗恒星，距离我们 250 万光年。如果下次有人问你，你肉眼最远看看多远的话，你可以骄傲地告诉他 250 万光年。

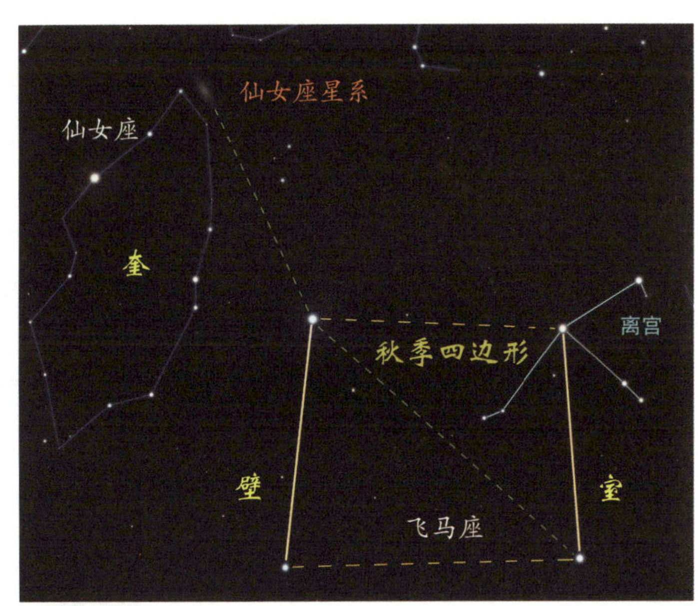

图 3.16 星空中的秋季四边形
由〖室宿〗和〖壁宿〗星官组成的大四边形，是秋季星空的亮点。通过这个四边形的对角线还可以找到著名的仙女座星系。

图 3.17 仙女座星系
一个比银河系更大的旋涡星系，含有大约 1 万亿颗恒星。它位于仙女座中，距离 250 万光年，是肉眼可见的最远天体之一。它是距离银河系最近的大星系，并且朝向银河系运动，预计大约在 30 亿至 40 亿年后与银河系相撞。

北方战场
——万岁羽林军

在室宿和壁宿的南部各有一些星官，共同组成了一幅完整的战场画面，这就是星空中的北方战场（图 3.18）。

这些星官中，最有特点的是长长的〖垒壁阵〗星官，它由 12 颗星组成。这个星官在〖云雨〗星的南边有 4 颗小星，组成一个小小的长方形，就是垒壁阵东端的敌楼，从它开始向西望去，一串小星连缀成一条直线，而那里正是黄道经过的地方。这条直线一直延伸到〖虚宿〗的下方，这里有另一座小小的长方形敌楼，这里就是阵地的西端。

〖垒壁阵〗是防范敌人侵犯的营垒阵地，算是战场的前方。在它的南方，也就是阵地后面的广大天区中，有我方军队的主力，这就是由 45 颗星组成的声势浩大的〖羽林军〗星官。羽林军，是从汉代出现的军队组织，是古代最为著名并且历史悠久的皇家禁军，军士们赤胆忠心、作战勇猛。而军营的后方还有〖天纲〗星，天纲是用绳索帐幕搭起的军帐，专为天帝驻军时使用，可见这是个天帝御驾亲征的战场。难怪明朝诗人何景明在《驾出》诗中唱道："九重玄武仗，万岁羽林军。"但天帝扎营的这个〖天纲〗星并不是很亮，也许是为了避开敌人的注意吧。

图 3.18 北方七宿中，组成星空中的“北方战场”的星官

那么问题来了，这里的我方是皇帝亲征，那这个高规格战场的敌方是谁呢？在〖垒壁阵〗西端的向南不远处，也就是右下角，就在虚宿的下方，由13颗小星组成的圆圆的天垒城星官。在《开元占经》中有：“巫咸氏曰：天垒主北夷，丁零、匈奴。”说明它代表北方少数民族匈奴、丁零。

匈奴是两汉时北方最大的强敌，汉朝曾联合丁零等少数民族击溃了匈奴，自那时起北方匈奴才逐渐消亡。而丁零人早期生活在北方的贝加尔湖附近，自汉打败北匈奴之后，逐渐开始南迁，与中原的汉人交往。在4世纪末至6世纪中叶，继匈奴、鲜卑之后，丁零人活动于中国西北广大地区。他们当中在北方生活的一部后来成为新疆的回鹘。可见，这里的星空战场描绘的就是当年汉朝军队大败北匈奴的场景，因此可把它称为星空中的北方战场。

这个战场规模宏大，战事旷日持久，投入兵力众多，因此后方的补给至关重要。在〖羽林军〗的南方（作为针对北方的战场，南方就是后方）有〖北落师门〗星官，它是一颗亮星，而且周围没有其他亮星，显得十分醒目，是秋季星空著名的亮星。《开元占经》中说：“羽林西南有大赤星，状如大角，天军之门也，名曰北落，一名师门”。“北落”是北方之意，而“师门”就是军门，可见北落师门指的就是北方军营的大门。经过这个大门，来自后方的兵源和补给可以源源不断地投入战场。

〖北落师门〗在西方星座中被称为南鱼座 α，在西方星空文化中很有名。据说古代波斯有四大王星，它们分别是：北落师门、毕宿五、心宿二、轩辕十四。这四颗星距离黄道都很近，而且均匀分布在黄道上，共同成为星空中表明方位和季节的标志，因此显得十分重要。

在〖北落师门〗星的东南方还有〖八魁〗星官，史书认为它是用来捕捉禽兽的罗网，在战场上可以理解为专为敌人设下的陷阱。在这片天区中还有两件兵器，分别是〖铁钺〗星和〖铁锧〗星。铁就是斧子。铁钺是指斫刀和大斧，是古代腰斩、砍头的刑具，有时候也借指将军幕府。《荀子·乐论》中说："且乐者，先王之所以饰喜也；军旅铁钺者，先王之所以饰怒也。"铁锧是指古代斩人的刑具，代表了帝王赐予的专征专杀之权。锧是垫在下面的砧板。既然有军队，治军的纪律就要严明。在羽林军中，代表帝王帐幔的〖天纲〗星近旁，设置〖铁钺〗〖铁锧〗星，是用来指代执行军法的刑具。

到这里，我们的视线已经接近南方地平，北方七宿的漫步之旅也在尘土漫天的战场上结束了，让我们期待黎明时分前线传来的胜利消息吧。

北方玄武
——男耕女织的桃花源

东晋末期的诗人、辞赋家、散文家陶渊明写的散文《桃花源记》，描写了渔人出入桃花源的经过和在桃花源中的所见所闻：

有良田、美池、桑竹之属。阡陌交通，鸡犬相闻。其中往来种作，男女衣著，悉如外人。黄发垂髫，并怡然自乐。

《桃花源记》以诗人的口吻讲述桃花源人民生活的和平、安宁，为我们描述了一个美好祥和的世外桃源。桃花源这个理想国，成为千百年来人们心中一直苦苦追寻的地方。然而遗憾的是，自从陶渊明离开桃花源后，世间的人们包括陶渊明本人再也没有找到这片美好之地。不过，在中国古代的星官中却描绘了这样一个桃花源（图 3.19），尽管不在人间，但是当你抬头仰望时，分明能感受到它的存在。

在北方玄武七宿的斗、牛、女宿中各有一些小星官，把它们连缀在一起，便会发现它们描绘的场景正是一个天上的桃花源。

要在天空中找到这片“桃花源”并不难，这里有人们熟悉的〖织女〗星，可以从〖织女〗星开始找寻桃花源之旅。

对于黄河流域以北的观察者来说，夏秋时节黄昏后,〖织女〗星正在头顶。它散发着白色耀眼的光芒，在慢慢黑下来的夜空中总是第一个出现。连接北极星和〖织女〗星，向南延伸一倍远，正是〖斗宿〗星官——南斗之所在。

如前所述，南斗的 6 颗星像是一把倒扣的勺子，这把勺子位于银河

图 3.19 斗、牛、女宿中的众多星官，连缀成一幅天上的桃花源景象

的中心地带，这里群星争辉。以南斗为中心向四周观察，这里有〖天江〗〖天渊〗〖鱼〗〖龟〗〖鳖〗〖罗堰〗〖九坎〗〖天田〗〖农丈人〗等众多星官，它们共同组成了天上的桃花源。

南斗位于银河中心附近，这里的银河最亮，附近有代表银河的〖天江〗星官，仿佛银河之水，自上游奔腾而来，流向南方地平附近，真是一片“疑是银河落九天”的景象。

在南斗左边不远处有一个〖天渊〗星官，那里正是银河下游的最宽广之处，也许那里连着广袤无垠的大海，果然恰如其名，深不可测。

在南斗的下方不远处能看到由十多颗小星围成的一个大圆，叫〖鳖〗星。在它的右边，还有〖龟〗星和〖鱼〗星，都代表着在银河之中漫游的水生动物。显然，银河之水为这里带来了肥沃的土地，也使这里成为富饶的泽国。你瞧，在波光粼粼的银河中,〖鱼〗〖龟〗〖鳖〗在欢快地戏水。

以农立国的传统在桃花源里也不例外，不信你看，这里也有农田。在〖牛宿〗的下方，就有一个四四方方的〖天田〗星。人们还特意为它修建了水利工程，如附近的〖罗堰〗星和〖九坎〗星就是代表。人们把一部分银河水储蓄进水库，这就称作“罗堰”。而把水库的水源源不断地引向农田的，正是一道道的水渠，称作“九坎”。

在南斗的下方近旁有一颗〖农丈人〗星。在古代“丈人”是指老人，“农丈人”显然就是一位老农夫。在南斗和〖箕宿〗之间，有8颗星，围成一个圆形，叫作〖天籥〗星。“籥”是中国古代出现很早的一种可吹奏的竹制管乐器。

我国古代对乐器的分类有“八音”一说，即：金、石、丝、竹、匏、土、革、木，而“籥”可属于竹类。据《周礼》记载，早在周代礼乐中已有乐师专门教籥的吹奏。《诗经・小雅》中有“籥舞笙鼓”，说明古人往往伴随着用籥奏出的曲子起舞，但今天已经很难见到这种乐器。1986年，在河南舞阳贾湖的新石器遗址出土了距今8000多年的骨笛（图3.20），有学者考证，它就是籥这种乐器，所以应该称其为“骨籥”才对。可以看到，古代的乐器在星空中也有。

你看这幅星空画面：在这银河岸边，有一位〖农丈人〗，他正牵着〖牛宿〗这头牛，一边在〖天田〗间耕作，一边吹着〖天籥〗，发出悠扬美妙的乐音，恰似天籁，久久地回荡在天空。

在这片星空中的农村景象里，怎能缺少劳动妇女的身影呢？要知道，在这片天空里有一颗明星，格外耀眼，那就是〖织女〗星，以它为中心，为我们描绘的是一幅更加美好的桃花源景色。

我们知道，〖女宿〗具体代表劳动妇女。在〖女宿〗星官的上方，有〖离珠〗星，它指华丽衣装的服饰，在这里代表妇女们手上正在忙的纺织

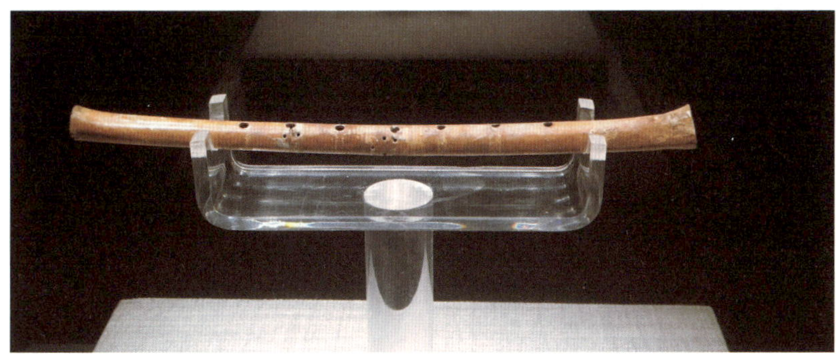

图3.20 河南舞阳贾湖出土骨笛，是距今8000多年的古代乐器，可能就是最早的籥

活儿。不过，她们要做的农活儿可不止这些。

在〖女宿〗星官的上方有〖瓠瓜〗和〖败瓜〗星，下方则是漫天繁星的〖十二国〗星官。再来看〖箕宿〗星官，它像极了一个“簸箕”。而在〖箕宿〗的近旁，有〖糠〗星和〖杵〗星。在〖织女〗星的上方，还有个〖扶筐〗星。再来看，在南斗与〖牛宿〗之间有〖狗〗星，在它的旁边有4颗小星围起来的〖狗国〗星，而在它们的上面还有一个〖天鸡〗星。有了以上这些星空元素，是不是这幅农家院落的画面更加生动了？

你看，妇女们几人一组，大家轮番举起〖杵〗棒，不停地舂着粮食。有人则正在用〖箕〗簸扬起收获的谷物，随风吹落一片片的〖糠〗皮。而有人则手持着已经盛满桑叶的〖扶筐〗，也许正在伺候着那些蚕宝宝吧。此时，农舍里传来几声〖天鸡〗的鸣唱,〖狗〗儿们则满地撒欢，不时吠上两声。妇女们伴着悠扬的〖天籥〗，一边哼唱着农家小曲，一边辛勤地劳作（图3.21）。

此时的农家菜园里早已果实累累。主妇们笑逐颜开，顺手摘下藤上溜圆饱满的〖瓠瓜〗，将瓜破开，形成〖败瓜〗，散落一地瓜子。一瞬间，这些瓜子仿佛幻化成一个个的国家——〖十二国〗，飞上天空，化作繁星，熠熠生辉，意味着中华民族子孙繁盛，文化传承悠久绵长。

这可真是一幅伴随着天籁之音，鱼鳖满江、鸡犬相闻、男耕女织的美好画面。陶渊明的《桃花源诗》也是它的完美注解：

桑竹垂余荫，菽稷随时艺；春蚕收长丝，秋熟靡王税。荒路暧交通，鸡犬互鸣吠。俎豆犹古法，衣裳无新制。童孺纵行歌，斑白欢游诣。

在桃花源里，桑树竹林垂下浓荫，豆谷类随着季节种植，人们春天收取蚕丝，秋天收获劳动果实，却不用向官府交赋税。荒草阻隔了桃花源与外界的来往交通，而桃花源中鸡和狗自在地鸣叫。人与人之间和睦相处，仍然保持着古代的礼仪，衣裳也是古代的式样。孩子们纵情地歌唱，老人们自由自在地游乐。

要欣赏到星空中的这个桃花源，最适合的季节是夏末秋初，而此时正值稻谷成熟、瓜果飘香，这幅星空画面不正是人间丰收景象的真实映射吗？

亲爱的朋友，就让我们走出户外，抬头仰望星空，借由古人的智慧，在浩瀚宇宙的繁星间，去追寻心灵的天堂吧。

图 3.21 天上的星空与地上的农田同框，共同描绘着美好的桃花源

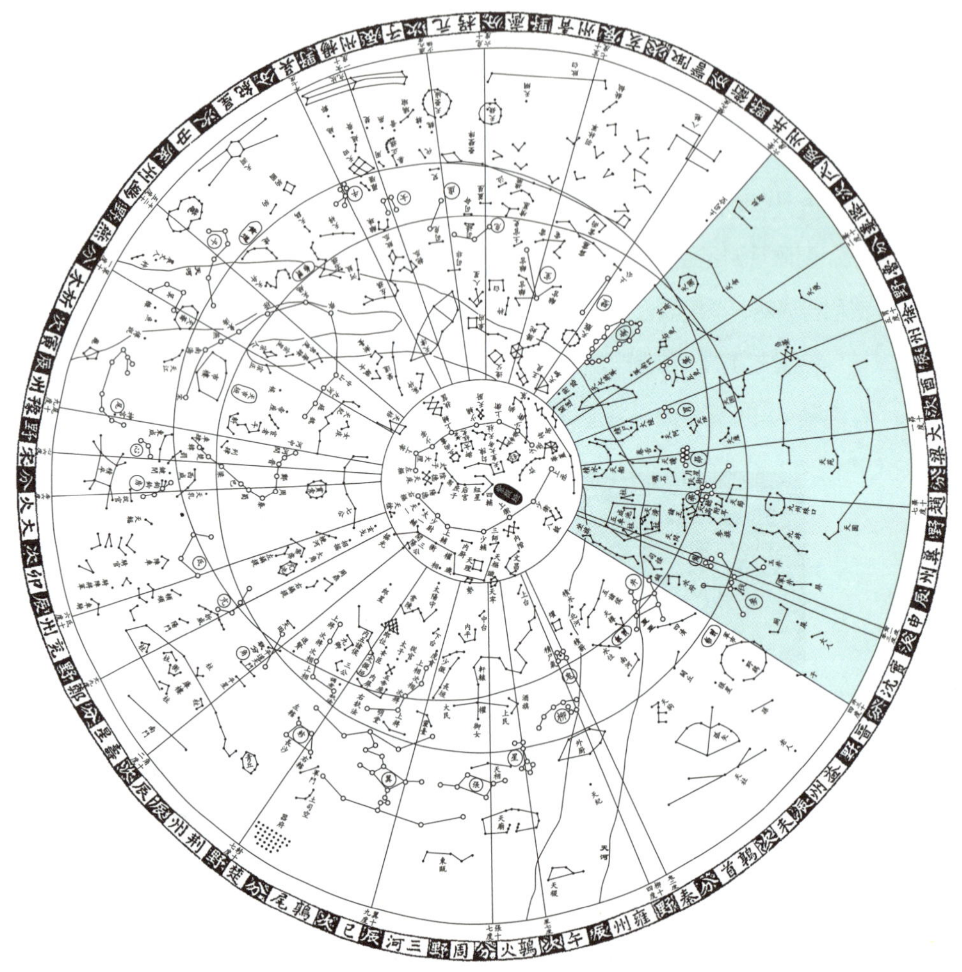

苏州石刻全天星图

图中深色区域为西方白虎七宿的范围

第四章 | 西方白虎七宿

西方七宿是冬夜星空的主角，各个星宿的星星都比较明亮，要找到它们并不难。其中我们最熟悉的猎户座，对应在西方白虎七宿中就是〖参宿〗，它是西方白虎的核心。

在我国适合观察西方七宿的时间是每年 11 月到次年 1 月的黄昏后，可以在南方天空中看到它们。

奎宿星官

西方白虎第一宿

包括 9 个星官，共 45 颗星。

1. 奎
2. 外屏
3. 天溷
4. 土司空
5. 军南门
6. 阁道
7. 附路
8. 王良（天驷）
9. 策

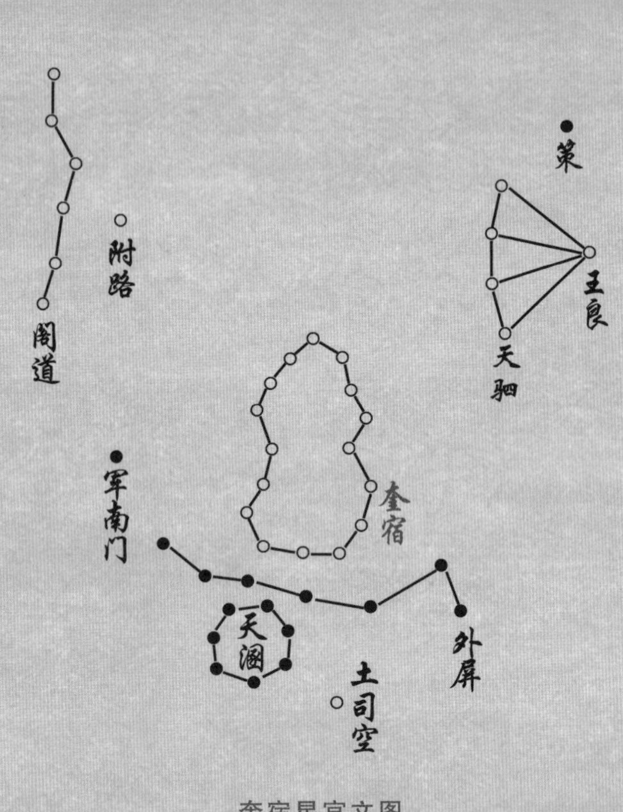

奎宿星官文图

句数编号	步天歌	释义
奎		
143	腰细头尖似破鞋	〖奎〗似腰细头尖的一破鞋
144	一十六星绕鞋生	绕鞋一圈共有 16 星
145	外屏七乌奎下横	〖外屏〗7 星横在〖奎〗下方
146	屏下七星天溷明	〖天溷〗7 星在〖外屏〗下边
147	司空左畔土之精	且〖天溷〗还在〖土司空〗1 星的左侧
148	奎上一宿军南门	〖军南门〗1 星在〖奎〗上
149	河中六个阁道行	〖阁道〗6 星穿行银河
150	附路一星道傍明	〖附路〗1 星在〖阁道〗旁
151	五个吐花王良星	〖王良〗5 星呈开花状
152	良星近上一策明	〖策〗1 星靠近〖王良〗

奎宿

奎宿之谜

〖奎宿〗是西方白虎七宿中第一宿的主要星官，要找到它不难。秋冬季的傍晚，先在南方天空中找到“秋季四边形”，在它的东边就是〖奎宿〗诸星了。

正如《步天歌》里唱的那样,〖奎宿〗星官是由 16 颗星组成，它们围成一个框，南北两头是尖的,《步天歌》说它像一只鞋。我们知道，二十八宿的星官基本都是在黄道和赤道附近分布，绕天一周，而这个奎宿星官，在天空中位置最高，是最靠近北天极的。

《史记·天官书》说:“奎曰封豕，一名天豕。”这里“豕”指的是猪。“封豕”出自《史记·司马相如列传》中的“射封豕”。“封豕”是大猪的意思。因此,〖奎宿〗星官在古代的第一个含义是代表大猪。例如，北宋著名文学家、书法家黄庭坚在《二十八宿歌赠别无咎》中就是这样用到的:

奎蹄曲隈取脂泽，娄猪艾豭彼何择。

这里的豭也是指猪，特别是公猪，这个字在现今的闽南话中还有用到。黄庭坚在这首诗中不但提到了〖奎宿〗，甚至连下一个星宿〖娄宿〗也说到了。

古人常用“封豕长蛇”来比喻贪暴者或者侵略者。例如汉朝时期的辞赋家、思想家杨雄在《长杨赋》中就有:

昔有强秦，封豕其士，窫窳其民。

这里说的是残暴的秦帝国残害百姓的意思。

前面提到的在《史记》中的“射封豕”，是一个著名的历史传说，在《淮南子·本经训》中有完整的记载：“逮至尧之时，十日并出，焦禾稼，杀草木，而民无所食。……封豨、修蛇皆为民害。尧乃使羿……上射十日，断修蛇于洞庭，禽封豨于桑林，万民皆喜，置尧以为天子。”显然，这里记载的禽封豕与射十日的是同一个人——羿。羿是尧时期的善于射箭的大英雄，他听命于尧，为民除害，最终使得尧登上帝位。

〖奎宿〗星除了有大猪的含义外，还有第二个常用的含义，这源自它的读音，自古就有人把它与“魁”字混淆了，因此有人认为〖奎宿〗星还主文运，成为被历代文人崇拜的星斗之一，这显然是沾上了魁星文化的气息。本来供奉魁星的地方叫魁星阁，后来有人将错就错，干脆就叫奎星阁。后面会说到，真正的魁星在紫微垣中。

宋代王安石在《送郓州知府宋谏议》中有：

地灵奎宿照，野沃汶河渐。

那么，这个〖奎宿〗星和汶水流经的郓州有什么关系呢？从表面上看，〖奎宿〗星在西方白虎七宿中，而汶水在今天的山东，从地理看是在东边，它怎么会和西方的星宿有关系呢？关于这个疑问，我们后面会揭晓答案。

清代的侯方域在《贾生传》中写道：

自从廿载落魄余，不信天上有奎宿。

我们知道〖奎宿〗是西方七宿的第一宿，在它的前边是北方玄武七宿的最后一宿〖壁宿〗，可见〖奎宿〗与〖壁宿〗相邻。由于〖奎宿〗可以代表文运，而前面说过〖壁宿〗可以代表图书馆，也是很有文化的意思。因此古人就常把这两个星宿并称，用来比喻文苑，也就是文坛。例如清代的荻岸山人在长篇小说《平山冷燕》中就有："二兄青年高才，焕奎壁之光，润文明之色。"

在古代天文家眼中，〖奎〗与〖壁〗还有另一个含义。他们认为，"奎壁之间，为天门。"在《内经·素问·五运行大论》也有："所谓戊己分者，奎壁角轸，则天地之门户也。"这是说在〖奎宿〗与〖壁宿〗之间，以及〖角宿〗和〖轸宿〗之间，是天空中两个特殊的位置，分别代表天门和地户。

关于〖奎〗星的含义，除了大猪和文魁之外，还有第三个。李淳风在《晋书·天文志》中说："奎十六星，天之武库也。"在《开元占经》中也有："佐助期曰：奎主武库兵。玄冥占曰：奎大星，大将军。"可见，〖奎〗星在古代还代表将军或者武库，也就是囤积武器的库房。不妨看一下〖奎星〗周边的几个星官，例如〖天大将军〗〖军南门〗等，可见它的这个含义还是靠谱的。

下面来看看〖奎〗星的第四重含义。作为星宿的名称，在出土的战国曾侯乙墓的漆盖上"奎"字写作"圭"，可能是此星宿形状如"圭"字。实际上，"奎"字就是"大"和"圭"合在一起。我们知道，圭是古代最早的天文仪器——用来观测日影的圭表的一部分，也称为圭臬。现在人们常用圭臬来指标准、准则和法度，例如成语"奉为圭臬"。后来圭逐渐演化为重要的礼器之一，即古代帝王诸侯在举行典礼时手中拿的玉器。据记载，古人用玉分别作成圭、璋、琥、璜，来代表东南西北四方，以供奉和祭祀。

我们再来介绍〖奎〗星的第五重含义，我国天文史学家陈久金先生研究认为，〖奎〗星与古代的邽人有关。这个说法源自著名中华民族源流史专家何光岳先生的理论。何先生长期从事远古历史和炎黄文化研究，他提出，作为上古戎人的一支，邽戎发源于今甘肃天水，他们是炎帝之少女娃氏之后。到了帝舜的时候，他们的后裔有一支西迁，成为邽戎的首领。我们知道，上古时期炎帝部落本姓姜，到了邽戎时期，他们由姜姓首领转为妫姓首领。在春秋时，他们对秦人构成威胁，至秦武公十年，邽被秦国所灭。邽人的一支向东迁徙到黄河中下游到了鲁国，也就是今天山东省的南部和中部地区，至今在日照市还有奎山，就是当年邽人曾居于此的证据之一。

唐代的李淳风在《晋书·天文志》中说："自奎五度至胃六度为降娄，于辰在戌，鲁之分野，属徐州。"这表明〖奎〗星的分野在鲁。参考何先生的研究，我们就能理解，为什么〖奎〗星在西方白虎星宿中，但在分野上却对应东方的鲁地。这也是本章前面所提问题的答案。

从上面的介绍可以看到，〖奎〗星有这么多含义，足见中国传统文化的博大精深。天文是所有学问的母学，有着深刻的道理。

驭马之神，〖王良〗和〖造父〗

在奎宿中还有一个著名的星官——〖王良〗星，它有一个附属的星官〖策〗。〖王良〗星由5颗星组成，其中4颗排成一列，而另一颗则独居东边，与4颗星保持相等的距离，就像一个人正在驾驭四匹快马一样，而〖策〗星就代表他手中高举的马鞭（图4.1）。

相传王良是春秋时期晋国公卿赵襄子的马车夫，是一位驾驭马车的能手。在公元前452年，贪婪的晋懿公不断威胁韩、魏、赵三卿，索要土地。在危急时刻，王良为赵襄子驾车，摆脱了晋懿公的追兵，争取到了去说服韩、魏两国联合起来反攻晋懿公的机会，从而保全了赵国。王良因驾车有

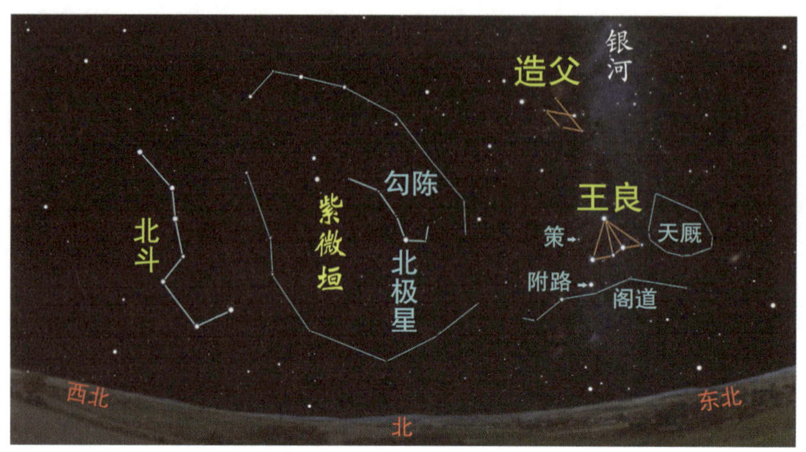

图 4.1 夜空中的〖王良〗与〖造父〗星

功，死后被尊为天上驭马的星神。

〖王良〗这 5 颗星中西边的一颗最亮，对应的正是驭手王良，而在它东边排成一列的 4 颗星是王良驾驭的四匹战马，称为“天驷”。你看，王良正驾着战马，冲出〖军南门〗，沿着长长的〖阁道〗，飞奔而来。

从〖王良〗星向西看去，不远处还有 5 颗星，那是代表王良的同行和前辈的星官——〖造父〗星。

据《史记》记载，造父是西周时期驭马和相马的高手。他曾在桃林一带寻得八匹骏马，调驯好后献给了周穆王。周穆王命人配备了上好的马车，让造父为他驾驶着外出打猎、游玩。公元前 993 年，有一次他们西行至昆仑山，见到西王母，乐而忘归。正在这时，传来徐国徐偃王造反的消息，周穆王非常着急，在此关键时刻，造父驾车一日千里，使周穆王迅速返回了镐京，及时发兵，打败了徐偃王，平定了叛乱。由于造父驾车立下大功，周穆王便把赵城（今山西洪洞）赐给他。自此以后，造父就成为春秋时晋国赵氏的先人。

关于造父年轻时学习驾驭技术，还有“造父学御”的传说，十分生动。由于造父除了擅长驾车，也很会相马，历史上也有人把造父和伯乐说成是同一个人。但从时代看，造父比春秋时的伯乐更早一些。还有传说王良曾为造父驾车，恐怕也都是美好的遐想（图 4.2）。

无论如何，历史上两位著名的驭马高手都在星空中留下了自己的位置，历经世代，传为佳话。周朝时期的贵族教育核心内容包含“六艺”，分别是指六种技能，即礼、乐、射、御、书、数。这里的“御”就是指驾驭马车和战车的技术，这方面的人物榜样作为星官在天空中熠熠生辉，受到了后世的万般敬仰。

图 4.2 徐悲鸿所绘“八骏图” 相传西周时代的造父爱收养天下名马。周穆王封他为御马官，专管天子车舆。当时，周天子的车乘需八匹品种统一、毛色无杂的骏马。造父游潼关得骏马六匹，决定亲自入桃林再寻良马两匹，补足八匹，送给穆王。造父在桃林之中，风餐露宿，入蛇蟠之川，闯虎穴之沟，终于获良马两匹，合原六匹为二乘（天子车为二乘，一乘马四匹），献给了周穆王。

娄宿星官

西方白虎第二宿

包括 6 个星官，共 33 颗星。

1. 娄
2. 左更
3. 右更
4. 天仓
5. 天庾
6. 天大将军

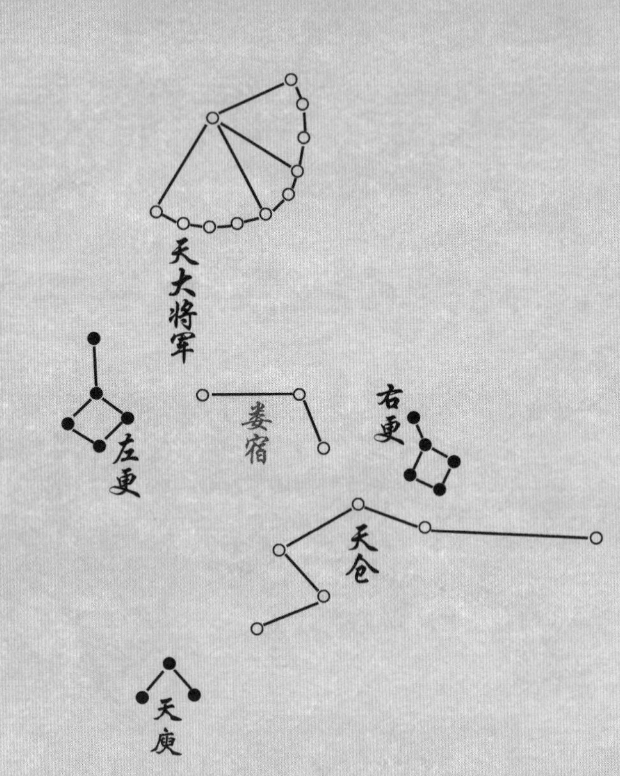

娄宿星官文图

句数编号	步天歌	释义
娄		
153	三星不匀近一头	〖娄〗3星中2星较近，远离第三星
154	左更右更乌夹娄	〖左更〗、[右更〗均为5星夹着〖娄〗
155	天仓六个娄下头	〖天仓〗6星在〖娄〗下方
156	天庾三星仓东脚	〖天庾〗3星在〖天仓〗东脚边
157	娄上十一将军侯	〖天大将军〗11星在〖娄〗之上

娄宿

聚众之〖娄〗

娄宿是西方白虎的第二宿。〖娄宿〗星官由3颗亮星组成，是一个醒目的钝角三角形，位于〖奎宿〗星官的东南方向。三颗星彼此的距离不匀，难怪《步天歌》说它们“三星不匀近一头”。对应在西方星座中，〖娄宿〗星官是白羊座的主体部分。

在《史记·天官书》中有：“娄为聚众。”《晋书·天文志》则说娄为“主苑牧、牺牲，供给郊祀”。虽说意义并不完全相同，但是却是相通的。大致含义为饲养牺牲，收集柴草，以供应给敬天地、祭祖先的礼仪之用。《开元占经》中有：“石氏赞曰：娄主苑牧，给享祀，故置天仓以养之。娄主苑牧，有掩敛盖藏，以春营。”可见，古人把圈养牺牲和收藏祭品的仓库都建在了这里，它就是〖天仓〗星官。

关于娄宿出处，有学者认为，由于它源自西羌的夏人的一个分支——娄人，因此娄宿分野就是他们的主要活动地——晋。

在〖娄宿〗星官的左右两边各有5颗星，分别叫作〖左更〗星和〖右更〗星。“左更”和“右更”在秦汉时期都是爵位名，是领兵打仗的将军。颜师古在注《汉书》时说：“更言主领更卒，部其役使也。”《史记·白起王翦列传》中就记载有“白起为左更”。

关于〖左更〗和〖右更〗星官的名称，笔者还曾观察绘制于唐代的《敦煌星图（甲本）》（见图4.3），发现这两个星官的名称与《步天歌》有

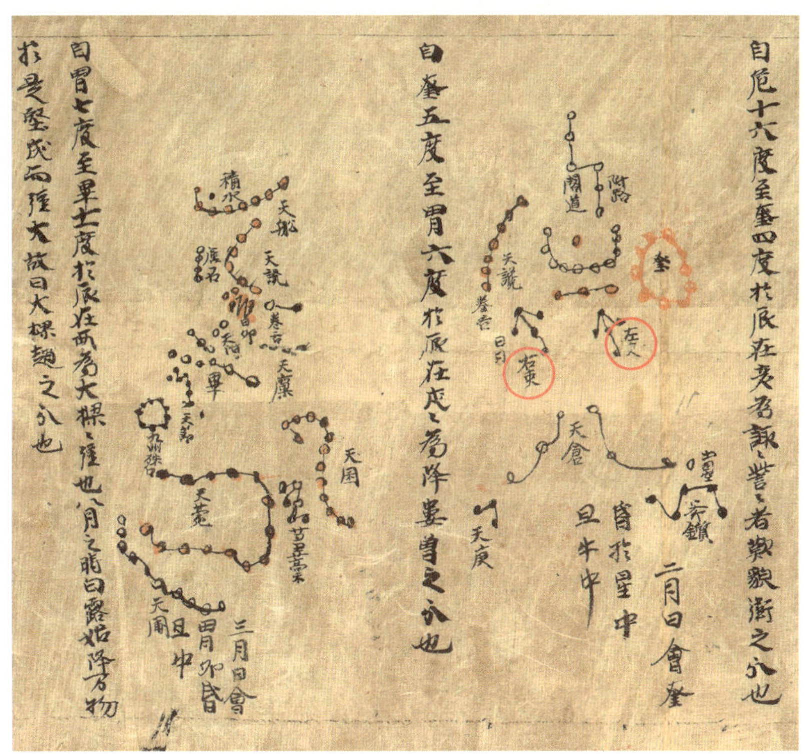

图 4.3 敦煌星图（局部）

所不同，分别是“左吏”和“右吏”。在我国古代为政府工作的人员统称“官吏”，不过究其二字的含义，从汉代以后，“官”一般是指政府部门的正职官员，薪水由政府统一支出，而“吏”则指部门的普通办事员，其薪水一般由该部门的“官”来发放。假如只从工作职能角度来看，“左更”“右更”与“左吏”“右吏”差别并不太大。

不过，“吏”字最早见于商代的甲骨文，像一张带着长柄的猎网，紧紧地握在人的手中。作为会意字，“吏”字的本义是指从事打猎。注意到这两个星官位于〖娄宿〗附近，而〖娄宿〗是指为了祭祀而狩猎和饲养牲畜，考虑到这一层含义，笔者认为，这两个星官采用“吏”而非“更”，似乎更加贴切。

胃宿星官

西方白虎第三宿

包括 7 个星官，共 39 颗星。

1. 胃
2. 天廪
3. 天囷
4. 大陵
5. 天船
6. 积尸
7. 积水

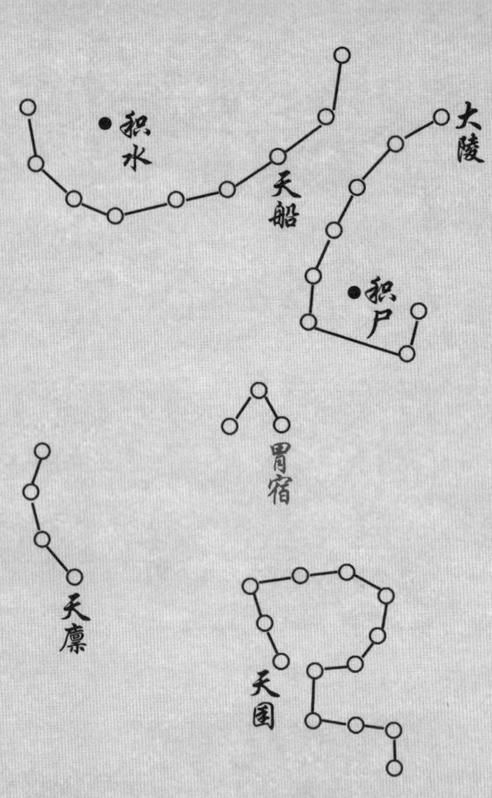

胃宿星官文图

句数编号	步天歌	释义
胃		
158	三星鼎足河之次	〖胃〗3星呈鼎状，在银河之南
159	天廪胃下斜四星	〖天廪〗4星斜在〖胃〗下方
160	天囷十三如乙形	〖天囷〗13星似乙形
161	河中八星名大陵	〖大陵〗8星相连，在银河里
162	陵北九个天船名	〖天船〗9星相连在〖大陵〗北边
163	陵中积尸一个星	〖积尸〗1星在〖大陵〗中
164	积水船中一黑精	〖积水〗1星在〖天船〗中

胃宿

仓廪之官

西方白虎的第三宿是胃宿，包含有 7 个星官。

与〖娄宿〗星官相比,〖胃宿〗星官的 3 颗星都比较暗弱，不太起眼。它们位于〖娄宿〗星官的左边，是一个小小的正三角形。

《史记 · 天官书》说:“胃为天仓。”《开元占经》里说:“圣洽符曰：胃者，仓禀也。”《黄帝内经 · 素问 · 灵兰秘典论》中又说:“脾胃者，仓廪之官，五味出焉。”据说在宋代人整理的内经遗篇《刺法论》中，把脾胃的功能分开了，脾为“谏议之官”，胃为“仓廪之官”。无论怎样，仓廪也许就是〖胃宿〗的含义，即五谷之府。在《开元占经》中还有“郗萌曰：胃星明大，仓禀实；胃星离徙，仓谷不出。”可见，古人认为，天下粮食的丰收与〖胃宿〗星官有关系。

沉舟侧畔千帆过

在〖胃宿〗星官的北方是银河，而就在此处的银河南岸有 8 颗星组成一个弯钩形，它是〖大陵〗星官。

“大陵”是指大规模的陵墓，一般只有在饥荒、瘟疫或战争之后，才会有大量人员的死亡。由于这里紧临着星空中的西北战场，意味着可能是战争造成了如此大规模的陵墓出现。〖大陵〗中还有〖积尸〗星，代表了陵墓园地中因来不及掩埋而堆积的尸体。关于西北战场的故事，在本章后面会详细叙述。

〖大陵〗诸星的东面银河中，有代表战船的〖天船〗星，高高的船头迎着河水，破浪前行，正在开赴战场。〖天船〗星里还有〖积水〗星，表明水位的高低。这一景象，正是唐朝著名诗人刘禹锡的名句的星空写照：

沉舟侧畔千帆过，病树前头万木春。

〖大陵〗的 8 颗星，从北向南数，第五颗最亮，人称〖大陵五〗。它很特别，亮度总在不断的变化中：先是很亮，后来逐渐暗下来，暗到正常亮度的六分之一时，又逐渐亮起来（图 4.4）。这样周而复始，大约每隔 2 天又 21 小时便变化一次，古代人们对这样的现象感到十分奇怪。

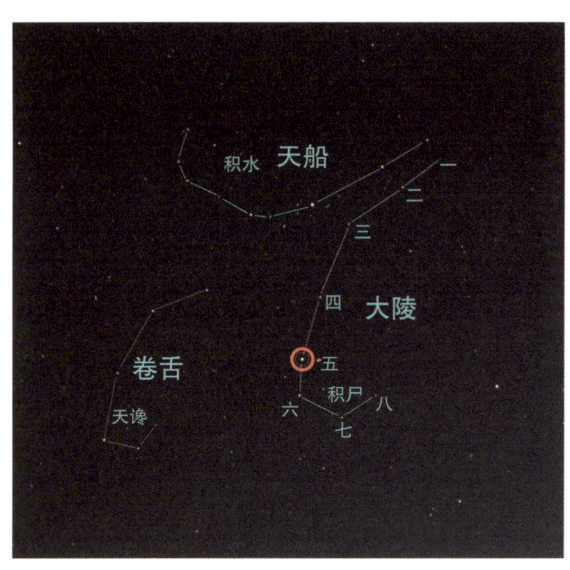

图 4.4 变星〖大陵五〗 现代天文学中为英仙座 β 星，它是颗食变双星，由两颗密近的恒星沿轨道互绕。〖大陵五〗的亮度变化非常有规律，周期为 2 天又 21 小时，当暗星绕到亮星前方遮住亮光时，会从 2.1 等降到 3.4 等。西方人称它是“魔星”，就像神秘莫测的魔眼。古代阿拉伯人把〖大陵五〗叫做“林中魔王”。

现代天文学研究发现，原来〖大陵五〗是双星，即由两颗星组成，一颗主星比较亮，一颗伴星比较暗。它们各有自己的运行轨道，但在彼此的引力作用下，又能互相绕着转动。当暗星转到挡住亮星的位置，我们就看到〖大陵五〗变暗了；当亮星从暗星背后转出来时，它就又变亮了。

世界最早的星图

敦煌星图原藏于甘肃敦煌鸣沙山莫高窟，现藏于伦敦英国图书馆（图 4.5）。该星图为一纸质长卷，长 3.94 米，宽 0.24 米。前半部分为占云气图，上图下文的方式，共有 25 幅。后半部分为 13 幅星图。其星图部分中，依 12 个月的顺序，按照每月太阳的位置，沿赤道和黄道方向绘制星图 12 幅，另有紫微宫星图 1 幅。

敦煌星图采用彩色绘制，描绘了三国吴晋时期，由太史令陈卓所汇总的石氏、甘氏和巫咸氏三家星官，其中石氏和巫咸氏星官用橙色小圈绘制，甘氏星官用黑点绘制。全图共有恒星 1350 多颗。

有学者考证，敦煌星图绘制于唐朝初期的唐中宗时期，约公元 705 至 710 年。从全世界来看，由于早于 14 世纪的星图只有中国保存下来，因此该星图成为世界上现存最早的星图，是不可多得的完整描绘传统三家星官的彩色星图。

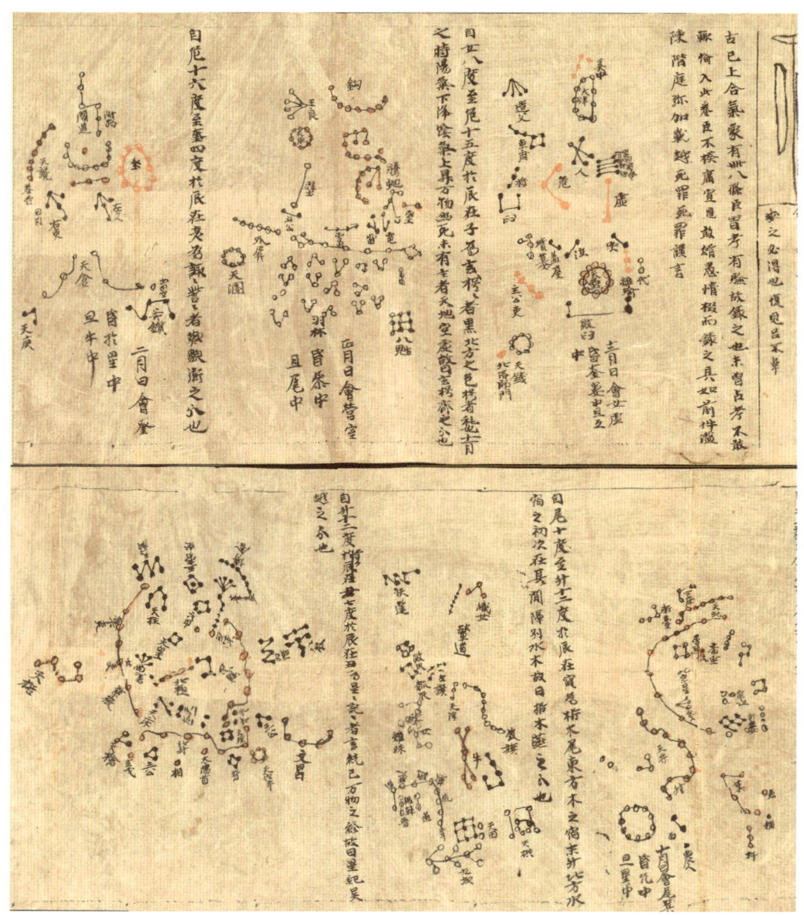

图 4.5 敦煌星图（局部）

敦煌星图是一幅绘制于唐代的星图长卷，因原藏于敦煌鸣沙山莫高窟而得名。星图中共绘有 1350 多颗恒星，是世界上现存最早的星图。

昴宿星官

西方白虎第四宿

包括 9 个星官，共 47 颗星。

1. 昴
2. 天阿
3. 月
4. 天阴
5. 刍藁
6. 天苑
7. 卷舌
8. 天谗
9. 砺石

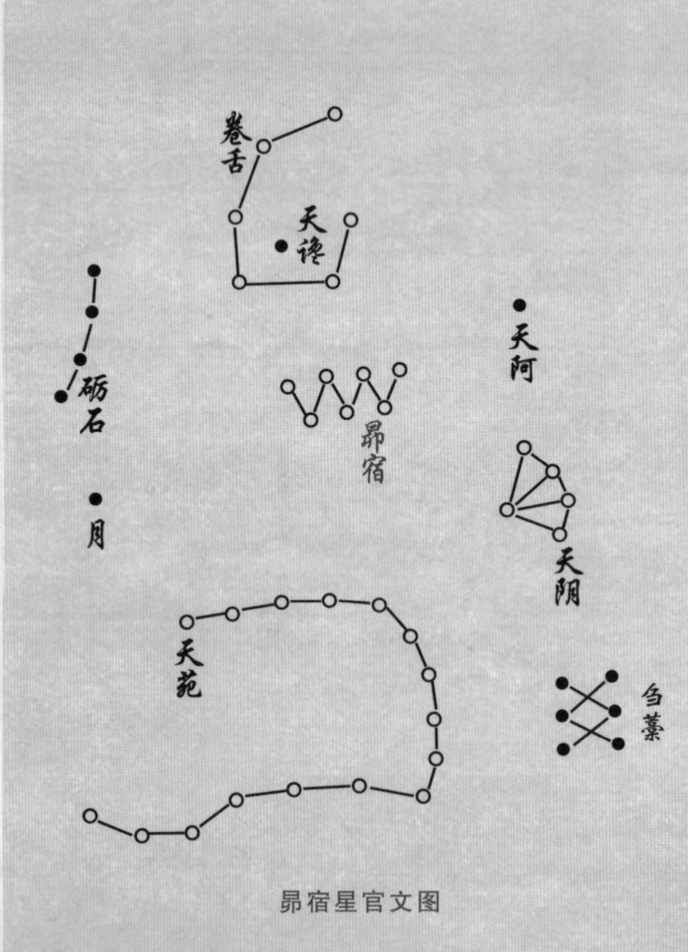

昴宿星官文图

句数编号	步天歌	释义
昴		
165	七星一聚实不少	〖昴〗7 星聚成团
166	阿西月东各一星	〖月〗1 星、〖天阿〗1 星分别在〖昴〗的东西两边
167	阿下五黄天阴名	〖天阴〗5 星在〖天阿〗下方
168	阴下六乌刍藁营	〖刍藁〗6 星在〖天阴〗下方
169	营南十六天苑形	〖天苑〗16 星在〖刍藁〗南侧
170	河中六星名卷舌	〖卷舌〗6 星在银河边
171	舌中黑点天谗星	〖天谗〗1 星在〖卷舌〗中
172	砺石舌傍斜四丁	〖砺石〗4 星斜依在〖天谗〗旁

昴宿

秋静见旄头

〖昴宿〗星官由距离很近的 7 颗亮星组成，民间把它叫做“冬瓜子星”。每当金秋十月，黄昏之后〖昴宿〗星就会从东方升起，相当醒目。难怪唐代著名“鬼才”诗人李贺在《塞下曲》中有：

秋静见旄头，沙远席箕愁。

这里“旄头”就是指〖昴宿〗星。“旄”是指古代用牦牛尾装饰的旗子，旗的头部就是旄头。在战国曾侯乙墓的漆箱盖上，“昴”字写作“矛”，可能是古人觉得〖昴宿〗星构成的图形很像兵器矛的头，所以命名为“矛”，后来演化为“昴”。而星团中其他较暗的星则像是矛上装饰用的“髦”，因此，在《史记・天官书》中昴被称为“髦头”，并指代塞外的胡人。而在《开元占经》中有进一步阐述：“春秋纬曰：昴为旄头，房衡位，主胡星，阴之象。”

〖昴宿〗星官是一个星团，位于金牛座中，是北半球最明亮的星团。如图 4.6 所示，它含有恒星超过 3000 颗，星团直径大约 13 光年，距离我们 444 光年。星团中肉眼可见的亮星有 7 颗，所以国外又把它称为“七姐妹星团”。这个星团中的恒星普遍呈蓝色，年龄都较轻，最多有几亿年。我们知道，太阳和地球都有将近 50 亿年的历史了。

在〖昴宿〗7 星中，有 6 颗比较明亮，一颗稍暗，古时人们常用目视能看到几颗星来判断人的视力好坏。其实，在昴星团中肉眼可见的星数超

图 4.6（上）望远镜拍摄的昴星团；（下）从地面上看东方升起的昴星团

昴星团又名为七姐妹星团，是夜空中最亮、距离地球最近的疏散星团之一，离我们约有 444 光年远。这个直径大小只有 13 光年的昴星团，拥有超过 3000 颗恒星。从照片中可以看到，在星团内的亮星周围弥漫着蓝色的星云，有朦胧之感，难怪自古昴星团就被称为“髦头”。

过 7 颗，据说有人能在昴星团中看到十多颗星！在双筒望远镜中，这个星团是一个十分壮观的天体，在直径大约 1° 多的范围内可以看到 100 多颗恒星。

在〖昴宿〗星的西北方向有一颗单独的星，名叫〖天阿〗。在〖天阿〗星的南边有一个小星官为〖天阴〗。我国古代把山的北面或者水的南面称为“阴”，〖天阴〗星位于黄道以北、银河以南的位置，故称之为“阴”。

神秘的〖月〗星

《甘氏星经》中有：“月精在昴、毕，日精在氐、房，自司其行度。”在〖昴宿〗星东边不远的黄道上方有一颗〖月〗星。古代有“月生于西”的说法，在《礼记·祭器》中说：“大明生于东，月生于西，此阴阳之分，夫妇之位也。”可见，作为月的精华，〖月〗星位于西方七宿中是理所当然的。

与此相对，在东方七宿的房宿内有一颗〖日〗星，它被认为是“日之精”。日、月本是天空中运动的天体，古人把它们在三垣二十八宿星官体系中加以固化，有些让人费解（图 4.7）。笔者猜测，〖日〗星和〖月〗星的命名也许远远早于三垣二十八宿体系形成的年代，乃是一个古老星官体系的遗存。

笔者通过观察发现，〖日〗星和〖月〗星都位于黄道附近，二者竟然将黄道一分为二，成为大致相等的两段。

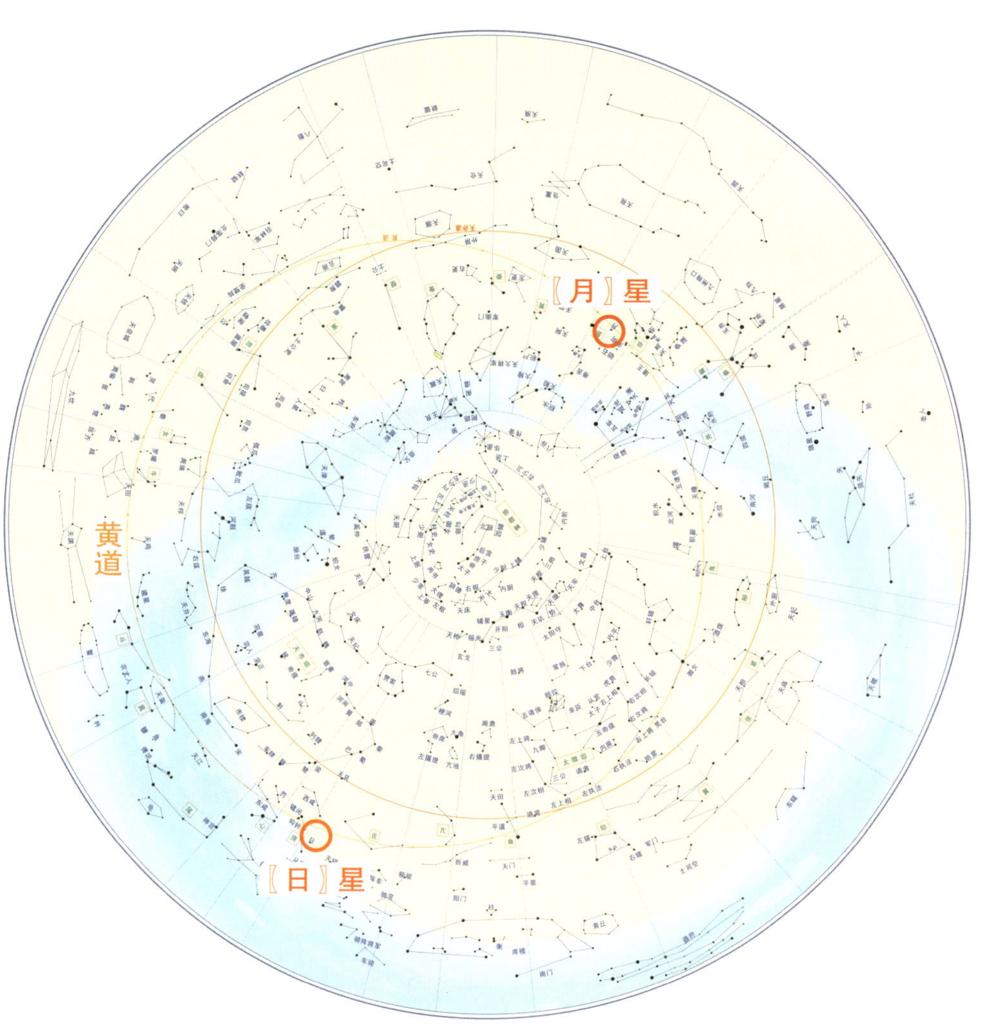

图 4.7 〖日〗星和〖月〗星分别位于东方七宿和西方七宿中，二者将周天的黄道一分为二

不妨将时光倒转回公元前2500年，由于岁差的缘故，那时的黄道和赤道相交的位置与今天不同：春分点和秋分点恰好分别位于〖月〗星和〖日〗星附近的黄道上。彼时正是轩辕黄帝时代的后期，中国上古文明刚刚创始，并没有后来如此复杂的星官体系，先人们观察到天上这两个重要的位置，就用日、月来命名，这是相当自然的事情。

尽管从黄道的经度来看，周天一圈，从〖月〗星到〖日〗星是175°，而从〖日〗星到〖月〗星是185°，二者并不相等。但是在一年中，太阳从〖月〗星运动到〖日〗星，和从〖日〗星运动到〖月〗星所需的天数基本上是相同的。这是由于地球围绕太阳的公转并不是匀速的，从春分到秋分这一段的运动比较慢，而从秋分到春分的运动比较快。速度不同，经度差也不同，二者相互抵消，最终使得时间间隔基本相同。

顺着这个线索，继续观察上古年代的黄道，在黄道的北半球最高点，即夏至点的位置上，有一颗十分明亮的大星，它就是〖轩辕〗星官的主星（清代后称〖轩辕十四〗）！这一星官位于这个位置，也许不是巧合。

畏谗言而卷舌

在昴宿北面的银河中有〖卷舌〗6星，卷曲成钩状，包着〖天谗〗星。“卷舌”就是将舌头卷起，意味着不开口、闭口不言。《隋书·天文志》中将其指代人的话语，从中可以辨别说话人的忠与奸。〖天谗〗意为口中说出的谗言。如果将舌卷起，闭口不言，就能有效地避免谗言的流传。

看到这两个星官，不禁想起一句诗：“众畏谗而卷舌兮，孰能白予之忠诚。”（因为害怕奸佞的谗言，都不敢作声，用什么来表明我的一片忠诚呢？）这是刘伯温在《述志赋》中的一句。

刘基，字伯温，是元末明初杰出的军事谋略家、政治家、文学家、思想家、易学家和天文学家，是明朝的开国元勋。刘伯温刚正不阿，一身正气，在元末时期任地方官五年，坚持原则，不避强权，受到当地百姓的爱戴。但因为他为官正直，地方豪绅对他恨之入骨，总想找事端、造谗言陷害他。幸得长官及部属信任他的为人，才免于祸患。上面这句诗正是他当时的心情写照。

刘伯温辅佐朱元璋建立了明朝，立下了开国功勋，被封为“诚意伯”。但他不愿成为朱元璋诛杀功臣的帮凶，也不屑与其他为官者同流合污，于是几次请退，最终告老还乡。

刘伯温不仅通经史、晓天文、精兵法，拥有过人的才智，做人更是忠心义胆，不惧谗言，可谓为人师表。每次看到天上的〖卷舌〗和〖天谗〗星，想想这些拥有高尚人格与节操的先人楷模，可以多多警醒自己。

毕宿星官

西方白虎第五宿

包括 14 个星官，共 92 颗星。

1. 毕（附耳）
2. 天街
3. 天节
4. 诸王
5. 天高
6. 九州殊口
7. 五车
8. 柱
9. 天潢
10. 咸池
11. 天关
12. 参旗
13. 九斿
14. 天园

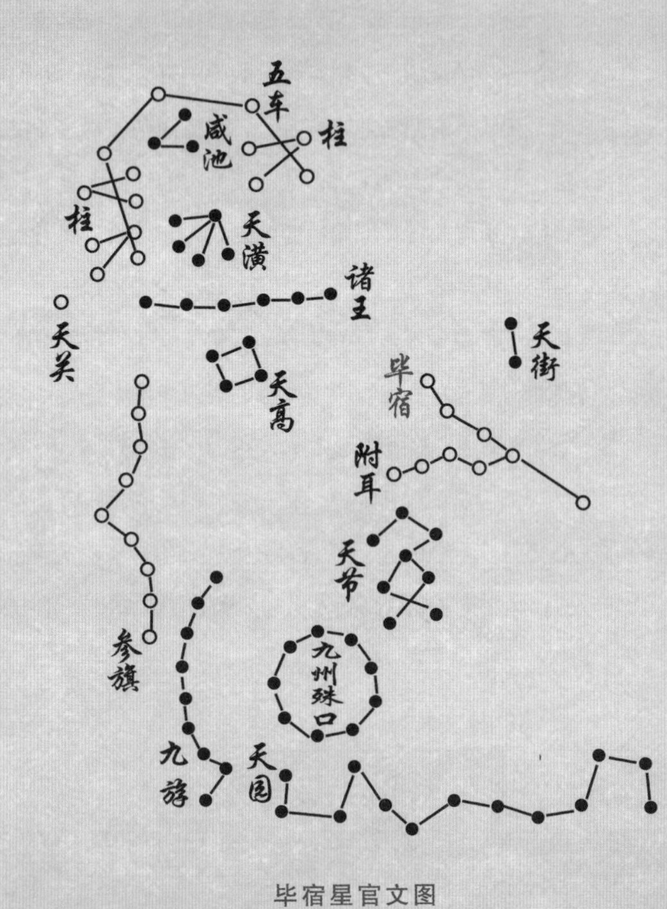

毕宿星官文图

句数编号	步天歌	释义
毕		
173	恰似爪叉八星出	〖毕〗8星形似一把大叉子
174	附耳毕股一星光	〖附耳〗1星连着〖毕〗尾
175	天街两星毕背傍	〖天街〗2星依傍在〖毕〗背上
176	天节耳下八乌幢	〖天节〗8星在〖附耳〗下方
177	毕上横列六诸王	〖诸王〗6星横列在〖毕〗之上
178	王下四皂天高星	〖天高〗4星在〖诸王〗之下
179	节下团圆九州城	〖九州殊口〗9星连成圈在〖天节〗之下
180	毕口斜对五车口	〖五车〗5星斜对着〖毕〗口方向
181	车有三柱任纵横	〖柱〗三对共9星，纵横呈列在〖五车〗中
182	车中五个天潢精	〖天潢〗5星也在〖五车〗里
183	潢畔咸池三黑星	〖咸池〗3星在〖天潢〗旁边
184	天关一星车脚边	〖天关〗1星在〖五车〗脚边
185	参旗九个参车间	〖参旗〗9星在〖参〗与〖五车〗之间
186	旗下直建九斿连	〖九斿〗9星在〖参旗〗下
187	斿下十三乌天园	〖天园〗13星在〖九斿〗下方
188	九斿天园参脚边	〖九斿〗〖天园〗都在〖参〗脚方向

毕宿

〖毕〗，一张捕兔网

〖毕宿〗星官由 8 颗亮星组成，是一个叉子形。在西方认为它是一个 V 字形，这些亮星组成天文学上著名的疏散星团之一“毕星团”的主体部分。毕星团是由 300 多颗恒星组成的银河系星团。在〖毕宿〗星官的 8 颗星中，最亮的星叫作〖毕宿五〗，不过，它并不是毕星团中的恒星成员（图 4.8 左上）。〖毕宿〗在西方星座中对应的是金牛座。〖毕宿五〗是金牛座的最亮星，也是全天第 13 亮星，发出橙红色的光，人们认为它就像是那头发怒的公牛的眼睛。

“毕”是个象形字，最早见于商代的甲骨文。图 4.8 右侧是“毕”字从甲骨文演化到今天字形的过程。最早的毕字，像在田野捕捉鸟兽时用的一种长柄网，而〖毕星〗的 8 颗星排列形状与捕网的确很相像。《诗经・小雅・鸳鸯》就有:“鸳鸯于飞，毕之罗之。”在西安出土的西汉古墓穹顶上的二十八宿图像中,〖毕宿〗的形象就是人捕兔的场景（图 4.8 左下）。不过要注意的是，以上关于毕是一张网的说法，是出自古代文学作品，对于专业的占星家来说却并非如此。

在我国古代的占星学中,〖毕宿〗星往往与边境的战争或者将军有关。例如《开元占经》中有:“郗萌曰：毕主山河以南，中国也。春秋纬曰：毕曰罕车，为边兵，主弋猎游畋之事。黄帝曰：毕，左股大星，边将也。”可见，毕代表了中原国家设在边境上的将士或者战车。《晋

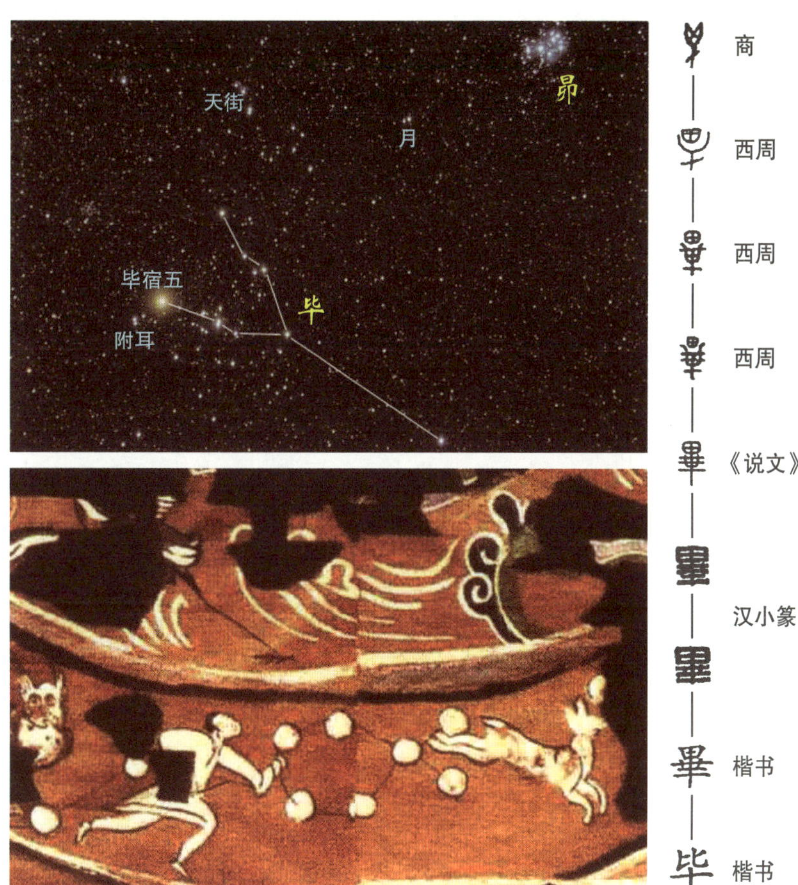

图 4.8 （左上）〖毕宿〗与〖昴宿〗；（左下）西汉古墓墓顶星图中的〖毕宿〗星官，是人用网捕兔的情景；（右）“毕”字的字形演变

〖毕宿〗和〖昴宿〗星官都属于疏散星团，不过“毕星团”在天空中更大一些。〖毕宿〗星官中最亮的橙黄色星为〖毕宿五〗，是全天第 13 亮星。

书·天文志》说:“星明大，则远夷来贡，天下安；失色，则边兵乱。”看来古人靠〖毕宿五〗(毕左股大星)这颗星的亮度变化，预测边境的安危。

〖毕宿〗星的这把捕兔网口处有一颗〖附耳〗星，不妨把“耳”理解为“饵”，这样“附耳”即是“附饵”，就是用来引诱动物的食物，有了这个诱饵，毕这张网才能捕到兔子。由此还可以为引诱敌人的手段，以达到消灭的目的。

联想到〖毕宿〗星代表为中原守边的将军，那么〖附耳〗的含义又可以引申做军中的情报机构，专门收集谗言，识别叛贼。《开元占经》中有:“春秋纬曰：毕为边界天街，主守备外国，故立附耳，以闻不祥。洛书曰：附耳角动，谗贼将起。”在《晋书·天文志》中也说:“附耳一星，在毕下，主听得失，伺愆邪，察不祥。星盛，则中国微，有盗贼，边候惊，外国反；移动，佞谗行。”

月离于毕俾滂沱

当然，上面这些都是古代占星家眼中〖毕宿〗星的含义。在普通人的心目中,〖毕宿〗星往往和下雨有关。我们前面介绍过的“箕风毕雨”就是这个意思。箕与风的关系已经讲过了，下面来说说毕和雨的关系。

《诗经·小雅》中有:“月离于毕，俾滂沱兮。”这句话的意思就是说，当月亮靠近毕宿的时候，就会下大雨。我们知道，由于〖毕宿〗星官位于黄道附近，所以月亮会从这里经过。《史记》中记载了当年孔子曾利用这个说法预报下雨的典故。

明朝中叶的重臣，太师李东阳在《次韵杨应宁久旱》中有：

终风漫挟扬沙势，毕宿空怀好雨心。

看来他们是多么盼望毕宿能带来降雨，缓解旱情啊。

由于月亮每个月都会沿黄道附近运动一周，也就是说每个月都会经过〖毕宿〗一次，但是显然大雨不会每个月都定时下。那么要如何来理解《诗经》这句话的含义呢？

有学者认为，可将“月离于毕”的“月”理解为满月。这样，一年当中满月正好位于〖毕宿〗附近，只有在特定的季节才会出现。《诗经》中作品出现的年代大约是在周朝至春秋中期，即公元前900—前500年的时候，根据推算在那个时候，当满月位于〖毕宿〗内，正是夏历九月上旬，为“寒露”节气前后，据记载，古代这个季节的中原地方应为旱季，而非雨季。看来把“月”理解为满月，而把“离”解释为“附着、靠近”也存在一定的问题。

其实，古巴比伦人和埃及人也把〖毕宿〗对应的星座与雨季联系起来：巴比伦人认为〖毕宿〗对应的是“天牛”，为降雨之星；而埃及人则总结出，每当〖毕宿〗和太阳同时升起时，雨季就开始了。从这些得到启发：这里的“月”是不是可以理解为即将成为“朔月”的一弯残月，也就是在晦日前后的月相？经过计算机模拟距今3000年前的此种情况，对应为农历四月下旬，即“小满”节气。而我国民间谚语有：“小满大满江河满”，说明这一时期降雨多、雨量大的气候特征，这与“滂沱”正好相合。

根据这个思路，再来看《春秋纬》中“月离于箕风扬沙”的说法。该书可能在西汉平帝元始五年（公元 5 年）前后写成，作为一部纬学著作，它是汉代人对春秋时期《诗》《书》《礼》《乐》《易》《春秋》六艺经书的谶纬附经，其中一部分与星占有关。

通过春秋时代前后的天象模拟，发现当满月位于〖箕宿〗时，是农历的五月，在芒种前后，此时正是麦子收割的季节，何来风沙？而如果把“月”理解为“残月”，那么对应的季节应在冬至节气。此时一年中白昼最短，也是最冷的时候，强大的北方冷空气时常夹带着沙土袭来，正是“风扬沙”的景象。

由此看来，关于“月离于毕俾滂沱，月离于箕风扬沙”的含义，不妨理解为：当一弯残月位于〖毕宿〗时可能会有大雨；而当残月位于〖箕宿〗则可能会遇到大风天气。

魏国的始祖

说了不少毕宿的含义，那么〖毕宿〗究竟是从哪里起源的呢？从分野上看，〖毕宿〗来源于魏国的始祖毕万。《淮南子 · 天文训》中有：“胃昴毕：魏。”而《开元占经》也说：“毕觜参，魏之分野。”如此看来，西方白虎七宿中的毕宿的分野，对应在魏地。

毕万，姬姓，毕氏名万，是周文王姬昌的第十五子，毕公高之后，是春秋时期晋国的大臣。公元前 661 年，毕万随晋献公消灭耿、霍、魏三国，为赏其功，晋献公将魏地赐封给毕万，任命他为晋国大夫。毕万死后，毕万子孙以其封地为氏，称魏氏，这就是战国七雄之一的魏国的先祖。

《开元占经》中有:“自胃七度至毕十一度，于辰在酉，为大梁。”这里的大梁是古代的十二星次之一。跟西方的做法类似，中国古人也把黄赤道带等分为十二份，称为十二星次。我们知道，二十八星宿就是分布在黄赤道带附近，因此，二十八宿也和十二星次之间有对应关系。《开元占经》的意思就是说,〖毕宿〗所对应的十二星次在大梁。那么，这个大梁和我们刚才说的魏地有什么关系呢?

原来，毕万受封的魏国在今天山西芮城，他的后裔从这出发，逐渐迁徙到山西的运城，以安邑为都邑，占了当年的夏墟之地。到了战国时期，魏国的魏惠王执政，他把都城从运城迁到了大梁，也就是今天的开封。大梁是魏国的一部分，因此魏惠王在历史上也称为梁惠王，而今天的开封就叫作汴梁，都是这么来的。没想到吧,〖毕宿〗后面有这么多历史知识和典故。

不平凡的〖天关〗

沿着〖毕宿〗这个“大叉子”向上，在黄道附近有一个重要的星官叫作〖天关〗星。《晋书·天文志》说“天关一星，在五车南，亦曰天门，日月之所行也，主边事，主关闭。芒角，有兵。”李淳风把〖天关〗

称作“天门”，也许正是因为这颗星位于黄道附近，日月五星都会从这里经过。

《宋史·天文志》中载:“至和元年五月己丑，出天关东南可数寸，岁余稍没。”这里记录的是一颗出现在天关星附近的超新星。北宋至和元年五月己丑，也就是 1054 年 7 月 4 日，那天清晨在〖天关〗星附近突然出现了一颗“客星”，其“昼见如太白，芒角四出，色赤白”，司天监（当时的皇家天文台）对这颗“天关客星”用肉眼连续观察了两年之久。根据史书记载，这颗超新星最亮的时候竟然白天都能看到，两年后才慢慢暗弱消失。

800 多年以后，有人用望远镜在这个位置发现了一个朦胧的星云，很像一只螃蟹，于是取名“蟹状星云”（图 4.9）。又过去了 100 年，到了 20 世纪早期，人们对早先间隔数年拍摄的星云照片进行分析时发现，它正在不断膨胀。根据其膨胀速度反推，判断出该星云在地球上开始可见的时间至少在 900 年以前，这时人们才意识到这个星云正是当年中国记录的“天关客星”遗留下来的超新星遗迹。至今，这片星云仍在不断地膨胀扩散。中国古代的天象记录十分丰富，为现代天文学的研究提供了很多珍贵而且翔实的数据。

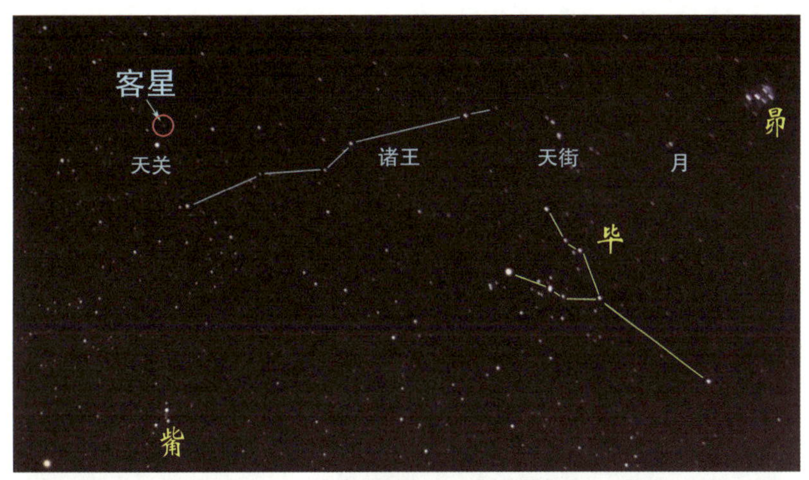

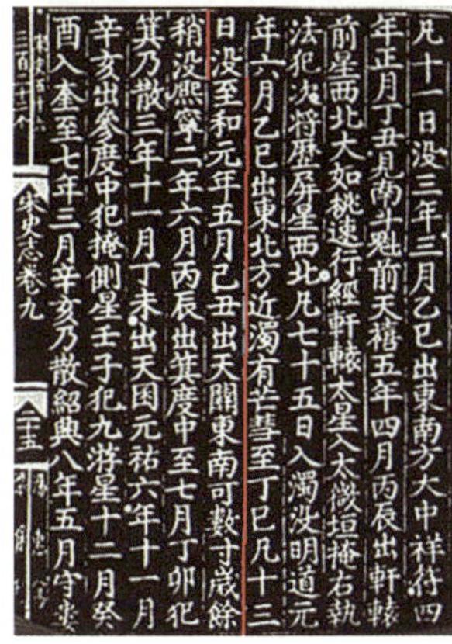

凡十一日没三年三月乙巳出東南方大中祥符四
年正月丁丑見南斗魁前天禧五年四月丙辰出軒轅
前星西北大如桃速行經軒轅太星入太微垣掩右執
法犯次將歴屏星西北凡七十五日入濁没明道元
年六月乙巳出東北方近濁有芒彗至丁巳凡十三
日没至和元年五月己丑出天關東南可數寸歲餘
稍没熙寧二年六月丙辰出箕度中至七月丁卯犯
箕乃散三年十一月丁未出天囷元祐六年十一月
辛亥出參度中犯掩側星壬子犯九滑星十二月癸
酉入奎至七年三月辛亥乃散紹興八年五月守婁

宋史志卷九

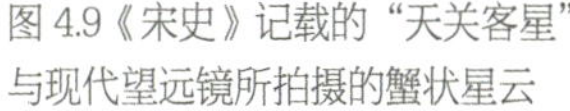

图 4.9《宋史》记载的“天关客星”与现代望远镜所拍摄的蟹状星云

在人类有文字记载的历史上，观测到银河系内的超新星爆发的机会非常少，除了“天关客星”，还有被第谷和他的学生开普勒观测到的第谷超新星与开普勒超新星。

觜宿星官

西方白虎第六宿

包括 3 个星官，共 16 颗星。

1. 觜
2. 座旗
3. 司怪

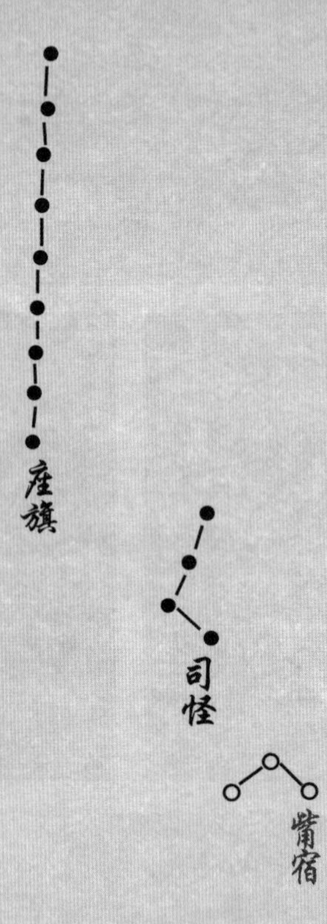

觜宿星官文图

句数编号	步天歌	释义
觜		
189	三星相近作参蕊	〖觜〗3 星在一起，似作〖参〗蕊
190	觜上座旗直指天	〖座旗〗在〖觜〗上方，直指北极
191	尊卑之位九相连	9 星按照尊卑次序直线相连
192	司怪曲立座旗边	〖司怪〗曲相连，立在〖座旗〗边
193	四鸦大近井钺前	〖司怪〗4 星靠近〖井〗和〖钺〗9 星前

觜宿

最窄的觜宿

作为西方白虎的第六宿，觜宿包含的星官不多，我们重点来看〖觜宿〗星官。

〖觜宿〗星官在天关星的南边，是3颗小星组成的一个三角形，大小和满月差不多。在古代的天文观测记录中，这一宿的宽度只有一度，是二十八宿中最窄的一宿。

在《史记·天官书》中把〖觜宿〗星官看作西方白虎的头。《晋书·天文志》说，“觜觿三星，为三军之候，行军之藏府，主葆旅，收敛万物。明则军储盈，将得势。”看来，它也和军队有关。

古人在书中提到〖觜宿〗，经常是觜觿并称。觿是一种用骨或者玉等制成的解结的锥子，也常用作佩饰（图4.10）。《诗经·卫风》中就有“芄兰之支，童子佩觿。虽则佩觿，能不我知。”后来，觿逐渐演变成为玉器的一种造型，其首如龙，而尾尖，造型如半玉璧，是祭祀和祈福时的礼器，不过到东汉之后渐渐消失。

关于〖觜宿〗，古人认为它主葆旅之事。“葆旅”也叫做旅葆，是西周、春秋战国时期各诸侯国军队中的一种官职。旅通“稆”，指代野生禾本科植物。葆原指蔬菜、饲料之类，后泛指军粮。葆旅是代指军队的先锋官，要探道开路、攻敌之先，还要负责整个先锋部队的粮草采集，特别是军粮补给。在周王朝的军队中，它是非常重要的官职。宋代的戴埴在《彗星》一诗中有：

不自觜觿访葆旅，不入柳仓觅厨食。

看来诗人不但知道天上的星宿名字，也晓得它的含义。

从全天星图（盖图）上不难看出，28 星宿的划分原则是相同的，都是以北天极为原点，沿着赤道经线，经过每一宿的距星，向南方延伸，画出相邻宿之间的分界线。最终将黄道和赤道相关的天区纵向划分为 28 个部分。

不过，稍加观察便可发现，这 28 宿的宽度大小不一，不尽相同。例如最宽的是井宿，大约有 32 度，而最窄的是觜宿，只有 1 度左右。其他各宿的宽度介于二者之间。至于 28 宿的宽度各不相同的原因，至今仍是一个未解之谜。希望今后随着考古发现和学术研究的进一步深入，能够揭晓答案。

图 4.10 汉代的玉觿

觿与〖觜宿〗的形状很像。图中是出土于北京大葆台汉墓的一对玉觿。

参宿星官

西方白虎最后一宿

包括 6 个星官，共 25 颗星。

1. 参（伐）
2. 玉井
3. 屏星
4. 军井
5. 厕
6. 屎

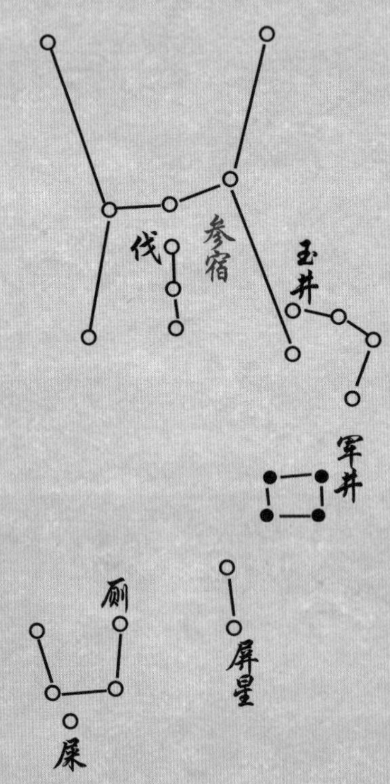

参宿星官文图

句数编号	步天歌	释义
参		
194	总是七星觜相侵	〖参〗有7星,〖觜〗作蕊
195	两肩双足三为心	2星作肩，2星为足，还有3星在中间
196	伐有三星足里深	〖伐〗3星，在〖参〗足里
197	玉井四星右足阴	〖玉井〗4星在〖参〗右足的右方
198	屏星两扇井南襟	〖屏星〗2星在〖军井〗南侧
199	军井四星屏上吟	〖军井〗4星位于〖屏星〗上
200	左足下四天厕临	〖天厕〗4星在〖参〗的左足下
201	厕下一物天屎沉	〖天屎〗1星沉于〖天厕〗下

参宿

白虎大将军

在〖觜宿〗星的南边有 3 颗亮星排成一排，在冬天的星空中特别明显，那就是〖参宿〗星官。在古代“参”也就是“叁”的意思，指的就是这三颗星。

〖参〗星是中国古代很早就有的星官之一。它最早出现在周代的诗歌总集《诗经 · 唐风》中:“三星在天，三星在隅，三星在户”。这里的“三星”就是〖参〗星。我们知道诗经中的唐风是采自唐地的诗歌，这个唐不是唐朝的意思，而是上古时期帝尧所在的地方，后来到西周时期改称晋。今天的山西南部仍有“唐风晋韵”的称呼。相传唐人就是靠观测参星来定时间历法的。跟这个有关的就是所谓“参商不相见”的故事，这个故事最早见于《左传》，里面说的高辛氏的小儿子实沈，就是当时的天文官，他来到西边的唐地，观测〖参〗星制定历法。所以，诗经的唐风里面会有三星的典故就一点不奇怪了。

《诗经》中的这三句，描述了古代婚礼的过程。婚礼开始于“三星在天”之时，也就是〖参〗星刚升起来的黄昏。古代婚礼的“婚”就源自“昏”字，也就是说婚礼都在黄昏时进行;“三星在隅”是说时间流逝、斗转星移，不知不觉〖参〗星来到东南天空，这指的是天黑后的前半夜；而“三星在户”说的是〖参〗星已经来到南方天空，三颗星也从竖直排列变成了横向的样貌，这是指已经到半夜时分了。

古人常用“参横”来表示夜深或者后半夜的意思，例如成语“斗转参横”。三国时期曹植在《善哉行》这首诗中就有：“月没参横，北斗阑干。”

早期的〖参〗星只有这三颗星，后来把周围其他四颗亮星加进来，成为现在的〖参宿〗7 星。在古代，这 7 颗星大多数情况下代表的是大将军。《开元占经》中有：“黄帝曰：参应七将也。西官候曰：参，左大星，左将军也；右大星，右将军也；中央三星，三将军。”原来，这〖参宿〗的每一颗星都代表一位将军。

后加入〖参〗宿的四颗星也很明亮，其中两颗在三星的上方，另两颗在三星的下方，它们分别代表人的两肩和两足，而原来的三星则是人的腰部。这样〖参宿〗星官的 7 颗星就组成了一个人物的形象，而上方的〖觜宿〗星官，就是这个人的头部。西方人把这个人物形象称为“猎户”，而中国古人则把他看作大将军。由于〖参宿〗是西方白虎的主要星官，把〖觜宿〗和它合起来，就是老虎的站姿形象。所以，中国的这位将军又叫作“白虎将军”（图 4.11）。

在古代，为了保证帝王在传达命令或者调动军队时不出差错，需要借助一种信物作为凭证，这种信物就称为兵符。兵符是古代朝廷传达命令、调兵遣将、用于各项事务的一种凭证。古人认为虎为百兽之王，在丛林争斗中总是处于不败之地，因此在军事上也多以虎为尊，于是常将兵符铸刻成虎的形状，称其为“虎符”（图 4.12）。当然虎并不是唯一的形状，在秦代还有鹰符和龙符等。

虎符最早出现于春秋战国时期，大多用的是青铜，也有用金、玉或竹做材料的。一般都把虎符一分为两半，一半交给将帅，另一半由皇帝保

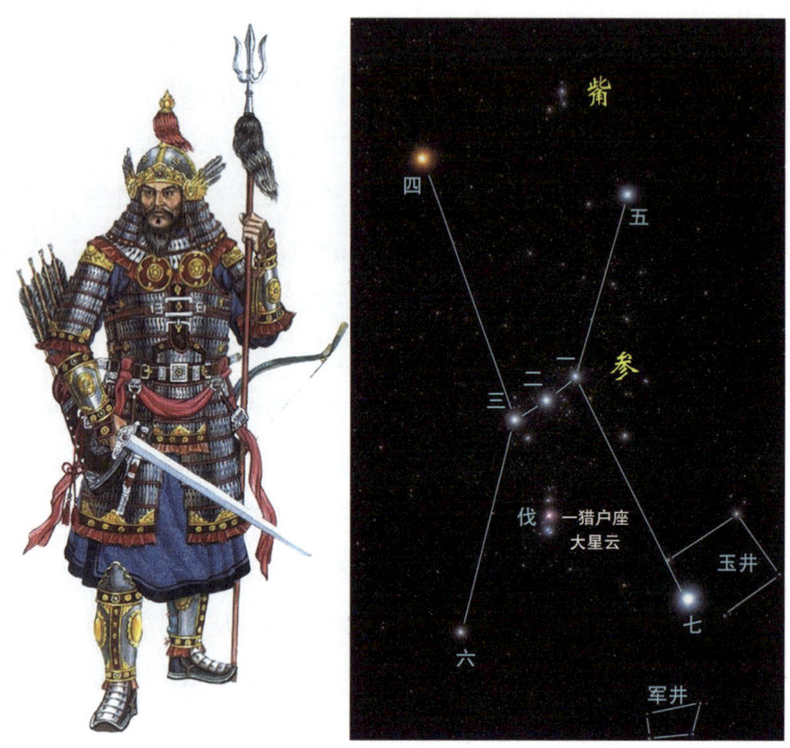

图 4.11〖参宿〗与〖觜宿〗

〖觜宿〗是全天二十八宿中最小的一宿。〖参宿〗中间位置并排的 3 颗亮星在冬季星空中最为显眼，民间称为“三星”。在天气晴好时，可直接通过肉眼看到〖伐〗中的大星云。〖参宿〗与〖觜宿〗合在一起，很像一位威武的大将军。

图 4.12 秦国的虎符

存。只有当两个虎符同时出现，并且能够契合的时候，持符者才能获得调兵遣将权。这就是词语“若符契合”的意思，今天我们就把这个词简化成了“符合”。

《史记·天官书》中说:“参为白虎，三星直也，为衡。”司马迁把〖参宿〗的3颗星称作“衡”，用来比喻国柄、国家大权的意思，古人一般常用的词是“衡石”。例如《梁书·徐勉传》中有:“参掌衡石，甚得士心。”说的是南北朝时期南梁的名臣徐勉，他曾作吏部尚书，专管人力资源，天下的人才都很敬佩他。史书用〖参〗宿3星来比喻徐勉掌握大权，叫做“参掌衡石”。后来到了宋代，苏轼在《祭司马君实文》中，也用这个天上的星官，来比喻和夸赞北宋的政治家、史学家和文学家司马光。苏轼说他:“付以衡石，惟公所为。”如此以星宿夸赞别人，真的是很有文化。

肉眼可见的星云

观察图 4.11，可以看到在〖参宿〗星官的下方还有一串 3 颗小星，叫作〖伐〗星，它是〖参宿〗星官的附座。3 颗星中间的那颗与众不同，看上去是模模糊糊的一团。在天文学上它很有名，就是著名的猎户座大星云。

猎户座大星云是北半球地面上肉眼可见的唯一的一个星云，然而即使

图 4.13 猎户座大星云
猎户座大星云被包含其内的恒星所照亮，是天文爱好者最喜欢观测的目标之一。照片中心的白色光点就是猎户座星云内正在诞生的年轻恒星。哈勃望远镜观测发现，猎户座大星云是银河系内孕育恒星的场所之一。

在黑暗的天空背景下，用肉眼看上去它也不过是一个模糊的光团。自从人类发明了望远镜，才清晰地看到这个星云的真面目。原来它是一个发光气体云，因被包含其中的年轻恒星的光芒照亮而发光。哈勃太空望远镜拍摄到的照片显示出，在星云内有大量的恒星诞生（图 4.13）。猎户大星云直径 16 光年，距太阳系大约 1500 光年，是银河系内最近的恒星诞生地，包含了数以千计的新生恒星以及孕育恒星的柱状星际尘云。

西方白虎
——战争与和平

星空中的西北战场

在西方七宿中，有不少星官都与天空中的一个战场有关，请看图 4.14。

在〖毕宿〗中有个〖天街〗星官，由于它位于黄道近旁，是天上的日、月、行星必经的地方，因此叫“天街”。除了这个含义之外，古代占星家还将它看作是一条边界线，把黄道南侧的〖毕宿〗和北侧的〖昴宿〗分隔开。

在古代,〖昴宿〗指西北的胡人，而〖毕宿〗则指中原华夏。我们知道，从先秦直至东晋时期，西北方的胡人一直对中原政权形成武力威胁，常有战事发生。这里的星空描绘的正是这个战场。由于是对付西北胡人的，所以也叫做西北战场。

《晋书·天文志》认为〖毕宿〗代表边防军兵，而〖天高〗星官就是这支军队的首领，它们与〖天街〗星以北的以〖昴宿〗为代表的胡人展开激烈的战斗。而附近的

图 4.14 冬季星空中的西北战场和大后方
图中用蓝色标识的星官是战场中的角色，而用黄色标识的星官则构成了后方家园

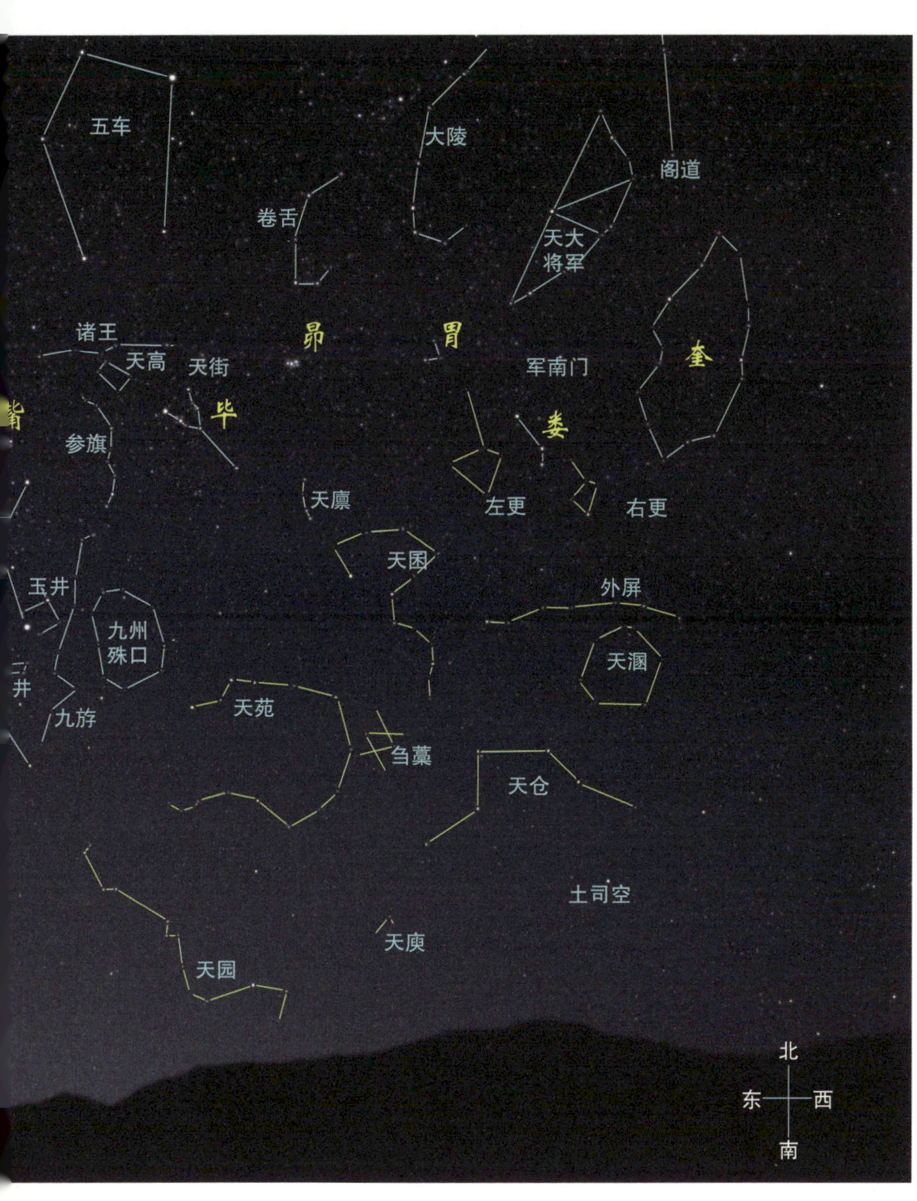
五车
大陵
阁道
卷舌
天大将军
诸王
昴
胃
天高
天街
军南门
奎
毕
娄
参旗
天廪
左更
右更
天囷
玉井
外屏
九州殊口
天溷
井
天苑
九斿
刍藁
天仓
土司空
天庾
天园
北
东
西
南

〖诸王〗星，则代表了一同前来参战的各路王侯的军队。

在士兵们的身后，正是西方白虎七宿的代表——〖参宿〗大将军。在大将军的头顶上方有一个长长的〖座旗〗星，它就像一面高扬的旗帜，代表着将军高贵的身份。

在〖参宿〗大将军的右边还有两个星官，星星都不是很亮，它们分别是〖参旗〗和〖九斿〗。《晋书·天文志》上说："参旗九星在参西，一曰天旗，一曰天弓，主司弓弩之张，候变御难。"可见，李淳风认为这个〖参旗〗星代表将军出兵打仗时树立的战旗，当然也可以是将军用的弓弩。这与猎户座的形象不谋而合，因为在西方星座中，这几颗星星恰好代表猎户所用的弓箭。

在古代，战旗也称作"旌旗"，一般用羽毛或牦牛尾装饰。《广雅·释天》中说："天子旌高九仞，诸侯七仞，大夫五仞，士三仞。"我们知道，"仞"是古代的一种长度单位，周代一仞等于八尺，汉代等于七尺。按照古代的规定，天子出征，所用的战旗高九仞，而仔细观察〖参旗〗星官，它的确是由九颗星组成的，可见，这里的旌旗是天子专用的。

在〖参旗〗的下方是〖九斿〗星官。"斿"在古代是指旌旗下边或边缘上悬垂的丝制的装饰品，也叫做"旒"。可见，〖九斿〗星是〖参旗〗这面战旗上随风飘扬的饰物。古代制度还规定，"九斿"是天子所执旗帜的装饰规格。因此，这个星空战场也许是天子御驾亲征，看来规格很高。

在〖参宿〗星官中，最显眼的是位于将军腰部的一排三颗亮星，古人称其为"三星"。在三星的下方有一串小星。在《史记·天官书》中有："参右下有三星，锐曰罚，为斩刈事。"司马迁把这些小星叫做"罚"，指砍伐、斩杀之意。实际上，在星空中的形象,〖罚〗星是白虎大将军身上的佩剑。有意思的是，在西方星座中，这几颗星是指猎户身上带的佩刀。如此看来，对这几星的形象，东西方的人们自古就有所共识。

在〖参宿〗大将军的脚下有一个〖军井〗星，专门为战场士兵们提供饮水。此外，在〖参宿〗大将军的左足附近，还有一个四四方方的〖玉井〗星官,《开元占经》说它也是负责给水的官员。

从星图上可以看到，这只白虎将军的左脚就在〖玉井〗的旁边，所以《开元占经》后面还接着写道:“圣洽符曰：参者白虎宿也，足入井中，名曰滔足。虎不得动，天下无兵；足出井外，虎得放逸，纵暴为害，天下兵起。”在古代星占家看来，玉井是白虎洗脚的地方。当〖参宿〗的白虎左脚深入井水中，就意味着它动弹不得，天下也就没有战争。而当这只虎脚位于井口之外，相当于老虎被释放出来，将会危害天下，战争不可避免。可见，古人认为〖参宿〗星和〖玉井〗星的位置关系是相当重要的。

在〖玉井〗星的近旁有若干小星围城一个圆圈，这是〖九州殊口〗星。《晋书·天文志》说:“九州殊口，晓方俗之官，通重译者也。”看来它是一位通晓九州各地方言的翻译官。我们知道，这个星空战争的对方是西北方的外族，操着不同的语言。因此，为了刺探军情，专门设翻译官，显然，在这个战场上他们是不可或缺的人才。

在奎宿中有一个〖天大将军〗星，他代表中原一方投入的强大后援兵力。此刻，他正奉帝王的谕旨，沿着〖阁道〗星代表的高速公路，一路飞奔而来，正欲杀出〖军南门〗星。在他的身旁是〖奎宿〗星官，而它则代表百万陈兵，供将军调遣。

在〖参宿〗大将军的北方，还有明亮的〖五车〗星，它代表的是突入敌方阵地内的战车，看来此时中原军力已经占据上风，胜利在望了。

显然，这片星空中的星官，大多数都与战争有关，而在古代，虎往往代表战争，难怪人们把这西方七宿称作“白虎”。

仓廪实而知礼节

如前所述，在西方白虎的星空区域，人们布置了一个战场，中原华夏为对付西北胡人投入了重兵，目的是保卫南方广大的疆域免受外族的入侵。请看图 4.13，在奎、娄、胃、昴等星宿所在的南方天空中有一片繁星，其中有很多名称相近的星，它们共同组成了大后方的美丽家园，这正是前线将士所奋力保卫的。

在〖奎宿〗的下方有 7 颗小星围成一圈，叫做〖天溷〗(读音同“混”)星官，原意是养猪的圈栏，引申为圈养六畜的地方。《开元占经》中有:“甘氏赞曰：天溷作杼厕粪丘。”看来，它也是为农业生产而积肥的地方。在〖天溷〗的上方还有水平方向排成一行的 7 颗星，组成〖外屏〗星官，它起到了把猪圈和其他星官隔离开的作用。《开元占经》关于外屏的含义解释说:“甘氏赞曰：屏蔽拥幢，安溷莫睹。”

在〖娄宿〗星官的东西两侧各有一片小星，分别是〖左更〗和〖右更〗星官。关于左更和右更的含义，前文说过，代表秦汉时期负责领兵的将军。除此之外，在《开元占经》中还有:“郗萌曰：左更主仁之道，右更主礼义。甘氏赞曰：左更采薪，菟圆采茹；右更仆畜孕，重犊驹也。”说明它们大约另有两重含义。李淳风在《隋书·天文志》中总结道:“左更,山虞也,主泽薮竹木之属,亦主仁智。右更,牧师也,主养牛马之属,亦主礼义。”可以看出,这左右二更,在平时是分别负责掌管山林和畜牧的官员。在祭祀的时候,他们又分别担当不同的礼仪官员。

在〖娄宿〗的下方,有〖天仓〗星官,它代表粮仓。在《开元占经》中有:“郗萌曰:天仓者,天司农也。黄帝占曰:天仓,主仓府之藏也。天仓中星众,谷粟聚其中,积储实。其中星希少,仓中虚耗,无储积,粟散出。”看来,古人认为这个星官中能见到的星星越多,代表天下粮食的储备越是充足。

在〖胃宿〗星官的下方有〖天囷〗星官,它位于赤道附近,由 13 颗星组成一个规模壮观的“乙”字形。《开元占经》说:“石氏赞曰:胃主仓禀五谷基,故置天囷以盛之。黄帝占曰:天囷主御粮,百库之藏也。”这说明〖天囷〗星代表的是用来盛放五谷的粮仓。

关于〖天囷〗与〖天仓〗的区别,《开元占经》接着说:“在野曰囷,在邑曰仓。一曰:圆曰囷,方曰仓。”意思就是说,在城外的粮仓叫做“囷”,在城里的粮仓叫做“仓”。还有一种说法,是按照粮仓的形状来区分,圆形的叫做“囷”,方形的叫“仓”(图 4.15)。

古人认为,〖天囷〗星还关系到天下的安危。《开元占经》说:“囷星欲明,其中星众,百库之藏实满。其星不明,囷中星简,库藏空虚。若多散出,天下不安,其国有忧。”可见,古代星占家根据〖天囷〗星官里面的星星数量来判断天下的丰欠。

在〖天囷〗星的左边有 4 颗星连成一串,叫做〖天廪〗星,它代表库

图 4.15 古代两种粮仓的模型　　古代粮仓的外形主要有两种，方形的为“仓”，圆形的为“囷”。这便是〖天仓〗和〖天囷〗星官的来源。

藏的粮草。《开元占经》说：“巫咸曰：天廪一名天廥，主廪藏会计之事。其星齐明则年丰国绕，人民安，王者吉。其星小而不明，岁恶，藏虚，人民饥。黄帝占曰：天廪星欲其明而盈实，则岁熟多粟，星黑而希，则岁败腐矣。”

在〖天囷〗星的下面有 16 颗星围成一个开口向东方的半圆形，叫做〖天苑〗星，它代表的是皇家猎苑。《开元占经》有：“郗萌曰：天苑，天子之苑也。石氏赞曰：天苑十六星，主牛羊。”在它的右边有六颗小星，组成〖刍藁〗星官。“刍”是喂牲畜的草料，“刍藁”指干柴草料库。《开元占经》说：“郗萌曰：刍藁一曰天积，天积，天子之藏府也。”

在〖天苑〗星的下方有 13 颗星连成一串，组成〖天园〗星官。《开元占经》说：“甘氏赞曰：天园草实，菜茹畜储。”《隋书·天文志》里则说：“天园，植果菜之所也。”因此，〖天园〗代表种植果蔬的菜园。

在〖天园〗星的右边有 3 颗小星，组成〖天庾〗星官。《开元占经》

说："甘氏赞曰：天庾积谷，草茂身拊。"如此看来，〖天庾〗也代表堆积谷物的地方。不过它与〖天仓〗有所区别，古人说："屋积曰仓，露积曰庾。"

纵观这片星空的全貌，这里的星官既有农田，也有皇家农场。这里的山林茂密，牛羊成群，粮仓满实，柴草充足，瓜果飘香，人们时时供奉飨祀，感恩天地祖先。正是《管子·牧民》中那句名言的写照："仓廪实而知礼节，衣食足而知荣辱。"国家的经济建设非常重要，社会经济不发展，人民不富有，文化就谈不上。

《春秋左传》有云："国之大事，在祀与戎。"古人认为国家的重大事务，在于祭祀与战争。毫无疑问，战争与和平是人类文明史上永久的话题，二者既相互矛盾，也有着因果的关系。没有武力的强大威慑，没有战场上的拼杀牺牲，要想维持持久的和平，过上幸福美好的生活，恐怕也只能是美好的梦想。

古人早已明白这一真意，于是天空中就有了这幅画面流传至今。读懂它，你就知道祖先们是希望借此提醒子孙后代——须时刻居安思危，不可一日忘乎所以。先人的用心何其良苦！

每当我们后世晚辈抬头仰望星空，无不真切感受到祖先对我们的深情关怀，仿佛此刻，在凛冽的秋风中，一股温暖的感觉跨越时空，扑面而来。

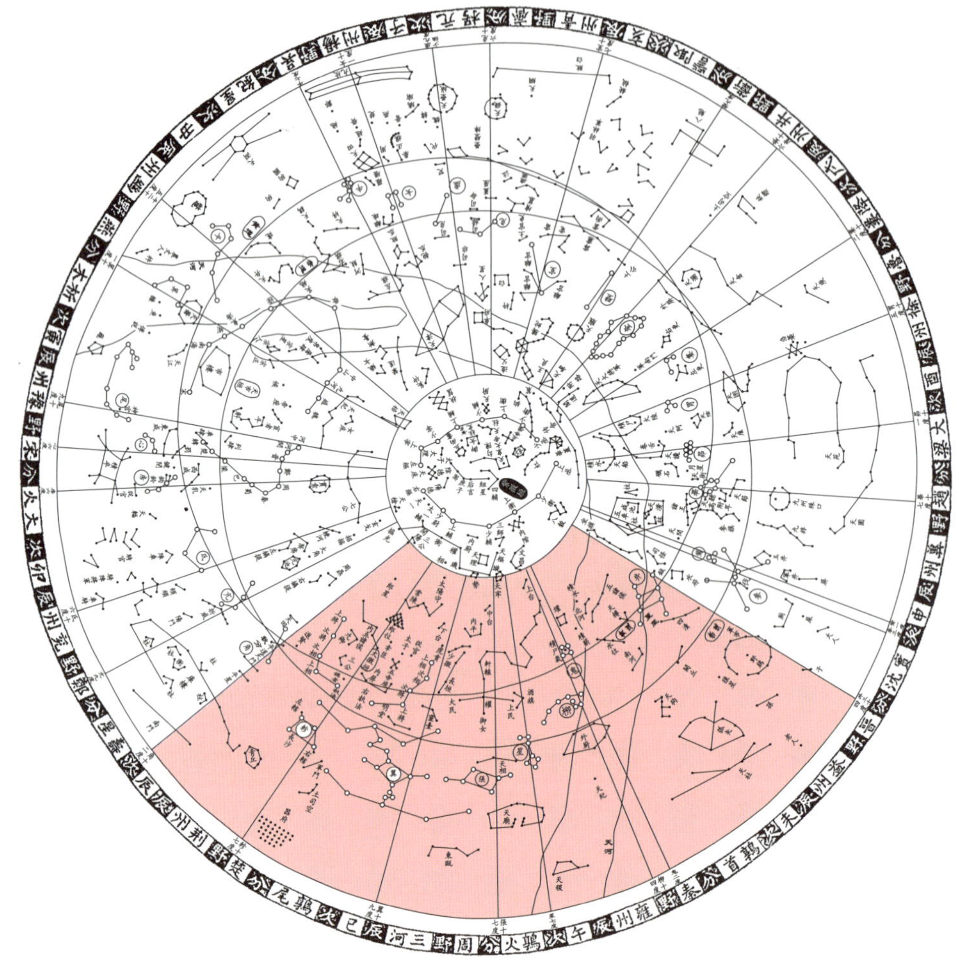

苏州石刻全天星图

图中深色区域为南方朱雀七宿的范围

第五章　南方朱雀七宿

南方朱雀包含了井、鬼、柳、星、张、翼、轸七宿。共有 42 个星官，245 颗星。南方七宿对应的是朱雀形象。在我国适合观察南方七宿的时间是每年 2 月到 4 月的黄昏后，可以在南方天空中看到它们。

以鸟为图腾

南方七宿，之所以称作朱雀，源于它对应的分野，那里的古人以鸟为图腾崇拜。

关于南方朱雀七宿的分野，在《淮南子·天文训》中有："东井、舆鬼：秦；柳、七星、张：周；翼、轸：楚。"可见，这七宿分别与地上的秦、周和楚有关。

我们知道，秦国贵族为嬴姓，是皋陶曾孙伯益的后人，属于鸟夷人的后代，他们以燕子为图腾。可见，秦应属南方朱雀。再来看周族，在西周灭亡后，东周时期，周王室寄居于洛阳、偃师一带，后来被秦所灭。而从偃师的名称就能看出，这一地方本来是偃姓的少昊族后裔的分布地。因此，在占星学上，周虽地处中原以西，但也属于南方朱雀。最后看楚族，它发源于江汉，占据长江以南广大地区，也是少昊氏的后裔，所以，楚地就理所当然地成为南方朱雀的分野。

日中星鸟

前面介绍过，火正是古代最早的天文官。据记载，在颛顼帝时期，"黎"是当时的火正，号称祝融氏。他们靠观测大火星来定季节和历法，这是火正这个名称的来历。

《尚书·尧典》中记载："日中星鸟，以殷仲春；日永星火，以正仲夏；宵中星虚，以殷仲秋；日短星昴，以正仲冬。"这就是"四仲中星"说，是指古人靠观察四颗或者四组亮星的位置来定季节。我们知道，大火星是夏秋时节天空中的亮星，十分方便观察。然而到了冬春，大火星就会落入地平线以下，那么这时候古人到了晚上要靠观察什么星来定时节呢？根据“四仲中星”，应该就是鸟星。这跟南方朱雀的星宿有关。

古人为了量度日月、行星的位置和运动，把黄赤道带分成十二等分，称为“十二星次”。这个概念最早见于《左传》《国语》《尔雅》等书籍。十二星次主要用于记录岁星（木星）的运动位置。我们知道，二十八宿也是沿着黄赤道带分布的，因此每一星次就有若干星官作为标志，十二星次与二十八宿存在对应关系，参看下表。

表　十二星次与二十八宿对应关系

星次	寿星	大火	析木	星纪	玄枵	娵訾	降娄	大梁	实沈	鹑首	鹑火	鹑尾
星宿	角亢	氐房心	尾箕	斗牛	女虚	危室壁	奎娄	胃昴	毕觜参	井鬼	柳星张	翼轸
四象	东方苍龙			北方玄武			西方白虎			南方朱雀		

从表中可以看到，南方七宿对应在十二星次中，分别有鹑首、鹑火和鹑尾。在古代，鹑鸟是指凤凰类的神鸟，在四象中它就是南方朱雀。而具体到鹑火星次，对应的是〖柳宿〗〖星宿〗〖张宿〗三宿，这就是四仲中星里“日中星鸟”的“鸟”对应的星宿，也是南方朱雀的核心位置。

可见，鹑火是上古时期重要的标志季节的星宿之一，是火正观察的另一个“火”星官。换句话说，古代的火正，就是依靠观测大火星和鹑火星，来定一年的时节和历法的。

在《国语》中记载有“昔武王伐殷，岁在鹑火。”说的是当年武王伐纣的时候，木星正好位于鹑火星的位置。这也说明古时鹑火星的重要地位。

井宿星官

南方朱雀第一宿

包括 19 个星官，共 70 颗星。

1. 井（钺）
2. 南河
3. 北河
4. 天樽
5. 五诸侯
6. 积水
7. 积薪
8. 水府
9. 水位
10. 四渎
11. 军市
12. 野鸡
13. 孙
14. 子
15. 丈人
16. 阙丘
17. 狼星
18. 弧矢
19. 老人

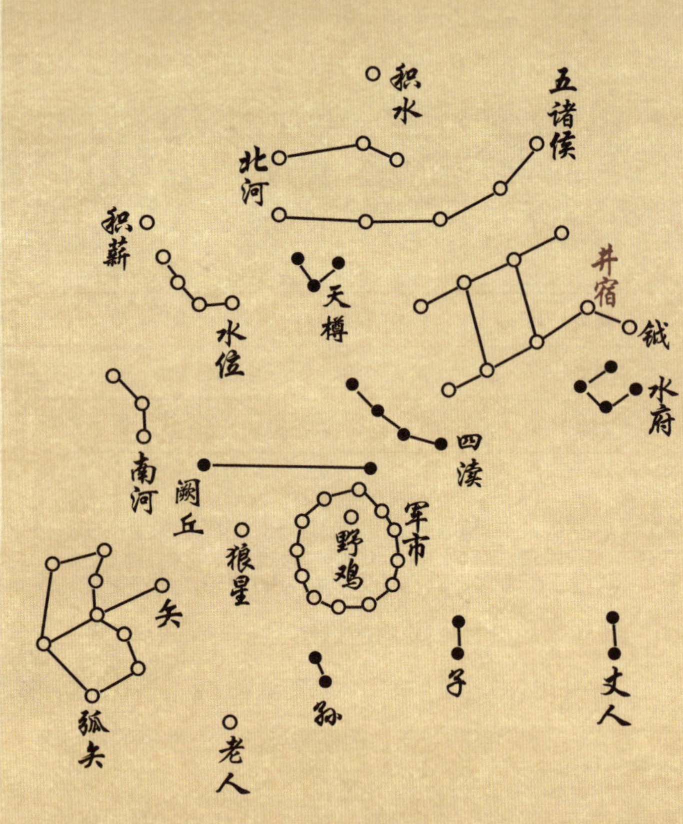

井宿星官文图

句数编号	步天歌	释义
井		
202	八星横列河中静	〖井〗8星静静横于银河中
203	一星名钺井边安	〖钺〗1星立在〖井〗旁边
204	两河各三南北正	〖南河〗〖北河〗各3星，分别在〖井〗的南北
205	天樽三星井上头	〖天樽〗3星在〖井〗上方
206	樽上横列五诸侯	〖五诸侯〗5星横列在〖天樽〗上方
207	侯上北河西积水	〖北河〗在〖五诸侯〗上,〖积水〗1星在〖北河〗西
208	欲觅积薪东畔是	想找〖积薪〗1星，往〖积水〗东畔看
209	钺下四星名水府	〖水府〗4星在〖钺〗之下
210	水位东边四星序	〖水府〗向东，有4星叫〖水位〗
211	四渎横列南河里	〖四渎〗横列在〖南河〗右方的银河里
212	南河下头是军市	〖军市〗在〖南河〗下方
213	军市团圆十三星	〖军市〗13星成圆圈状
214	中有一个野鸡精	〖野鸡〗1星在〖军市〗中
215	孙子丈人市下列	〖孙〗〖子〗〖丈人〗在〖军市〗下
216	各立两星从东说	各有2星，从东排向西
217	阙丘两星南河东	〖阙丘〗2星在〖南河〗东边
218	丘下一狼光蓬茸	1颗〖狼星〗熠熠生辉在〖阙丘〗之下
219	左畔九个弯弧弓	〖弧矢〗9星呈弯弓状，在〖狼星〗的左畔
220	一矢拟射顽狼胸	（9星中）一星似箭矢瞄准〖狼星〗胸膛
221	有个老人南极中	有颗〖老人〗星在南极天区中
222	春秋出入寿无穷	晚秋至初春间的季节能看到〖老人〗星

井宿

最宽的井宿

南方朱雀七宿的第一宿是井宿。在二十八宿中，井宿的宽度最宽。

在井宿所包含的诸星官中，〖井宿〗星官最醒目，它由8颗星组成，是一个四四方方的井字形。由于它坐落在银河中，紧靠东岸，因此也常被叫做“东井”。〖井宿〗星加上〖北河〗〖五诸侯〗等星官，对应的是西方星座的双子座。

黄道从〖井宿〗星官中经过。我们知道，黄道是太阳周天运动的轨迹，同时也是月亮和五星的轨迹，《开元占经》中有：“石氏曰：日月五星行贯井，是中道。”《晋书·天文志》也说：“东井八星，天之南门，黄道所经。”这意味着〖井宿〗星是天上的一道大门，把守着日月五星的运行之路。

南宋理学家、太师魏了翁在《次韵虞退夫除夕七绝句其二》中有：

谁驱斗柄向东迁，渐喜新年胜故年。

岁纬移躔东井外，狼星敛角左参边。

诗中说的是斗转星移，新年来到，诗人抬头仰望，只见天上的岁星，也就是木星来到东井旁边，此时天狼星位于〖参宿〗的左边。这正是一幅冬夜星空的画面。当然，木星是行星，不可能总是在一个位置上，每年都会在天上运动。

在古代占星家眼中，〖井宿〗星就像它的名字那样，跟水有关。《晋书·天文志》认为:“天之亭侯，主水衡事，法令所取平也。王者用法平，则井星明而端列。”李淳风说〖井宿〗星是天上的一个有爵位的官员，主管水利。在此基础上，又引申为与治国的法令有关，因为法治的原则之一就是公平，要像水一样平，因此“法”这个汉字就是水字旁。古代占星家认为如果〖井宿〗星明亮，排列整齐，就说明天下执法是公正的。

在〖井宿〗星旁边有一个附座，名叫〖钺〗。在《晋书·天文志》中说:“钺一星，附井之前，主伺淫奢而斩之。故不欲其明，明与井齐，则用钺于大臣。”钺是在殷商到西周时期盛行的一种兵器，像斧子，但比斧大，圆刃，可砍劈。这个〖钺〗星体现的是〖井宿〗星的公平执法，专门处置那些奢侈无度的人。占星家认为,〖钺〗星的亮度如果等同于〖井宿〗星的话，则意味着大臣中有不法者。如此看来，这个〖钺〗星最好不要那么亮。

此外,《晋书·天文志》还认为:“月宿井，有风雨。”意思就是说月亮来到〖井宿〗中时，会有风雨。这下子倒好，相比“箕风毕雨”，这个〖井宿〗把风雨都管了。

银河渡口

在天空中，银河和黄道相交的地方有两处，一处是在北方七宿的〖斗宿〗星，那里是银河中心所在的方向，银河在那里最亮最宽；另一处就是〖井宿〗所在的位置，这是银河系边缘所处的方向，所以这里的银河不如南斗那儿的亮（图 5.1）。

沿着银河，从〖五车〗星官向东南方向看去,〖井宿〗位于银河之中，

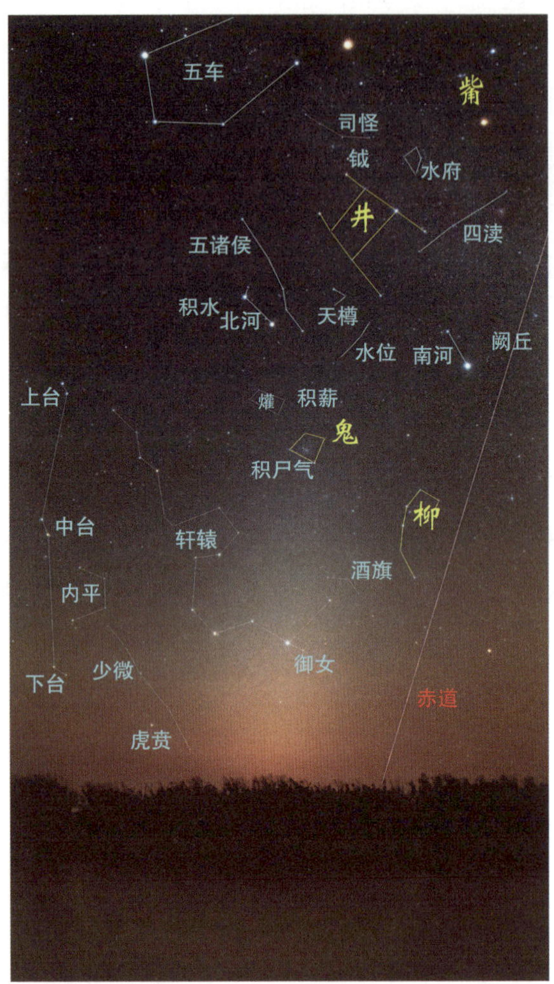

图 5.1 冬季银河与井宿（拍摄者：薛松）

这里是黄道穿过银河的地方，日月和五星都会经常光顾这里，因此在古代占星家来看这里十分重要。

有趣的是，它附近的星官都与水有关。

在〖井宿〗星的东面，也就是银河的东岸边，有一南一北两个重要的渡口，分别是〖南河〗星和〖北河〗星，各由三颗亮星组成。日月所运行的黄道正横跨两个渡口之间的银河，因此古人也把这两个星官看成黄道上的大门。

以〖北河〗星为中心，它的北面有〖积水〗星，东南面有〖积薪〗星。二者分别代表用于酿酒而存的水，以及为烧酒做饭而堆积的柴。

紧靠〖井宿〗星东边的是〖天樽〗星，呈正三角形，就像一个酒樽，正在盛接着银河中的水。在〖天樽〗的北面有一排5颗星，叫作〖五诸侯〗星。

〖井宿〗星的东边还有一个〖水位〗星，代表监察河水水位的官员。在〖井宿〗星的西边有〖水府〗星，则是负责灌溉和防洪的官员。在〖井宿〗星的南边，还有〖四渎〗星。《晋书·天文志》认为“四渎”是指长江、黄河、淮河和济水，它们是古代中原地区汇入大海的几条主要河流。

〖南河〗星的南边是赤道经过的地方，这里有〖阙丘〗星。“阙丘”是古代宫门外两侧望楼旁的小山。在这个星的南边，星空则是另外一片天地。

〖井宿〗的来源

〖井宿〗星官周围有〖水府〗〖水位〗〖南河〗〖北河〗等一些与水有关的星官，而它又身处银河之中，有着银河这个不竭的源泉，难怪它也称为“天井”。

不过，何光岳先生在《中原古国源流史》一书中却认为〖井宿〗与古代的井国有关。

井国是商朝时期就有的古国名。在商代甲骨文的卜辞中有“井方”，殷商的乙亥父丁鼎文就有“隹王正井方”。而商王武丁的后妃叫妇妌，就是“井方之女”。到了周代，关中一带就是井国。据《广韵》记载，井是姜姓之国，井国的始祖是姜尚。当年在建周大业完成后，姜尚被周武王分封到了齐国，但他特别怀念他起家时的垂钓故地——宝鸡渭河，于是就把小儿子井叔留在那里。因为殷商时期那里就有过井国，所以他的后代就用此为名，重建井国。

在井叔的后代中有一个叫“郑井叔”的人，他是西郑的开国之君，也是“姜姓郑氏”的始祖。西郑位于今天陕西的凤翔县。到了周穆王时期，西郑被周穆王除国，姜姓的郑国灭亡，于是西郑改称下都。当时井国的国君逃往虞国，其后代被人诬陷，只好隐居起来。在这些隐居的后人当中，有一位被虞国的国君封为井邑的伯爵，人称为井伯。而井伯的后人，便以其字“井”为姓氏。在虞国被晋国所灭之后，井伯的后代井奚就逃入了秦国。秦穆公以井奚为大夫，封为百里邑的首领，人称百里奚。百里奚的后代也以封地为姓，世代姓“百里”，所以“井”姓和“百里”姓的来源相同。

可见，周代及以前，关中地区就有井国。到了战国时期，由于秦国人为周天子牧马，也迁居到关中，后来以此为基地，逐步发展成为强大的秦帝国。《开元占经》中说：“石氏曰：日月五星行贯井，是中道，秦之分野。”如此看来，古代占星家把井宿在地上的分野对应在秦，也就是雍州，是颇有道理的。假如不知道这段历史，很难理解井宿与秦的关系。

李白著名的《蜀道难》中有几个星宿：

扪参历井仰胁息，以手抚膺坐长叹。

问君西游何时还？畏途巉岩不可攀。

这里的“参”和“井”指的都是天上的星宿。

首先看看蜀道在哪里。从广义上说，古蜀道南起成都，经过广元而出川，在陕西穿越秦岭，直通八百里秦川，全长约 1000 余千米。李白当年写《蜀道难》，就是因为有朋友要离开长安去往蜀地，他借蜀道之难行，抒发自己心中由于仕途坎坷、人生艰难而致的郁闷之情。在狭义上讲，蜀道指从巴蜀通往秦陇的山间栈道。无论怎样，指的应该就是今天四川和陕西之间的崇山峻岭。

为什么诗人会在这首《蜀道难》中提到天上的〖参宿〗和〖井宿〗这两个星宿呢？这跟星宿的分野有关。

如前所述，井宿的分野对应秦地或雍州，在陕西关中一带。这与《史记·天官书》和《晋书·天文志》是一致的。在《史记》中还列出了参宿的分野，认为“觜觿、参，益州。”益州就是从汉中到广汉这片地区。由此可见，这〖参宿〗和〖井宿〗的分野，正好对应地上的蜀道。李白不愧为诗仙，对天上的星宿知之甚多啊。

挽弓射天狼

在〖井宿〗里有一个很有名的星官——〖狼〗星，下面就看看关于它的故事。

〖狼〗星，也叫做天狼星，除了太阳之外，它是全天最亮的恒星，亮度达到 –1.46 等。与五颗大行星相比，天狼星在大多数时间都比火星和木星还亮，仅次于金星。它在冬季的南方天空中发出白色的光芒，熠熠生辉。这颗恒星的直径比太阳大一半以上，质量是太阳的两倍。距离我们8.6光年，在与太阳最近的恒星中，它排行第五。

说起天狼星，它有一个小伙伴很有名，那就是它的伴星，叫做天狼星B，它是人类发现的第一颗白矮星。1862 年天文学家用望远镜观察到它，几十年后才确定它是一颗白矮星。所以说天狼星是一对双星，不过平时我们肉眼看到的只是天狼星，也就是天狼星 A，它的那个伴星——天狼星 B 太暗了，亮度只有它的万分之一。白矮星是宇宙中一种特殊的天体，体积虽然很小，但是密度却很大，比水的密度大几万倍。我们的太阳到了晚年会爆发，最后也演变成一颗白矮星。

由于天狼星很亮，自古各个民族关于它的传说和故事就很多。在古老文明之一的古埃及，天狼星是很重要的角色之一。他们的一年分为三个季节，分别是泛滥季、生长季和收获季。每当天狼星在黎明日出时，从东方地平线升起，正是一年一度的尼罗河水开始泛滥的时间。于是在古埃及的历法中，就把这一天作为一年的开始。他们还发现，天狼星两次与太阳同升的时间间隔是 365.25 日，这就是一年的长度，这也是西方历法年长的来源。

作为冬季星空最耀眼的明星，天狼星与同样很明亮的〖参宿四〗〖南河三〗，共同组成了一个三角形，称为“冬季大三角”（图 5.2），很容易辨认。

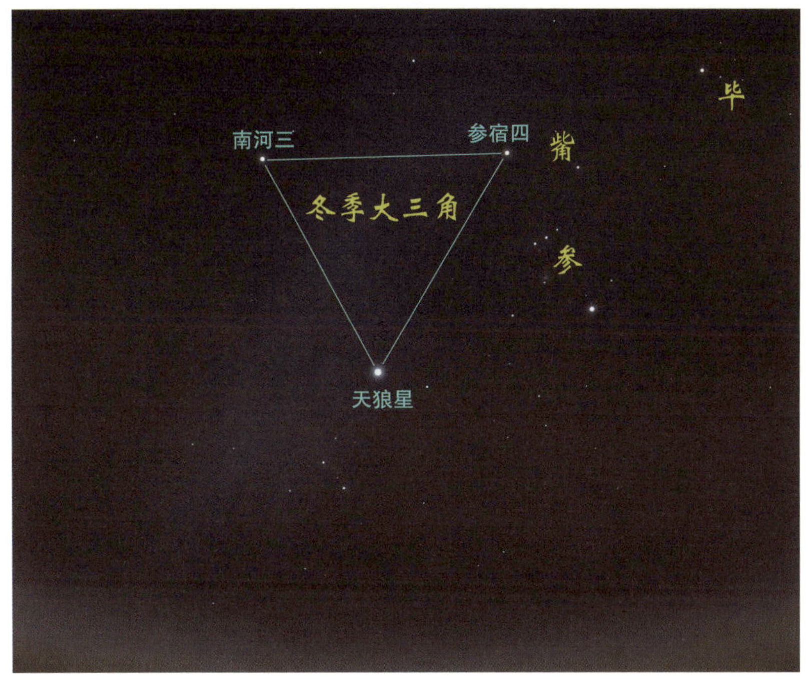

图 5.2 冬季星空的大三角

由冬夜星空中的三颗亮星组成十分醒目的三角形，它们分别是南河三、参宿四和天狼星。其中，天狼星是除太阳外全天最亮的恒星。

屈原在《九歌》中唱道：

青云衣兮白霓裳，举长矢兮射天狼；

操余弧兮反沦降，援北斗兮酌桂浆。

诗中的“天狼”指的就是天狼星。这里还提到了与它相关的另外两个星官，那就是〖矢〗和〖弧〗，分别是射天狼所用的箭和弓。参看星图，箭在弦上，弓已拉圆，箭头直指西北方向的狼星。那么，为什么要说到射天狼呢？

原来在古代的星占理论中，〖狼〗星代表的是入侵中原的西北游牧民族。例如《晋书·天文志》中有："狼为野将，主侵掠。"在屈原生活的战国时期，〖狼〗星就是指对周朝形成威胁的羌氏和犬戎等势力。在《开元占经》中也说："黄帝占曰：狼星，一名夷将。荆州占曰：狼者，贼盗；弧者，天弓，备盗贼也。故弧射狼，矢端直者，狼不敢动摇，则无盗贼而兵不起。动摇明大，多芒变色，不如常，胡兵大讨。"意思是说，〖狼〗星代表着西北方游牧民族入侵中原的将领，他们总是抢掠财富物资，就像盗贼一样。而〖弧〗星就是一把天弓，专门准备射击那些来犯的胡人。还说，当〖矢〗星很直的时候，就意味着对〖狼〗星形成威慑，胡人就不敢来犯。而假如〖狼〗星很明亮，有光芒并且颜色经常变化，则意味着西北的外族将会入侵。

苏轼曾著有名篇《江城子·密州出猎》：

老夫聊发少年狂，左牵黄，右擎苍，锦帽貂裘，千骑卷平冈。为报倾城随太守，亲射虎，看孙郎。

酒酣胸胆尚开张。鬓微霜，又何妨！持节云中，何日遣冯唐？会挽雕弓如满月，西北望，射天狼。

东坡先生在这首词中，通过描写一次出猎的壮观场面，借历史典故抒发自己虽已青春不再，但仍有效力抗击侵略的豪情壮志。这里的〖狼〗星代表西北的外族。在他那个年代，〖狼〗星指的应该是西夏。这首词不仅表达了这位大文豪自己强国抗敌的政治主张，也充分表现了他渴望一展抱负，杀敌报国，建功立业的雄心壮志。全词充满着阳刚之美，成为历久弥珍的名篇。词中的“西北望，射天狼”作为名句，流传千年。

但是略懂天文的人士读了这首词往往心生疑问,〖狼〗位于南方天空中，夏季不可见，只有冬季才升起来，由于它的纬度比较低，因此在中原地区的人来看，它总是出现在南方天空中，怎么也不会到西北方向去。那么，东坡先生怎么会说“西北望，射天狼”呢？难道是他不懂得天象，在词中出现了基本的错误？有人替东坡先生解释说，这里的〖狼〗星既然指的是位于西北方向的西夏,“射天狼”就是抗击西夏的意思。这样解释倒也没错。不过，要说东坡先生不懂星象，却是真的冤枉他了。

原来，在中国传统的星官体系中，为了保卫疆土的安宁，在狼星的东南方设立了一把射天狼的弯弓——〖弧矢〗星官（图 5.3），9 颗星组成一把弓箭，十分形象：箭在弦上，弓已拉圆，而箭头直指西北方向的狼星。

因此，这里的“西北望”，是从射天狼的〖弧〗〖矢〗星官的角度来看的，而非地上人的视角。人们所说的“射天狼”，不能理解为地上的人举弓射天上的〖狼〗星，而应是天空中的〖弧〗星与〖矢〗星组成的这把天弓，来射〖狼〗星才对。对照星图，在星空中，狼星正好位于〖弧〗星与〖矢〗星的西北方向，因此东坡先生说“西北望，射天狼”是真的相当贴切。

不过仔细观察星空，你会发现，在这幅“射天狼”的星空画面中，〖弧〗〖矢〗星官这把长弓的主要作用，其实不是直接射杀天狼，而是对它进行武力威慑，真正抓捕它的手段，是西边不远处的〖军市〗星围成的一个捕狼陷阱。为了引诱天狼进入陷阱，猎人还专门在其中放置了〖野鸡〗星作为诱饵。

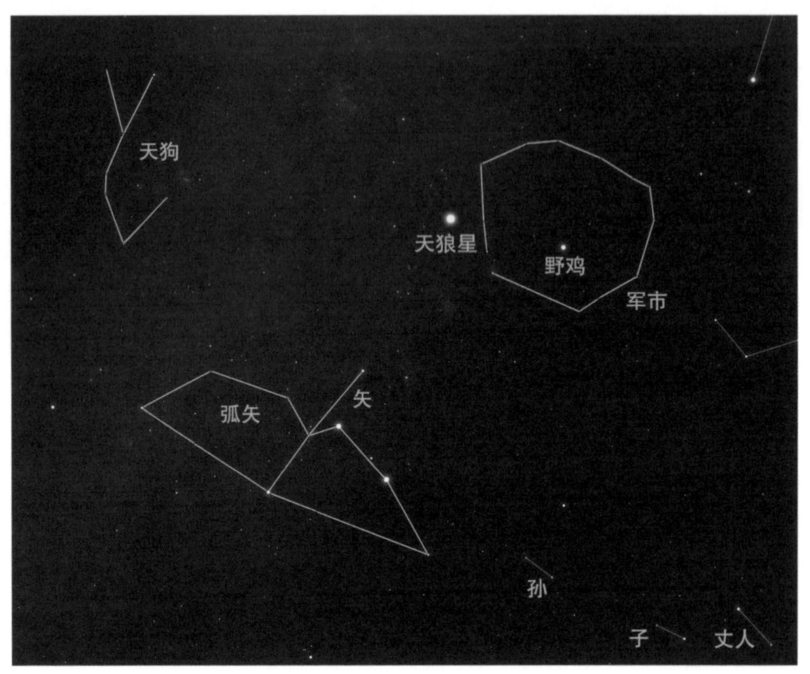

图 5.3 西北望射天狼

箭在弦上，弓已拉圆。为了保卫疆土的安宁，古人在狼星的东南方设立了一把拟射天狼的弯弓——〖弧〗〖矢〗星官。

四世同堂

在〖狼〗星的下方，有几颗星的名字很有意思，它们分别是〖老人〗〖丈人〗〖子〗和〖孙〗。“丈人”是古代对家里岁数比较大的男子的称呼，而“老人”显然是家里的长辈。这四个星官代表了一个四世同堂、尽享天伦的家庭。在《开元占经》中有:“甘氏赞曰:丈人杖行,子孙扶持。”子孙扶持着拄着手杖的老人,这不就是尊老的场景吗?不过,这些星星的纬度都很低,需要到我国的南方地区才有机会看到。

在这些星星中,最有名的当属〖老人〗星。《晋书·天文志》上说:“老人一星,在弧南,一曰南极,常以秋分之旦见于丙,春分之夕而没于丁。见则治平,主寿昌,常以秋分候之南郊。”〖老人〗星在天狼星的下方,因为它的纬度很低,对在中原地区的人来说位置太靠南,不容易观察到。而在华南地区,也是在秋冬季才能在南方低空见到,所以古人就叫它“南极星”。它在占星学中主长寿,是一颗名副其实的寿星。

古代,人们常在秋分时节到南郊来观察它。李淳风说〖老人〗星“常以秋分之旦见于丙,春分之夕而没于丁。”这里的“丙”和“丁”是〖老人〗星出没的两个方位。我国古代有“二十四方位”之说,它是综合了天干、地支、八卦名称的方位坐标系,把一周等分为 24 份,如图 5.4 所示。

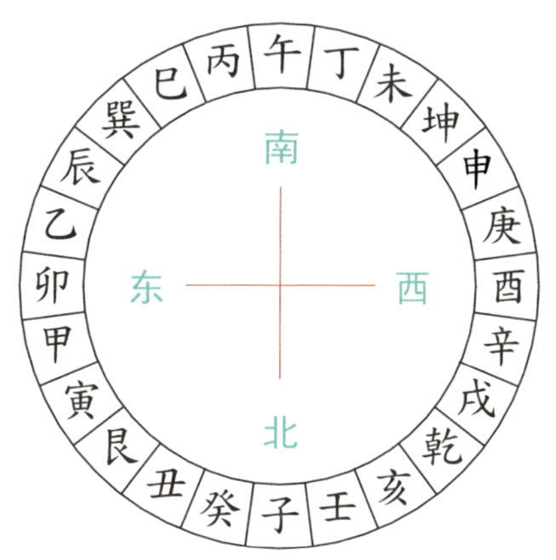

图 5.4 古代二十四方位体系

〖老人〗星升起的位置在丙位,而落下的位置在丁位,也就是分别指南偏东不到 10 度的地方,和南偏西不到 10 度的地方。可见老人星在天上的位置相当低,一年中见到它的机会不多。

鬼宿星官

南方朱雀第二宿

包括 7 个星官，共 29 颗星。

1. 鬼
2. 积尸气
3. 爟
4. 天狗
5. 外厨
6. 天社
7. 天纪

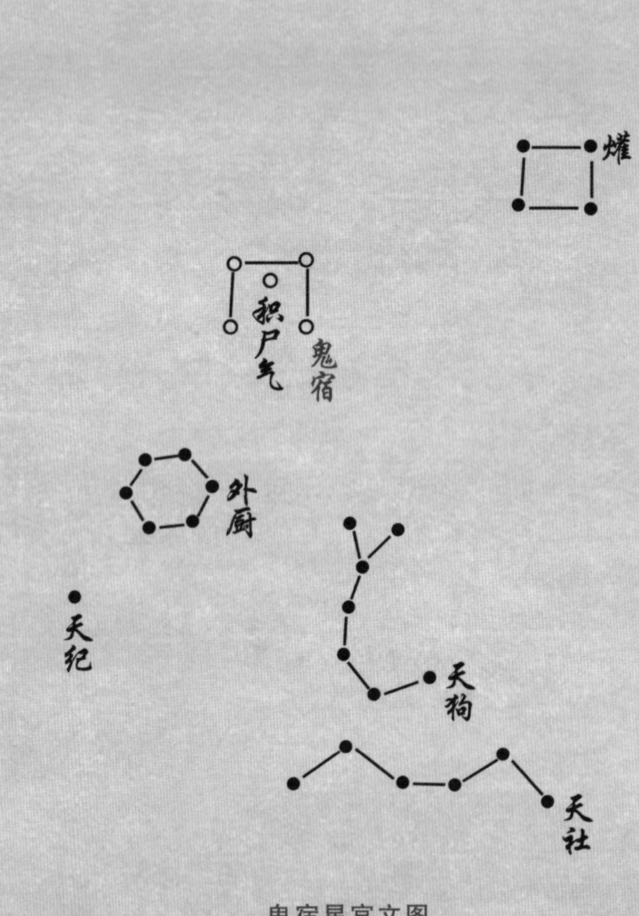

鬼宿星官文图

句数编号	步天歌	释义
鬼		
223	四星册方似木柜	〖鬼〗4 星分立四方，形似木柜
224	中央白者积尸气	〖积尸气〗1 星在〖鬼〗中央
225	鬼上四星是爟位	〖爟〗4 星在〖鬼〗之上
226	天狗七星鬼下是	〖天狗〗7 星向〖鬼〗下方找
227	外厨六间柳星次	〖外厨〗6 星在〖柳〗和〖星〗旁
228	天社六星弧东倚	〖天社〗6 星依在〖弧矢〗下边
229	社东一星名天纪	〖天纪〗1 星在〖天社〗的东方

鬼宿

鬼之言归也

〖鬼宿〗星官由 4 颗星组成一个不大的四边形。在西方星座中它是黄道星座之一的巨蟹座。在这四边形中有一个星团，用肉眼观察，它是模模糊糊的一团，在西方叫做蜂巢星团。由于在〖鬼宿〗星官中，所以清代之后也叫它“鬼星团”。不过，在中国古代则称其为“积尸气”（图 5.5）。

蜂巢星团包含有 200 多颗恒星，正在远离太阳而去。

〖鬼宿〗在古代也称作“舆鬼”，舆是载人载物的车，而鬼字始见于商代甲骨文，字形是人身大头，意为人死后的灵魂。《开元占经》中有：“鬼之言归也。”古人认为人死为鬼，就是指人回到原来的地方，与回归的“归”同义。舆鬼就是装载死人的车或者轿子。

从西安交大汉墓出土的星图局部可以看出所绘的〖鬼宿〗，是由 4 颗星组成的方形，而其含义是两个人用轿抬着一具尸体（图 5.6）。

李淳风在《晋书·天文志》中说：“舆鬼五星，天目也，主视，明察奸谋。东北星主积马，东南星主积兵，西南星主积布帛，西北星主积金玉，随变占之。中央星为积尸，主死丧祠祀。”在星占家看来，〖鬼宿〗星一共有 5 颗，它把内部的“积尸气”也包含进来了。他认为〖鬼宿〗星代表“天目”，其实就是南方朱雀的眼睛。不但如此，他还把这 5 颗星分别代表的东西一一列举出来了。在星占家眼中，〖鬼宿〗代表死人的灵魂。不过，这并非〖鬼宿〗的真正来源。

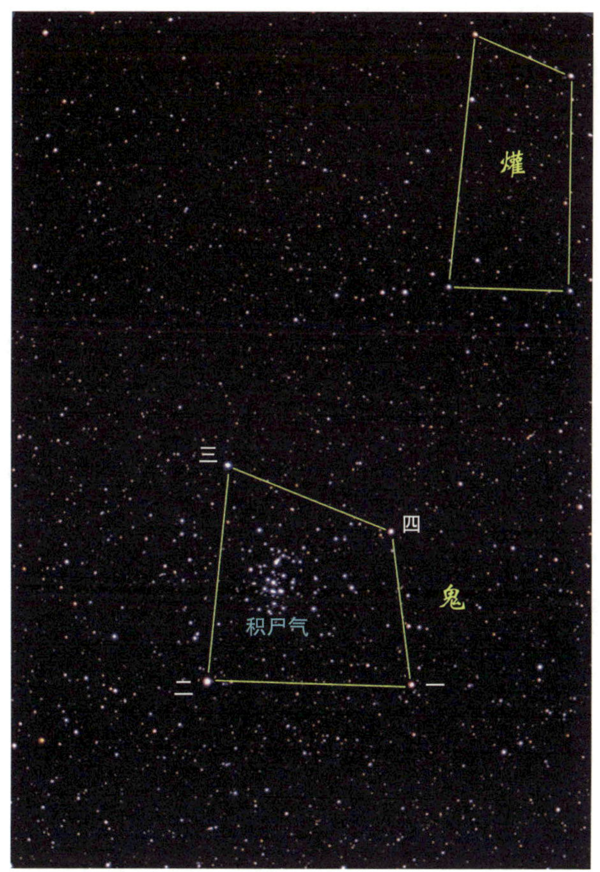

图 5.5〖鬼宿〗4 星与“积尸气”

〖鬼宿〗4 星位于巨蟹座，其四方形中有一个由 200 多颗恒星组成的疏散星团 M44，西方人称其为蜂巢星团。由于这个星团位于〖鬼宿〗，故称为“鬼星团”。这么多星聚集在一个小的区域内，肉眼看上去像一片模糊的云气，所以也叫“积尸气”。

疏散星团一般包含有几十至两三千颗恒星，这些恒星分布形态不规则，且非常松散。用望远镜观测它们，能够较容易地将疏散星团中的成员星一颗颗地分开。昴星团、鬼星团都是典型的疏散星团。

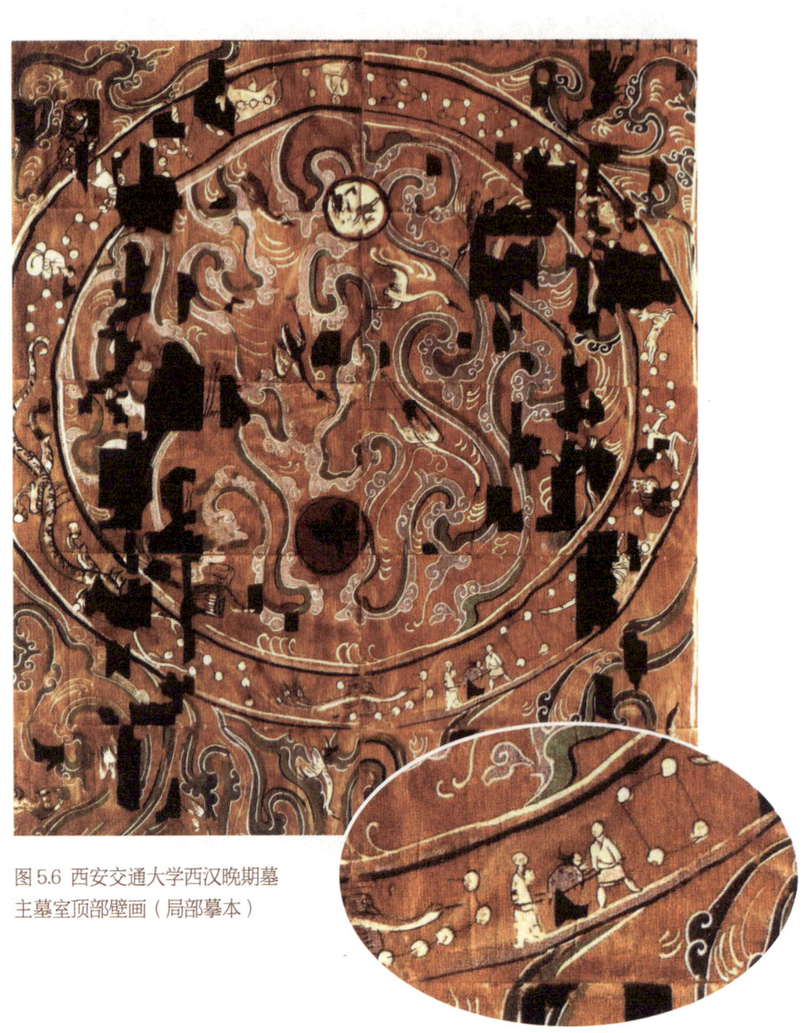

图 5.6 西安交通大学西汉晚期墓主墓室顶部壁画（局部摹本）

鬼宿由四颗星组成，随后是双人“舆鬼”图。
图源:《中国出土壁画全集》。临摹：段卫。

实际上,〖鬼宿〗的名称来源于商周时期西北的一个部落——鬼方。鬼方是当时中原政权的强敌之一，甲骨卜辞中有“鬼方易”，意即鬼方逃向远方。在《诗经·大雅》中也有:“内奰于中国，覃及鬼方。”鬼方在今天陕西省，1983 年陕西省考古研究所确认，在延安和榆林交界的清涧县李家崖古城遗址为商代鬼方都城的遗址（图 5.7）。因此，李家崖文化也称为鬼方文化。该遗址于 2006 年 5 月被国务院列为国家重点文物保护单位。那里正是周代时秦国的始封之地，按照分野理论,“舆鬼”的分野在秦，为雍州，与前面说过的东井相同。因此，李淳风在《晋书·天文志》中定义井和鬼的分野时说“东井、舆鬼，秦，雍州”，就是这么来的。

图 5.7“鬼方都城”李家崖城址

位于陕西省榆林市清涧县的李家崖城址，体现了古代青铜文化遗存的“鬼方文化”，城垣修筑以堑山为主，存在于商代晚期。据考证，鬼方是商周时期西北部的方国之一，在商周甲骨卜辞中有记载。

柳宿星官

南方朱雀第三宿

包括 2 个星官，共 11 颗星。

1. 柳
2. 酒旗

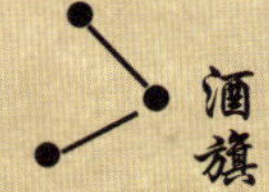

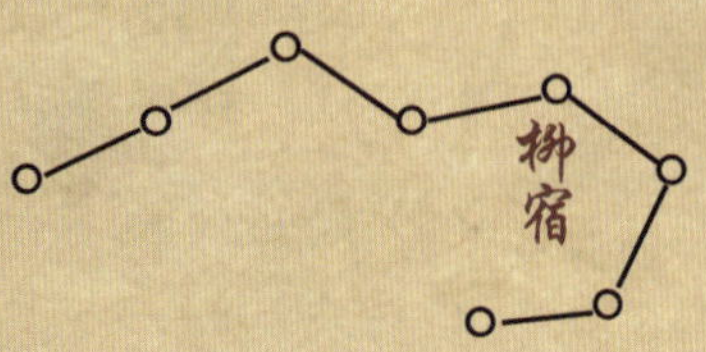

柳宿星官文图

句数编号	步天歌	释义
柳		
230	八星曲头垂似柳	〖柳〗8星曲相连，头部弯垂似杨柳
231	近上三星号为酒	〖酒旗〗3星靠近〖柳〗，在其上方
232	宴享大酺五星守	（曾有星官）〖大酺〗5星在宴席上

柳宿

天命玄鸟

柳宿包含两个星官:〖柳宿〗星官和〖酒旗〗星官。

柳宿的步天歌是:“八星曲头垂似柳，近上三星号为酒，宴享大酺五星守。”从词句中可以看出，在柳宿中曾经还有一个〖大酺〗(读音同“仆”)星官，只不过在宋代以后的星图中看不到了。“酺”是聚会饮酒的意思，“大酺”就是指古时候当国家有喜庆之事，皇帝特赐臣民可以聚会饮酒。

《史记·天官书》说“柳为鸟注。”在《尔雅》中有:“咮谓之柳，柳，鹑火也。”可见，在古代天文学著作中,〖柳宿〗星官也写作“注”或者“咮”。它们都是指鸟喙，也就是鸟的嘴。当然，星空中的这只鸟是指南方朱雀，因此,〖柳宿〗星官就是朱雀的喙。此外,〖柳宿〗还常被看作天上的柳树，因此它往往也和木工和工匠有关系。

除此之外,《开元占经》说:“石氏赞曰：柳主上食，和味滋，故置天稷以祭祀。柳主上食，长养形仁以行恩，成其名。”这里所谓“上食”就是进献食物。可见,〖柳宿〗星还负责调和五味，掌管帝王的膳食，以及祭祀献祭的食物。这与柳宿所包含的〖酒旗〗星和〖大酺〗星的含义是相配的。此外，代表粮食的〖天稷〗星，也位于〖柳宿〗星的南方天空中。我们曾经介绍过的宋代戴埴的诗《彗星》:“不自觜觿访葆旅，不入柳仓觅厨食。”也介绍过〖觜宿〗星与军中的葆旅官有关，这次我们又明白了〖柳宿〗星与调和五味的厨师有关。即比较容易理解李淳风在《晋书·天文志》中说的:“柳八星，天之厨宰也，主尚食，和滋味。”

那些开饭馆和酒店的人士，不妨经常拜一拜〖酒旗〗星，因为李淳风还说,〖酒旗〗星是“酒官之旗也，主宴飨饮食。五星守酒旗，天下大酺，有酒肉财物，赐若爵宗室。”

上面只是从〖柳宿〗的名称来看与它有关的一些含义，然而这仍旧无法说明〖柳宿〗的来源为何。天文学史家研究认为，从历史和分野看,〖柳宿〗的起源与柳姓，以及古代的六国有关。

相传在武王灭商后，在江淮之间建立了六国(这是一个国名，不是六个国家的意思。)武王把六国分封给了舜帝之臣皋陶的后裔，他们姓偃，从来源看，偃与嬴姓是同源的，都是以燕子为图腾的鸟夷民族的后裔。燕子在古代称为玄鸟,《诗经》有:“天命玄鸟，降而生商。”据说，商人的祖先是契，他的母亲是因为吞食了燕子蛋才生下了他。要知道，契和皋陶的长子伯益都曾辅佐过夏帝大禹，他们都是少昊氏的后裔，因此都是以鸟为图腾崇拜的。这正是南方朱雀最早的起源。

公元前622年，六国被楚国所灭。到西汉时，在该地区设立六安郡，位于今天安徽省中部。据说当年皋陶死后，葬于六国，他的后裔中有人以国名“六”为姓，还有更多的人姓柳或刘，其实出处都是一样的。这就是〖柳宿〗的来源，也说明了它属于南方朱雀之象的缘由。

星宿星官

南方朱雀第四宿

包括 5 个星官，共 36 颗星。

1. 星
2. 轩辕（御女）
3. 内平
4. 天相
5. 天稷

内平
轩辕
御女
天相
星宿
天稷

星宿星官文图

句数编号	步天歌	释义
星		
233	七星如钩柳下生	〖星〗7 星似钩，在〖柳〗之下
234	星上十七轩辕形	〖轩辕〗17 星在〖星〗上方
235	轩辕东头四内平	〖内平〗4 星在（轩辕〗东头
236	平下三个名天相	〖天相〗3 星在〖内平〗之下
237	相下稷星横五灵	〖天稷〗5 星在〖天相〗下方

星宿

又一个七星

〖星宿〗这个名称相当奇特，我们知道，古人把天上的星星都统称为星宿，而这里的〖星宿〗却是二十八宿之一，因此它们的名字容易混淆。为了区分，这个〖星宿〗经常被称为“七星”。不过，这个“七星”往往又容易与北斗七星弄混。所以，在阅读古代文献时，读者要多加小心。

《开元占经》中说:“黄帝占曰：七星，赤帝也，一名天库，一名天御府，于午火隆，入中宫，德于上星，主衣裳，帝冠，被服，绣之属。”它的意思有两重：第一,〖星宿〗星官对应古代五帝概念中的赤帝；第二，它在占星学中主管衣裳冠冕、被服锦绣之类的。

为什么会有这样的含义呢?《开元占经》有解释:“七星正，主阳，朱雀心也。星主衣裳，鸟之翅也，以覆鸟身，以主衣裳也。”可见〖星宿〗是南方朱雀的心脏，因此是红色，对应着五帝中的赤帝。此外，古人也认为〖星宿〗是朱雀身上的翅膀和羽毛，就像人的衣裳一样，因此它亦主衣裳。

在西方星座中,〖星宿〗星官的恒星对应的是长蛇座。其中〖星宿〗的7颗星中，最亮的一颗也是长蛇座中的最亮星，它代表的是长蛇的心脏。前文已述，中国古人认为它代表的是朱雀的心脏，显然，这二者又是不谋而合了。

轩辕黄帝星

在〖星宿〗所包含的星官中，有一个大名鼎鼎的星官，它就是〖轩辕〗星官，它由 17 颗星组成。其主体部分属于西方星座的狮子座。其中最亮的星亮度达到 1 等，在夜空中相当显眼，又由于它位于黄道上，因此自古以来一直为人们所重视。不论中国还是西方，都认为它是“王者之星”。在西方星座中，它是狮子座的 α 星，而在中国古代传统中，它的名称为“轩辕大星”，清代以后改称“轩辕十四”。

《开元占经》说:“荆州占曰：轩辕前大星明，一曰天关，主阴关。”可见，轩辕大星是天上的一处关口。由于它处在黄道上，因此经常会被日月掩蔽，偶尔还会被五星和小行星掩蔽。

关于〖轩辕〗星官，这个名字让我们联想到轩辕黄帝。在《晋书·天文志》中有:“轩辕，黄帝之神，黄龙之体也；后妃之主，土职也。”因此在古代占星家看来，这个星官代表了黄帝在天上的本神。在古代的五行思想中，黄帝是土德。土能承载和生养万物，故而厚德载物，因此它又代表后妃的德行。因此在古人看，这个星官除了有轩辕黄帝的含义外，它更经常用来代表帝王的后妃。例如《开元占经》就说:“巫咸曰：轩辕天子后妃之庭，主土官也。石氏曰：轩辕星如其故，色黄而润泽，则天下和，年大丰。”可以看到,〖轩辕〗星作为后妃的含义来源，主要是因其具有土德的属性。占星家认为，如果〖轩辕〗星的颜色发黄而润泽，意味着天下作物的丰收。

轩辕黄帝是距今 4700 多年前古华夏部落联盟的首领，中国远古时代华夏民族的共主，中华人文初祖。据《史记正义》说，黄帝为有熊国国君，号有熊氏。南宋的杂史《路史》中记载有，黄帝在空桑山北发明了车子，“横木为轩，直木为辕，故号曰轩辕氏”。又因其有土德之瑞，土为黄色，故称黄帝（图 5.8）。相信对于华夏子孙，黄帝的名字无人不晓。

图 5.8 轩辕黄帝像

以山东武梁祠石刻轩辕黄帝像为蓝本恢复。轩辕黄帝是中华民族始祖、人文初祖，中国远古时期的部落联盟首领。相传黄帝是少典与附宝之子，号轩辕氏，由于崇尚土德，土是黄色的，所以称为黄帝。轩辕黄帝因统一中华民族的伟绩而被载入史册。

张宿星官

南方朱雀第五宿

包括 2 个星官，共 20 颗星。

1. 张
2. 天庙

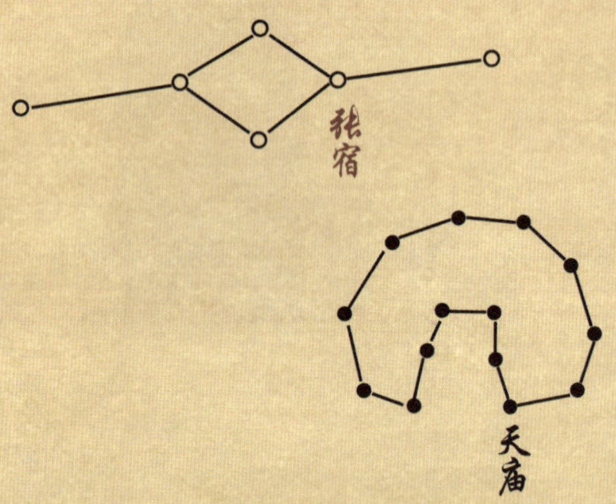

张宿星官文图

句数编号	张 步天歌	释义
238	六星似轸在星旁	〖张〗6 星，形似〖轸〗，在〖星〗旁
239	张下只是有天庙	〖天庙〗在〖张〗之下
240	十四之星册四方	14 星相连册四方
241	长垣少微虽向上	〖张〗的上方有〖长垣〗〖少微〗
242	星数欹在太微旁	它们都倚靠在太微垣墙旁
243	太尊一星直上黄	再向上能找到〖太尊〗，那里是紫微垣的所在

张宿

天上的弓正

张宿是南方七宿的第五宿，包含两个星官:〖张宿〗星官和〖天庙〗星官。其中,〖张宿〗星官由6颗星组成，位于中间的4颗，连成一个四方形。《开元占经》说:“黄帝占曰，张天府也，朱雀嗉也，主帝之珠玉宝，宗庙所用，天王内官衣服。”可见，在南方朱雀的身上,〖张宿〗星官对应的是吞咽食物的鸟嗉子。《晋书·天文志》有:“张六星，主珍宝、宗庙所用及衣服，又主天厨饮食赏賚之事。星明则王者行五礼，得天之中。”从占星学的含义看，它代表的是帝王所用的珠宝玉器，以及在祭祀祖先的宗庙中所穿的衣服等。

在〖张宿〗星的下方是〖天庙〗星官，它代表祭祀祖先的宗庙场所，从这两个星官的含义看它们是相关的。另外，由于〖张宿〗是鸟嗉子，负责消化功能，所以〖张宿〗星又主厨房，主管招待客人喝酒吃饭。关于这一点，在《史记·天官书》中说得更明白:“张，素，为厨，主觞客。”

不过，这些并不是〖张宿〗的来源。有天文史学家从分野的概念入手分析了它的来源问题。《史记·天官书》中有:“柳，七星，张，三河也。”也就是说〖张宿〗的分野在三河地区。在汉代时期，三河指的是河东、河南和河内。《史记·货殖列传》中说:“昔唐人都河东，殷人都河内，周人都河南。夫三河在天下之中，若鼎足，王者所更居也。”可见，汉代时，三河大约对应在黄河中上游，今山西和河南省一带。在《史记》中还记载有张地和张城，据历史学家考证，认为它们都位于黄河大拐弯的附近，正是属于〖张宿〗的分野所在地区。从这个线索看,〖张宿〗的名称与古代的张城和张人有关。据记载，张姓源于黄帝之子，青阳氏第五子挥。由于他发明了弓的制作技术，被封为“弓正”，于是得张氏，张氏世代以造弓为业。不过，作为中国人的大姓之一，张姓的人口众多，历史上不断有其他姓氏或部落融入其中。另外，从星空布局来看,〖张宿〗与〖轩辕〗星官相距很近，这也是它的来源说的证据之一。

翼宿星官

南方朱雀第六宿

包括 2 个星官，共 27 颗星。

1. 翼
2. 东瓯

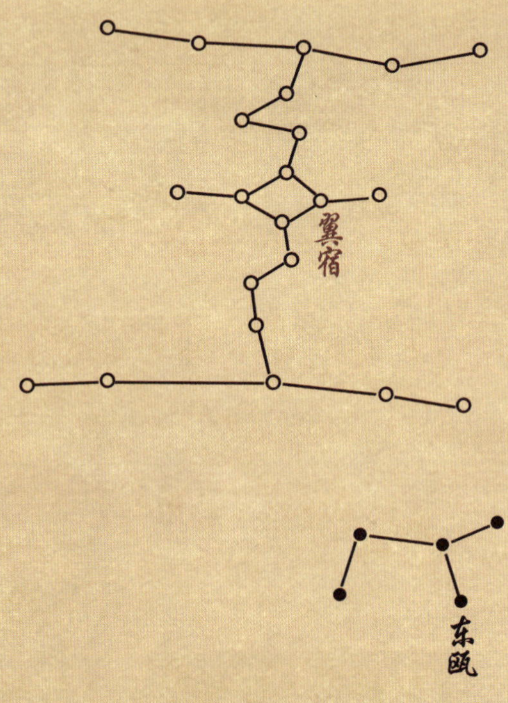

翼宿星官文图

句数编号	步天歌	释义
翼		
244	二十二星太难识	〖翼〗22星较难分辨
245	上五下五横着行	上下各5星横着排列
246	中心六个恰如张	中间有6星相连形似〖张〗
247	更有六星在何处	还有6星在何处呢?
248	三三相连张畔附	在中央连成的张形两侧,一边3颗,共6颗
249	必若不能分处所	22颗星作为一个星官,不能分开看
250	更请向前看野取	再看翼宿的前方
251	五个黑星翼下头	有5星在〖翼〗之下
252	欲知名字是东瓯	相连称为〖东瓯〗

翼宿

展翅高飞

作为二十八宿之一,〖翼宿〗星官是最难识认的一个。它由22颗星组成，由于这些星星都不明亮，因此在天空中找到〖翼宿〗并不太容易。不过这个星官的形状也有特点，例如上下各有5颗横列的星，而中间部分则是一个缩小版的〖张宿〗。有了这些特征，观星时就比较容易找到它了。与其对应的西方星座是巨爵座，也是一个不怎么起眼的星座。

顾名思义,〖翼宿〗对应的是南方朱雀的鸟翅。《史记·天官书》说:“翼为羽翮，主远客。”可见除了翅膀的含义，它还代表来自远方的客人。此外,《开元占经》中还有:“黄帝占曰：翼和五音，调笙律。其星明，则礼乐大兴，天下和平。其星不明，礼乐不和，律吕不调。”在古代占星家看来,〖翼宿〗还与调和五音以及礼乐制度相关。

礼乐是古代文化的重要内容之一，礼是指各种礼节规范，乐则包括音乐和舞蹈。《开元占经》中有:“南官候曰：翼主天昌，五乐八佾也，以和五音。”五乐是指古代的五种乐器，而八佾（读音同“亿”）指的是周天子举行典礼时所用乐舞。一佾是指一列有八人，八佾就是八列，一共六十四人。按周礼规定，只有天子才能用八佾。

在《论语·八佾篇》中记载了这样一个故事，说“孔子谓季氏，‘八佾舞于庭，是可忍，孰不可忍。’”这里的季氏是周代的卿，按照礼制，他采用的舞蹈只能用四佾，然而他却用八佾。我们知道，到了春秋末期，有权有势的卿大夫敢于僭越周礼，孔子对于这种破坏周礼等级的僭越行为极为不满，称其为“礼崩乐坏”，因此，在议论季氏时，孔子就说，在季家家庙的庭院里用八佾奏乐舞蹈，对这样的事情，他都敢做，还有什么事情不会去做呢？！这正是“是可忍，孰不可忍”这句成语的出处。

从上面的解释可以看到，对于以音乐舞蹈为职业的人，在二十八宿中与其相关的是南方朱雀的〖翼宿〗星官。想象一下，鸟儿上下扇动翅膀，发出鸣叫，的确很像古人在音乐声中翩翩起舞的样子（图 5.9）。

在翼宿的南边有〖东瓯〗星。汉朝时期，浙江南部的温州一带被称为东瓯，《宋史·天文志》认为〖东瓯〗星指代南方蛮夷少数民族。

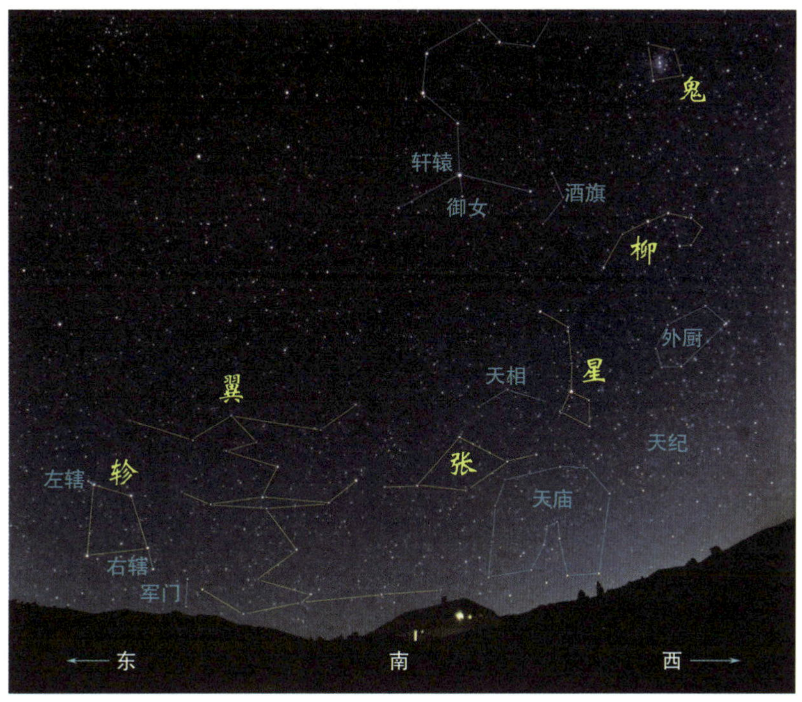

图 5.9 南方朱雀各宿

展开你的想象力，看能不能把南方各宿串联起来，想象出一只展翅高飞的朱雀呢？这几宿中的星都比较暗弱，大家可以对照着这张照片慢慢地找。

轸宿星官

南方朱雀最后一宿

包括 5 个星官，共 52 颗星。

1. 轸（长沙、左辖、右辖）
2. 军门
3. 土司空
4. 青丘
5. 器府

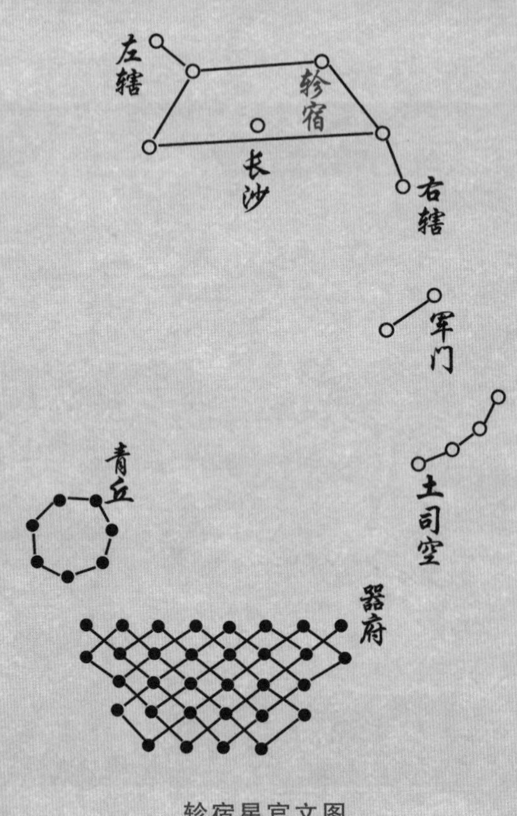

轸宿星官文图

轸

句数编号	步天歌	释义
253	四星似张翼相近	〖轸〗4 星，形似〖张〗，靠近〖翼〗
254	中央一个长沙子	〖长沙〗1 星在〖轸〗里
255	左辖右辖附两星	〖轸〗两侧附有〖左辖〗〖右辖〗各 1 星
256	军门两黄近翼是	〖军门〗2 星靠近〖翼〗
257	门下四个土司空	〖土司空〗4 星在〖军门〗下方
258	门东七乌青丘子	〖青丘〗7 星在〖军门〗东边
259	青丘之下名器府	〖器府〗共有 32 星
260	器府之星三十二	〖青丘〗之下是星官〖器府〗
261	已上便为太微宫	轸宿上方是太微垣
262	黄道向上看取是	黄道上方慢慢找

轸宿

“轸与角属，圜道也”

〖轸宿〗位于南方七宿的最末一位。就像东方七宿中最末的〖箕宿〗不属于苍龙的身体一样,〖轸宿〗也不是这只朱雀大鸟身体的一部分。

〖轸宿〗星官由 4 颗星组成，也是一个四方形，这个四方形代表古代的车子（图 5.10）。“轸”的原义是指古代车箱底部四周的横木，包括两侧和前后一共有四根，它们共同组成的结构称为“轸框”，是车箱底座支架的主要部分。后来，常用“轸”来指代车子。《开元占经》中有“圣洽符曰：轸者，车事也。”看来，古人认为〖轸宿〗星官代表了天车。

“轸”还常被引申为方形，例如方形的石头，就称为“轸石”。轸还是

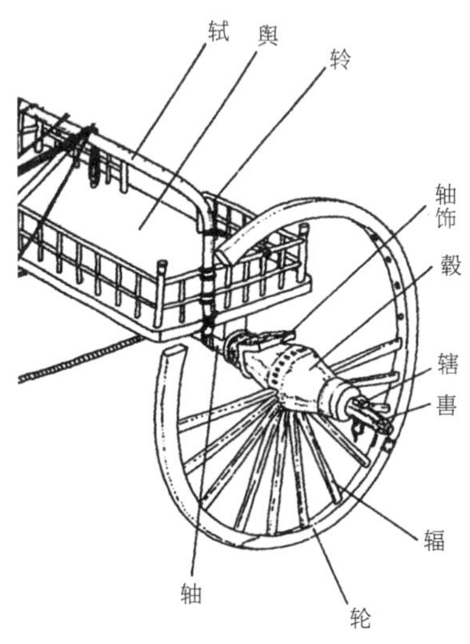

图 5.10 古代马车结构示意图

古代弦乐器例如古琴上调节琴弦松紧的轴。在《魏书·乐志》上就有:“中弦须施轸如琴，以轸调声”。把“轸”的这个含义继续引申下去，就得到“转动”的意思，例如杨雄在《太玄》中有:“反复其序，轸转其道也”，说的就是四季轮回运转。

《吕氏春秋》道:“月躔二十八宿，轸与角属，圜道也”。意思是说，在一个朔望月的28天周期中，月亮每天来到二十八宿中的一宿。〖角宿〗是二十八宿的第一宿，而〖轸宿〗是最后一宿，二者相连，如环无端。当一个月周期结束，月亮便从〖轸宿〗再次进入〖角宿〗，开始新的一个月。这正是二十八宿命名的来由，也是天道运行的规律体现。

〖轸宿〗有两个附座，即〖左辖〗星和〖右辖〗星。在古代“辖”指的是插在车轴端孔内的键，防止轮子不脱落。既然“轸”代表车子，那么“辖”就是车上部件，这理所当然。古代占星家把〖轸宿〗看作天子之车，〖左辖〗和〖右辖〗就指代天子所分封的王侯们。《晋书·天文志》中说，〖左辖〗是天子的同姓王,〖右辖〗则是他的异姓侯。

〖长沙〗老人星

在〖轸宿〗中有一个〖长沙〗星，它与地上的一个城市名相同。长沙是有3000年历史文化的楚汉名城。秦时有长沙郡，汉代有长沙国。由于〖轸宿〗的分野对应在楚地，因此占星家在这里设立了〖长沙〗星。这说明是先有城，后有星。《晋书·天文志》中有:“长沙一星，在轸之中，主寿命。”说明〖长沙〗星也是一颗寿星，也常被称作“老人星”。宋代词人方回在《送张子敬湖南宣慰司都事》中有：

湘水绿，湘山青。南衡岳，北洞庭。

太微翼轸相纬经，上直长沙老人星。

而南宋的赵师侠在《水调歌头·丁巳长沙寿王枢使》中更有天人合一的画面：

台星明翼轸，和气满潇湘。

〖轸宿〗的南部有一个巨大的星官——〖器府〗，它是存放乐器的府库（图5.11）。它由一群明亮的星星组成，不过它们在天空中的位置十分靠南，平时都隐藏在地平线以下，只有长江流域以南的人偶尔能在天空低处看到它们。

图5.11 位于最南方的星官〖器府〗

夜空中，〖器府〗星官是位于最南方的一个，共有32颗星，包含了西方星座“南十字座”。“南十字座”是全天88个星座中最小的一个，主要的亮星组成一个“十”字形。从“十”字形的一竖向下方约4倍长度的地方就是南天极。新西兰、澳大利亚、巴布亚新几内亚和萨摩亚的国旗上都有南十字座。

南方朱雀
——敬天祭祖之星官

敬天与祭祖是代代相传的中华文化，在星空中当然也会留下这一传统的印记。南方朱雀七宿中就蕴藏着关于它们的故事。

左祖右社

在《周礼·考工记》中记述了一套营建国都的规制："匠人营国，方九里，旁三门，国中九经九纬，经涂九轨，左祖右社，面朝后市。"

中国古代的礼制思想提倡崇敬祖先，期望国泰民安，因此对祖先和土地、粮食都怀有无比的敬意。"左祖右社"正是体现了这些观念。

所谓"左祖"，是指在宫殿的左前方即东边要设祖庙，祖庙是帝王祭拜祖先的地方，由于是天子的祖庙，故称太庙。而所谓"右社"，是指在宫殿的右前方要设社稷坛，"社"指土地，"稷"为粮食，因此社稷坛是帝王祭祀土地、五谷神的地方。

在北京天安门的东西两侧有两个著名的建筑群。其中，东侧的是劳动人民文化宫，古代这里称"太庙"，建于明永乐年间，明清两代封建皇帝在这里祭祖。西侧的是中山公园，在辽金时代这里是兴国寺，明代改为"社稷坛"，是皇帝祭祀土地和五谷之神的场所（图 5.12）。这两处建筑群正是我国古代皇家建筑"左祖右社"规制的典型体现。由于古代以左为

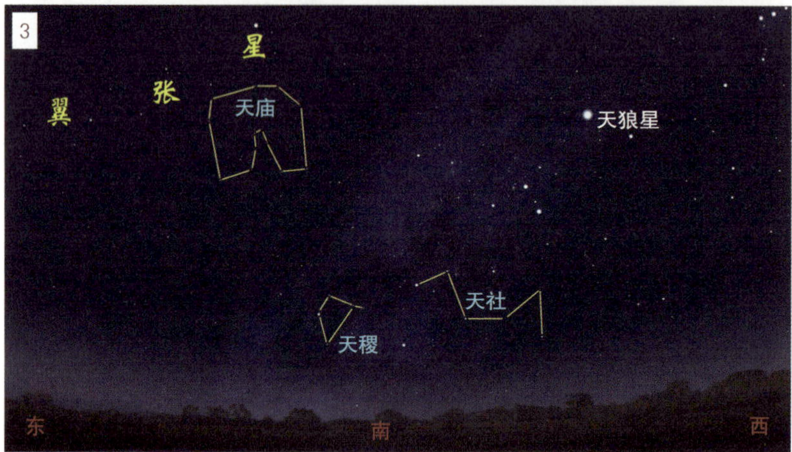

图 5.12　1.故宫太庙；2.社稷坛；3.星宿中的“左祖右社”，这是4月初傍晚时南方的星空，南方朱雀各星宿展现在天空中，是观察的好时机；4.北京天坛公园的圜丘，明清时的皇帝每年都在这里举行祭天仪式；5.西安圜丘，西安圜丘是北京天坛的老祖宗，比建于明嘉靖年间的北京天坛早了近千年，从隋初到唐末，沿用了314年。

上，所以左祖在前，右社在后。

读者可能会纳闷，这些皇家建筑难道和天上的星星有什么关系吗？确实有关系。因为就在南方朱雀星宿中，就有〖天庙〗〖天社〗〖天稷〗星官。

在全天最亮的恒星——天狼星的左边是〖天庙〗星官，由 13 颗星组成一个高大庙宇的正面形象；而在天狼星的左下方较为接近地平线的地方有一些亮星，其中位于左边的是〖天稷〗星官，右边的是〖天社〗星官，它们分别象征着五谷的种子和山河大地。

每当春季傍晚，面向南方星空望去时，就会看到位于左边较高处的是〖天庙〗星，而右边较低处的是〖天社〗和〖天稷〗星。果然是“左祖右社”的画面，就连古代“以左为上”的规则，都表达得惟妙惟肖！

祭天大礼

在我国古代，祭天是国家的头等大事，历代帝王都不敢懈怠。他们每年都要在特定的日子，率领群臣来到特定的处所，向上天祷告国泰民安。据记载，中国早在周朝时就已形成了完善的祭天仪式。每到冬至这一天，周天子都要在国都南郊的圜丘，举行盛大的祭天仪式。

自古以来，祭天的场所是一个圆形的高台，称为“圜丘”。台上不建房屋，对空而祭，叫作“露祭”。上古的祭台已无从得见，如今人们最熟悉的圜丘当属北京天坛的了。其实，我国目前现存最早的圜丘，是位于陕西省西安市陕西师范大学院内的隋代圜丘，大约建于公元 590 年，距今已有将近 1500 年了（图 5.12）。据记载，隋文帝以及唐代的 20 多位皇帝都曾在此进行过隆重的祭天礼仪。

据《周礼》记载，在古代每年冬至祭天前五日，天子派亲王到国都南郊的圜丘坛的牺牲所，查看为祭天时屠宰而准备的牲畜。祭天前二日，天子书写好祭天祝文；前一日，宰好牲畜，制作祭品，整理神库祭器；祀日的前夜，由太常寺卿率部下安排好神牌位、供器、祭品，圜丘坛正南台阶下东西两侧的编磬乐队准备就绪；祭天日的日出前七刻，天子起驾至南郊圜丘坛，鼓乐声起，祭天大典正式开始。

天子更换祭服后，从南门登上圜丘坛，亲自奉上牺牲，并将玉璧、玉圭、缯帛等祭品放在柴垛上，亲手点燃积柴，让烟火高高地升腾于天，昭告天帝。随后在乐声中迎接“尸”登上圜丘。尸是由活人扮饰，他作为天帝的化身，代表天帝前来接受祭享。此时天子要分几次向尸献上各种美酒美食，乐队奏以不同的舞乐。最后，由尸代表天帝赐福于天子，祭祀者分享祭祀所用的酒醴。大典结束。

祭礼的星官

在南方朱雀诸宿中，每一宿都含有一些星官，它们共同组成了一幅长长的画卷，详尽地描述了祭天礼仪的过程。这些星官位于“左祖右社”三星官的周边，分别是:〖青丘〗〖器府〗〖东瓯〗〖天纪〗〖外厨〗〖积尸〗〖积薪〗〖积水〗〖爟〗〖天樽〗〖五诸侯〗和〖井宿〗等（图 5.13）。

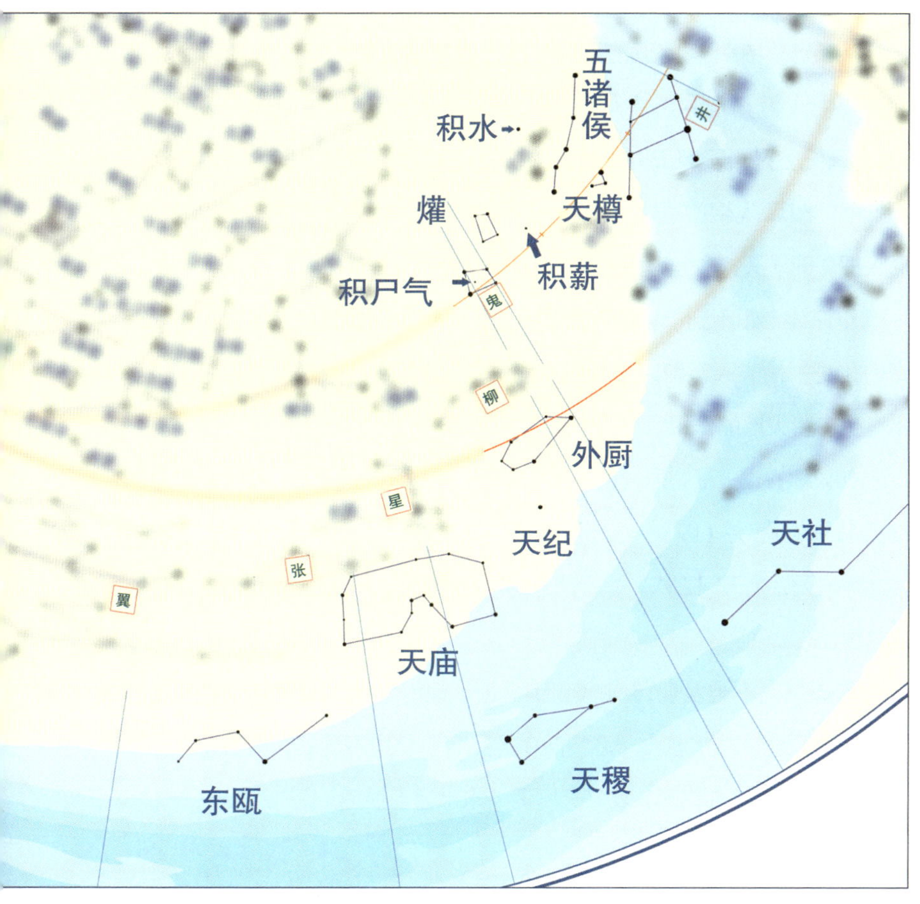

图 5.13 祭天的星官

南方朱雀诸宿中与祭天相关的星官，十分详尽地记录了古代帝王祭天的礼仪活动。

首先来看祭天的设施，7 颗星组成的圆圆的〖青丘〗星官像极了祭天的圜丘，而位于它下方的〖器府〗星，正是存放祭天祭器的神库。〖东瓯〗则是专门为祭天活动奏乐的皇家礼乐队。而〖外厨〗正是制作牺牲祭品的地方，相当于北京天坛的神厨院。

接下来，在井宿附近的那片星官，则更是将祭祀场面勾勒得活灵活现。其中,〖五诸侯〗正是天子的亲王们，他们每年都要陪同天子前来祭天。〖天纪〗是天子祭天时所念诵的祝文,〖积薪〗是祭天时为了燃烧祭品而堆砌的柴垛,〖爟〗星代表由天子亲自点燃它，因为“爟”的意思就是点燃火把。而〖天樽〗正是献给天帝美酒时所用的酒樽。

也许读者想不到，鬼宿中的〖积尸〗星官，代表的是在仪式上作为天帝的化身，代表天帝前来接受祭享的“尸”。实际上，就连〖井宿〗星官本身也有着关键的作用。

如果你去过天坛公园，也许会注意到一座不大的建筑——位于祈年殿的神厨院内的祈年井（图 5.14）。这口井又名甘泉井，上覆井亭，水味甘洌。相传此井通天，是天河之水。皇帝祭天时，在神厨制作祭品等所用的水都是取自这里。

仰望星空不难发现,〖井宿〗正是位于银河之中，有了这来自天上的大河作为源头，井水怎会干涸？而在〖井宿〗北边不远处，竟然还有一颗〖积水〗星官，也许它意味着祭天所需的水永远不缺吧。

图 5.14 天坛神厨院内的甘泉井

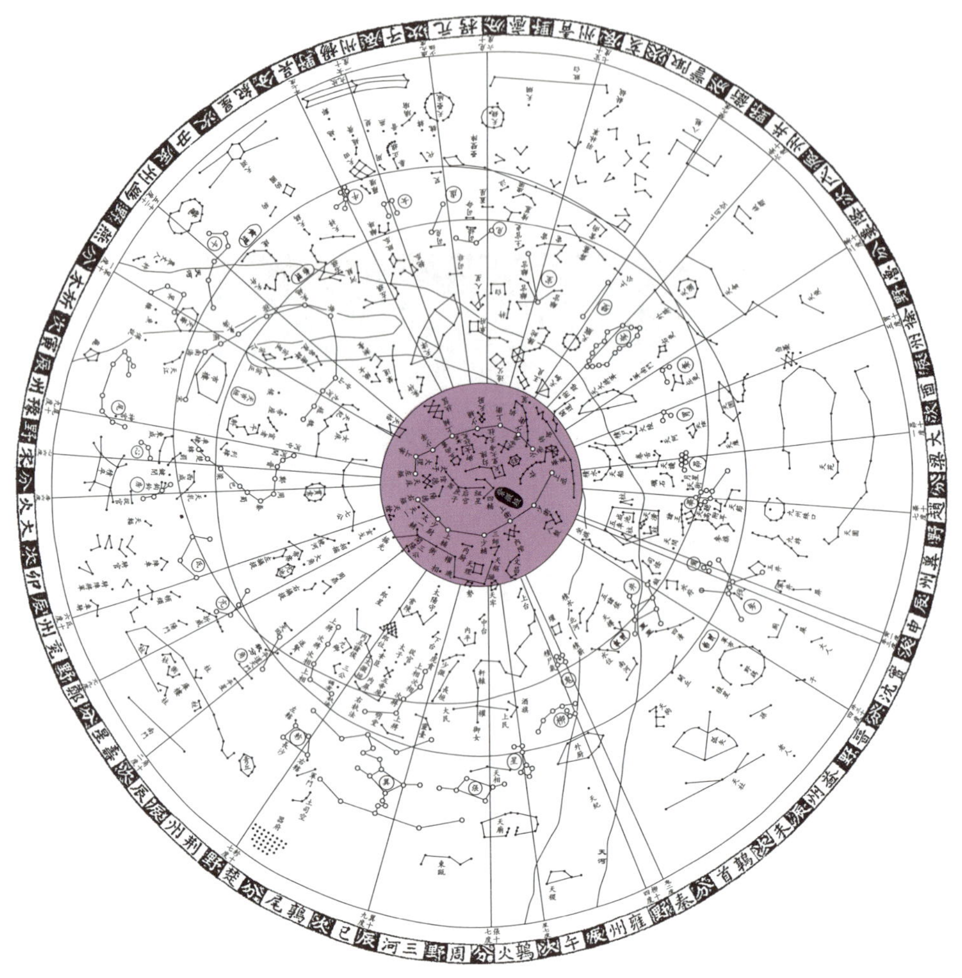

苏州石刻全天星图

图中深色区域为紫微垣的范围

第六章 | 紫微垣

紫微垣以北天极为中心，涵盖了北纬50°～90°的圆形天区。共包括37个星官，163颗星。

在北半球中纬度以上地区，紫微垣所在的天区不会沉入地平线以下，因此一年中的任何时候都可以观察到紫微垣。

紫微垣星官

包括 37 个星官，163 颗星。

1. 北极
2. 四辅
3. 天一
4. 太一
5. 左垣
6. 右垣
7. 阴德
8. 尚书
9. 女史
10. 柱史
11. 御女
12. 天柱
13. 大理
14. 勾陈
15. 六甲
16. 天皇大帝
17. 五帝内座
18. 华盖（杠）
19. 传舍
20. 内阶
21. 天厨
22. 八谷

（278 页续）

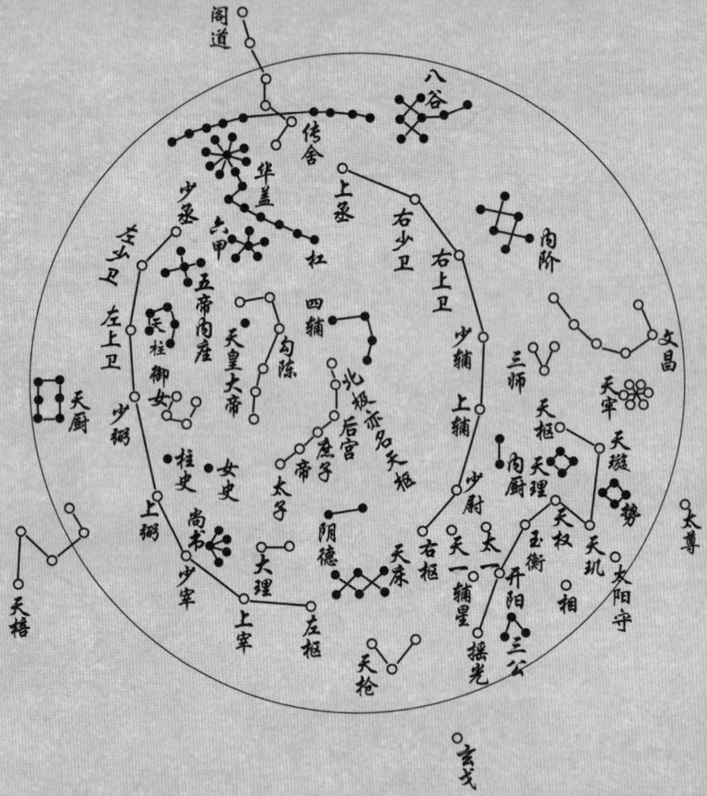

紫微垣星官文图

句数编号	步天歌	释义
紫微垣		
263	中元北极紫微宫	三垣中的中元是北极紫微垣
264	北极五星在其中	〖北极〗5星在中央
265	大帝之座第二珠	〖北极〗第二星称为〖帝〗
266	第三之星庶子居	第三星称为〖庶子〗
267	第一号曰为太子	第一星称为〖太子〗
268	四为后宫五天枢	第四、五星称为〖后宫〗与〖天枢〗
269	左右四星是四辅	〖四铺〗4星在〖北极〗左右
270	天一太一当门户	〖天一〗〖太一〗在紫微垣的门户旁
271	左枢右枢夹南门	〖左枢〗〖右枢〗各1星夹着紫微垣南门
272	两面营卫一十五	两面垣墙共有15星
273	上宰少尉两相对	〖上宰〗〖少尉〗各1星，分别在垣墙两边立着
274	少宰上辅次少辅	垣墙上依次还有〖少宰〗〖上辅〗〖少辅〗
275	上卫少卫次上丞	〖上卫〗〖少卫〗〖上丞〗
276	后门东边大赞府	后门东边是〖大赞府〗(曾有星官)
277	门东唤作一少丞	后门东边1星叫作〖少丞〗
278	以次却向前门数	然后依次向前门数
279	阴德门里两黄聚	〖阴德〗2星聚在垣墙南门里
280	尚书以次其位五	〖尚书〗在其旁边，有5星

23. 天棓	28. 太尊	33. 三公
24. 天床	29. 天牢	34. 玄戈
25. 内厨	30. 太阳守	35. 天理
26. 文昌	31. 势	36. 北斗（辅星）
27. 三师	32. 相	37. 天枪

句数编号	步天歌	释义
紫微垣		
281	女史柱史各一户	〖女史〗〖柱史〗各1星
282	御女四星五天柱	〖御女〗4星，〖天柱〗5星
283	大理两黄阴德边	〖大理〗2星在〖阴德〗旁边
284	勾陈尾指北极巅	〖勾陈〗尾指向北极巅（〖北极〗的〖帝〗星）
285	勾陈六星六甲前	〖勾陈〗6星在〖六甲〗前面
286	天皇独在勾陈里	〖天皇大帝〗1星独坐在〖勾陈〗里
287	五帝内座后门是	〖五帝内座〗靠近垣墙后门处
288	华盖并杠十六星	〖华盖〗附带〖杠〗共16星
289	杠作柄象华盖形	〖杠〗呈手柄，连着华盖
290	盖上连连九个星	〖华盖〗上方有9星
291	名曰传舍如连丁	相连如连丁，叫作〖传舍〗
292	垣外左右各六珠	垣墙外左右各有6星
293	右是内阶左天厨	右边是〖内阶〗，左边是〖天厨〗
294	阶前八星名八谷	〖八谷〗8星在〖内阶〗前面
295	厨下五个天棓宿	〖天棓〗5星在〖天厨〗下方
296	天床六星左枢右	〖天床〗6星在〖左枢〗右边
297	内厨两星右枢对	〖内厨〗2星在垣外，对着〖右枢〗

句数编号	步天歌	释义
紫微垣		
298	文昌斗上半月形	〖文昌〗呈半月形，在〖北斗〗上方
299	稀疏分明六个星	仔细数过去，〖文昌〗有6星
300	文昌之下曰三师	〖三师〗在〖文昌〗之下
301	太尊只向三公明	〖太尊〗亮在〖三公〗旁
302	天牢六星太尊边	〖天牢〗6星在〖太尊〗旁
303	太阳之守四势前	〖太阳守〗1星在〖势〗4星前面
304	一个宰相太阳侧	〖相〗1星在〖太阳守〗侧面
305	更有三公相西边	〖相〗的西边还有〖三公〗3星
306	即是玄戈一星圆	再向西是〖玄戈〗1星
307	天理四星斗里暗	〖天理〗4星在〖北斗〗魁中闪烁
308	辅星近着开阳淡	〖辅星〗靠着〖开阳〗，要更暗些
309	北斗之宿七星明	〖北斗〗由明亮的7星组成
310	第一主帝名枢精	〖北斗〗第一星叫〖天枢〗，星占中主帝占
311	第二第三璇玑星	第二、三星称为〖天璇〗〖天玑〗
312	第四名权第五衡	第四、五星称为〖天权〗和〖玉衡〗
313	开阳摇光六七名	〖开阳〗〖摇光〗是〖北斗〗的第六、七星
314	摇光左三天枪红	〖天枪〗3星在〖摇光〗左边

全天的中心——紫微垣

北极天区自古以来在天空中占据着重要的地位。我国古代文明的发祥地主要是在黄河流域、长江流域和辽河流域，从地理纬度看，它们基本都处在北半球的中纬度地区，生活在这个纬度区域的远古先民们仰观星空时，必然会发现天上所有星星都在围绕一个点旋转，而这个点却固定不动，这就是北天极，它指示着北方，处在天空中固定点附近的星，人们就把它称为北极星。

古人还发现，天上几乎所有的星星都会东升西落，但是，在北方天空中，以北天极为中心的一个圆圈内的星空，却永远不会沉入地平线以下，人们把这个圈叫作“恒显圈”（图 6.1）。古人把这片特殊的天区当作全天的中心，叫作“中宫”，它就是紫微垣。

在介绍中国传统星象的布局时，我们讲过，中国星象的分布是以北天极为中心，四周星官环绕。这个中心就是紫微垣。具体来看，紫微垣是以北天极为中心，涵盖北纬 50° ~90°的一个圆形的天区。由于它在恒显圈，对北半球的人来说，无论在哪个季节，基本上都可以看到紫微垣。正如南宋诗人汪莘在《秋兴》中所说的：

白日不知天上事，众星环拱紫微宫。

在传统星象体系中，紫微垣是三垣之一，除了它，另外两垣是太微垣和天市垣。这两垣虽然也被二十八宿星官环绕，但是却不像紫微垣那样位于全天的最中心。在秦汉时期，紫微垣叫作中宫或者紫宫。在《史记·天官书》中，全天的星官划分，除了东北西南四宫，只有中宫，还没

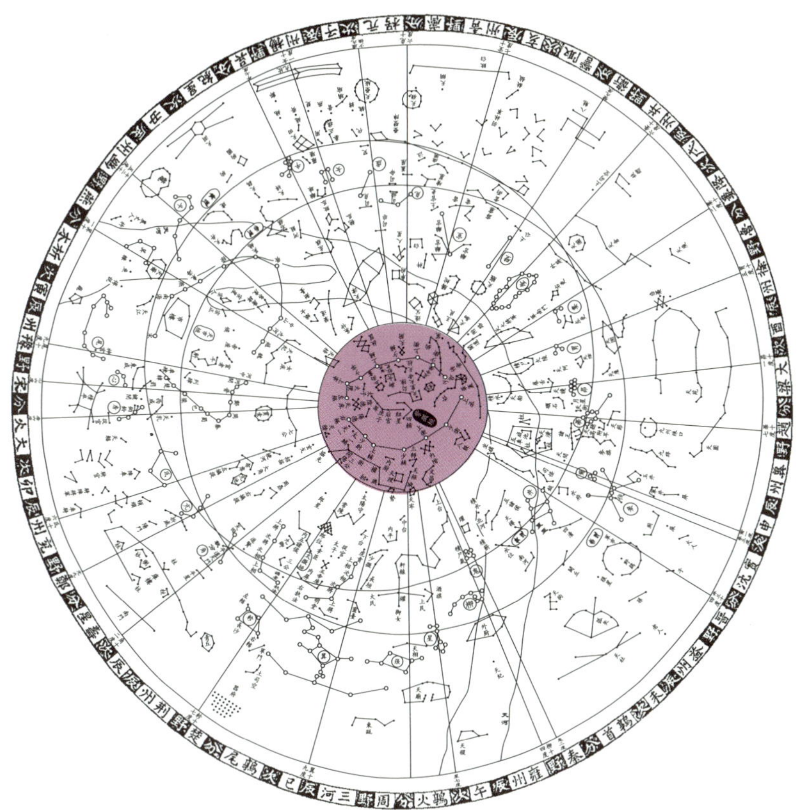

图 6.1 恒显圈（中心深色部分）

在北半球的观察者看来，北方天空中总有以北天极为中心的一部分星空，永远也不会沉入地平线下。它的大小与观察所处的纬度有关。

有出现太微垣和天市垣，太微垣和天市垣是在魏晋时期才形成的。在初唐的李淳风所写的《晋书·天文志》中，就已有中宫、太微、天市垣的名称了。

既然是全天星象的中心，这里的星星地位当然最高。《开元占经》说："荆州占曰：紫微宫，紫，北也。宫，中也。"可见，紫宫的意思就是居于北天中央的位置。《开元占经》还说："巫咸曰：紫宫者，天子之常居，土官也。"就是说紫微垣居天之中央，是天子居住的地方，在五行中属土。在古代，紫色是高贵祥瑞的颜色，用于与帝王有关的事物。隋唐时期洛阳城称作紫微城，明清时期的故宫叫作紫禁城。因此，紫微垣就是天帝居住的紫禁城。在文学作品中，往往也把皇宫与紫微垣联系起来。

紫微垣墙

我们说过，"垣"是墙的意思，紫微垣就是由两个半圆弧形的垣墙围起来的一片天区。这两道垣墙分别称为〖左垣〗和〖右垣〗，都是由多颗恒星连接而成。《步天歌》中唱道，紫微垣的两面垣墙一共有 15 颗星组成，左墙有 8 颗，右墙有 7 颗。组成垣墙的星官，有〖上丞〗〖少丞〗〖上宰〗等星，都是古代皇帝身边重要的文武高官，负责皇家内外事务和安全。左右两道垣墙自然形成前后两个宫门，位于下方的是前门，两侧的星分别是〖左枢〗星和〖右枢〗星，这里还设有〖天床〗星。

〖天床〗是指天帝的座位。说到床，我们今天认为，它专门指的是睡觉用的卧具，但在古代床的用途却并非这样。据说上古时代的神农氏发明了床。在商代的甲骨文中也有像床形的文字。但是，最初的床却不是用来睡觉的。从春秋到汉代，床通常是人们写字、读书、饮食的地方。在当时并没有专门用于坐的家具，直到东汉时，凳子才出现，这时床才专门用来供人睡觉。因此，在古代早期的文章中，“床”大都是用来坐的，跟今天的“床”有很大的区别。

位于紫微垣上方的是后门，门的两侧分别是〖少丞〗星和〖上丞〗星。这里设有〖华盖〗星和与其相连的〖杠〗星，华盖是天帝出门时乘坐的车辆上的华丽伞盖，象征他高贵的身份，而杠就是伞把。在紫微垣后门外还有一个〖传舍〗星，它代表来朝见天帝的宾客所下榻的驿舍。

在后门附近有一个〖五帝内座〗星官，共有 5 颗星。根据周代的礼仪，天子在春、夏、长夏、秋、冬这五个季节要分别坐在不同的座位上。因此,〖五帝内座〗星指的是天帝坐的不同座位，而不是说有五个天帝。

天帝的后宫

垣墙之内居住的是紫禁城的主人——天帝的一家。这里除了有〖帝〗星，还有〖太子〗星、〖庶子〗星和〖后宫〗星，分别代表天帝的子嗣和后妃们。古代把这几颗星连同〖北极天枢〗星组成一串，称为“北极五星”。其中，〖北极天枢〗星从名字就能看出，它是古代北天极所在的位置。由于岁差的影响，今天的北天极并不在这里，而是在勾陈一这颗星附近（图 6.2）。经过推算我们知道，大约在 1000 年前的宋代，北天极正好位于北极天枢星的位置附近。

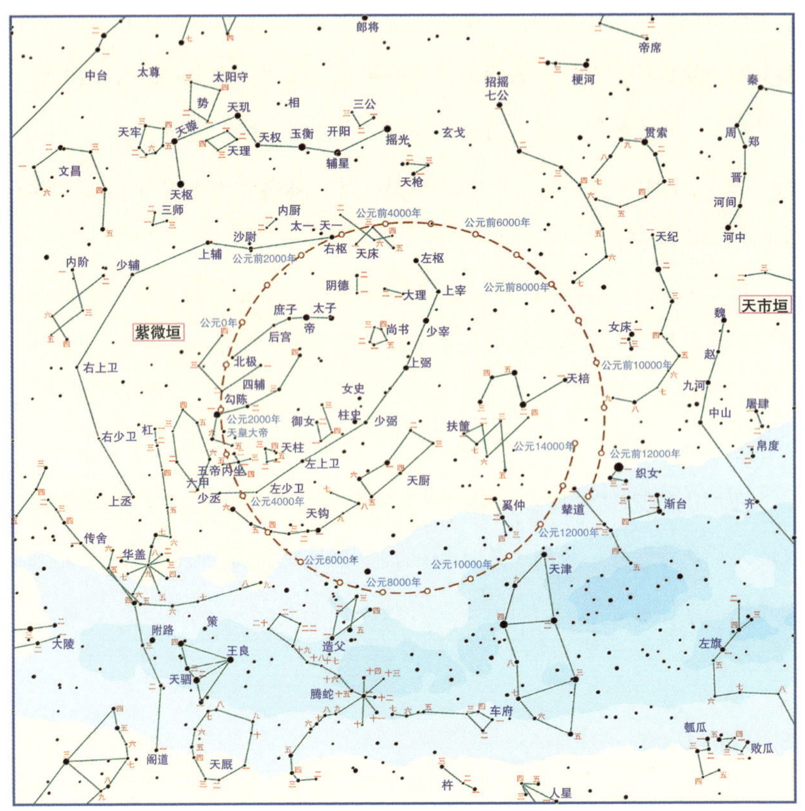

图 6.2 北天极围绕黄极点的周期运动

这一运动是地球自转轴摆动造成的，它的周期是 25800 年，造成了岁差现象。

在紫微垣内有一些代表内务官员的星，如〖四辅〗星、〖柱史〗星和〖女史〗星等。在《晋书·天文志》中说："抱北极四星曰四辅，所以辅佐北极而出度授政也。"〖四辅〗由四颗星组成，正好包围着北极天枢星，象征辅佐帝王处理政事的四位重臣。《开元占经》有"甘氏曰：辅四星，抱北极枢"，这就是所谓的"四辅抱极"的说法。

"柱史"又称为柱下史，是古代负责记录宫中日常生活大事的史官，而"女史"则是负责滴漏和记时，专门给帝王和后妃们报时的侍女。紫微垣中还有〖尚书〗星和〖大理〗星，都代表天帝的近臣，也在一旁随时听命。

此外，在垣墙外面不远处，还有〖三师〗星、〖三公〗星等官员。在古文经学家看来，从周代开始，太师、太傅、太保称为"三公"，他们的权力很大，相当于后世的宰相。在周天子年幼或不能行使权力的时候可以总理政务。北魏以后改称"三师"。不过今文经学家认为，"三公"指的是司马、司徒和司空，他们也都是古代非常重要的官职。在〖勾陈〗星的上方还有〖六甲〗星，《开元占经》说"甘氏赞曰：六甲中候，出入有须。"认为〖六甲〗是代表在天帝身边负责观察季节，发布农时的官员。

仔细观察不难发现，在紫微垣的垣墙之内，星官的布局并不均匀。从北极星到〖左垣〗之间，几乎集中了垣内所有的星官，而在〖北极〗到〖右垣〗之间，竟然一片空白，没有命名任何星官，尽管实际上那里有不少肉眼可以看到的星星。这"半实半虚"的布局让人玩味。

在紫微垣墙之外，还有一些星官也属于紫微垣。在左右垣墙外，分别有〖内阶〗星和〖天厨〗星，各有6颗星，它们连线的形状很相似，都是

3 颗星排成两列。在〖内阶〗星的上方是〖八谷〗星，以紫微垣为中心，与〖八谷〗星的位置相对的是〖天棓〗星。而在〖内阶〗星的下方则是〖内厨〗星。

按照《开元占经》的说法，“内阶星，主明堂”，内阶是天帝研究学问、主持会议的场所。《开元占经》中说，内厨是指“大宫之内，饮食厨也。”即内厨是为皇家提供饮食的场所。《开元占经》中有“天厨咸馔，百宰若疏。”看来天厨是给百官做饭的地方。而八谷则指代食材，自古说法不一，李淳风的父亲李播在《天文大象赋注》中说“八谷”分别指稻、黍、大麦、小麦、大豆、小豆、粟和麻。而天棓指的是“连枷”，一种击打粮食使之脱粒的传统农具（图 6.3）。

北极天枢

在星象体系中，紫微垣的地位之所以崇高，主要原因是其中有北极星。《史记 · 天官书》一开头就是介绍北极星的文字：“中宫，天极星，其一明者，太一常居也。”这里所说的天极星即北极星。

随着地球自西向东的自转，星星每天东升西落。但是古人发现有的星看起来整夜都未转动，如北极星。我们知道，实际上，天球的转动轴就是地球自转轴的延伸，因为北极星正好位于天球的北极点上，也就是说地球的旋转轴正好穿过它，所以看起来北极星是不动的。作为天球的枢纽和中心，古人特别重视北极星，以它为中心，把周围一些星合为一宫，称为“中宫”，也就是紫微垣，并把这里称为“天帝之室，太一之精”。

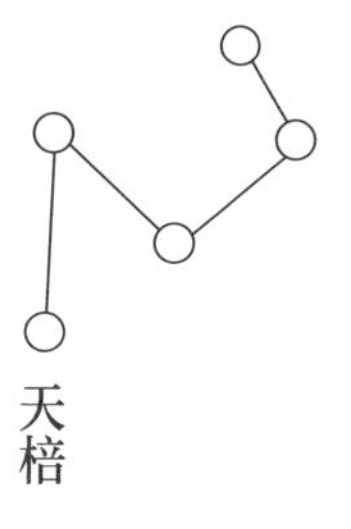

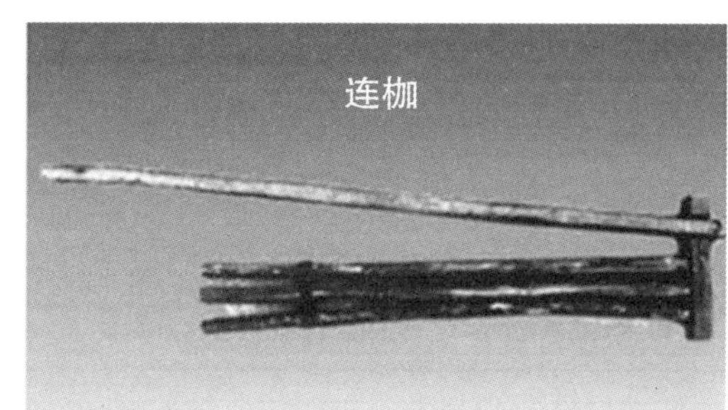

图 6.3〖天棓〗星官与农具连枷

紫微垣文图中〖天棓〗的形状类似农具连枷。自古“棓”（读音同“棒”）就是一种农具，也称连枷。人们用它击打小麦等作物使其脱粒，可见〖天棓〗与〖八谷〗星官有关。下图是甘肃敦煌出土的魏晋时期的墓葬壁画，它生动描绘了农夫挥打连枷的动作。

实际上，正是因为北极星处于北天极的位置，所以它才能指示北的方向所在。人们自古就用北极星在夜间辨别方向。

《开元占经》中有：“黄帝占曰，北极者，一名天极，一名北辰。”北辰就是指北极星。李淳风在《晋书·天文志》中有进一步的解释：“北极五星，钩陈六星，皆在紫宫中。北极，北辰最尊者也，其纽星，天之枢也。

天运无穷，三光迭耀，而极星不移，故曰‘居其所而众星共之’”。这里所谓的〖纽星〗〖极星〗都是指北极星。

在古人的眼中，北极星除能够用于辨认方向，还是所有星辰的中心。孔夫子在《论语》中说：“为政以德，譬如北辰，居其所而众星共之。”意思是说，用道德的力量去治理国家，自己就会像北极星那样，安然处在自己的位置上，别的星辰自然都会环绕着它。孔夫子就是用天上的星星来做比喻，说明治理天下的道理。在孔子看来，以德服人是指领导者以良好的德行使下属归顺、服从于自己的管理。这种以道德力量感化人民的政治手段，是以礼治国的重要政治主张。“为政以德”的主张，无论是在处理国家政务方面，还是一般的人事管理方面，都有着同样积极的意义。

恒变的北极星

对中国古代星名有印象的读者，可能记得北极星的名称是叫〖勾陈一〗。但是，星图中的北极星或者〖天枢〗，似乎不是左上方〖勾陈〗星官中的星，这是怎么回事呢？是古人把星图画错了吗？

当然不是，《晋书·天文志》中说得明白，〖北极五星〗和〖勾陈〗6星是不同的星官。我们前边介绍了〖北极五星〗，它们分别是〖太子〗星、〖帝〗星、〖庶子〗星、〖后宫〗星和〖北极天枢〗星。其中〖北极天枢〗星，也叫〖纽星〗，根据推算在北宋皇祐年间，它距离真正的北天极点，相差只有 1 度半的角距，是距离北天极点最近的星，因此从魏晋到宋代，它一直是北极星。

再来看〖勾陈〗星官，它由6颗星组成，在〖北极五星〗的旁边，组成一个勺子的形状，也像一个钩子。因此，勾陈也常常被叫作“钩陈”。

《开元占经》中有：“荆州占曰：钩陈天子大司马，又占曰，钩陈者，黄龙之位也，钩陈四守，太一之所妃也。”在星占家看来，〖勾陈〗星官五行属土，因此是黄龙之位，由于有土德，因此它也代表天帝的后妃。正如李淳风在《晋书·天文志》中所言：“钩陈，后宫也，大帝之正妃也，大帝之常居也。”这也说明“勾陈”就是天帝居住的场所，对应于明清时代的故宫，就是后妃们居住的后殿。

《开元占经》中还说：“石氏占曰：北极五星最为尊，钩陈大星配辅臣。”因此看来在唐宋以前，〖北极五星〗位于北天极的位置，是全天的中心，地位尊贵，那时〖勾陈〗星官是辅佐它的。

《步天歌》中有“勾陈尾指北极颠”，也就是说从〖勾陈一〗星出发，沿着钩柄看去，〖勾陈〗之尾指向的正好是〖帝〗星，这恰恰说明历史上这里就是北极点的位置。

那么为什么现在我们把〖勾陈一〗叫作北极星呢？这是由于北天极在星空的位置并不是固定的，它一直处于变动之中。前边说过，魏晋到唐宋之际，〖北极天枢〗星距离北天极很近，因此它是当时的北极星。在这之前，从周代到秦汉时期，〖帝〗星与北天极的距离最近，而由于〖帝〗星是周围的星星中最明亮的，因此它就是那个时代的北极星。

为什么北天极会总是在变动呢？原因就在于岁差这种天文现象（图6.4）。

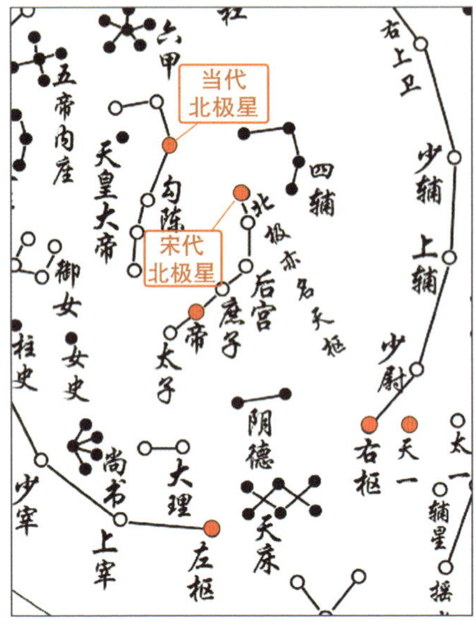

图 6.4〖北极五星〗与〖勾陈〗星

在这幅宋代星图中，当时〖北极五星〗中的北极星与现今的北极星——〖勾陈一〗不同，这是北天极周期运动造成的岁差现象。

〖北极五星〗依次为〖太子〗〖帝〗〖庶子〗〖后宫〗和〖北极天枢〗，其中〖北极天枢〗也叫“纽星”，是宋代的北极星，在北宋皇祐年间，它距离北天极只有 1 度半的角距。而在春秋战国以前，人们则以〖帝〗星作为北极星。直至东汉末年，北极点逐渐远离〖帝〗星，于是人们开始把“纽星”作为北极星。今天北极点则移动到了“勾陈一”附近，它成为今天的北极星。

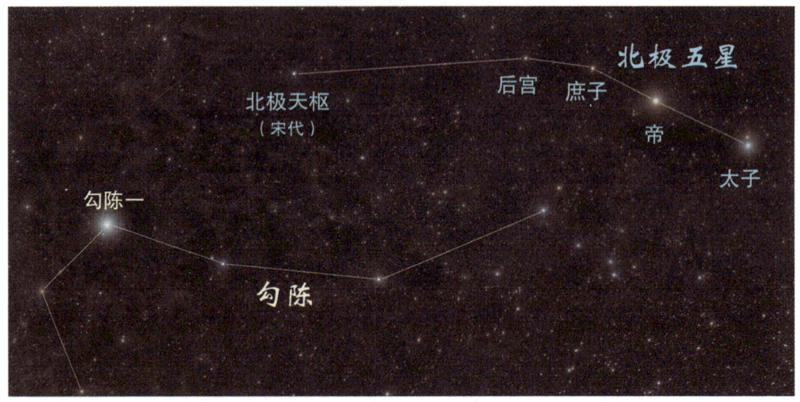

每岁渐差

岁差是一种天文现象，是指回归年和恒星年时间长度的差。

恒星年是地球公转的周期，而回归年是指太阳连续两次通过春分点的时间间隔，也称作太阳年，在中国古代它称为一岁。假如在黄道上，春分点的位置不变化，那么这二者的时间长度是相同的，就没有岁差现象。但是由于春分点持续地在黄道上向西移动，每年移动的角度是50″左右，因此就造成了岁差。回归年和恒星年的时间差是 20 分钟 24 秒的时间，这就是岁差的大小。

学界普遍认为，岁差现象最早发现于公元前 150 年前后，发现者是古希腊天文学家、西方古代天文学创始人喜帕恰斯，他在比较自己观测的星和前人的星表数据时，发现了岁差现象。不过也有人指出，最早发现岁差的是约公元前 340 年的古巴比伦天文学家西德奈斯。

史料记载，公元 330 年，我国东晋天文学家虞喜独立发现岁差。他研究了历史上冬至点的观测结果，比较自己的实地观测，发现“尧时冬至日短星昴，今二千七百年乃东壁中，则知每岁渐差之所至”。即唐尧时代冬至黄昏时，中天的星为〖昴宿〗，而在 2700 年后的冬至黄昏，中天的星却是〖壁宿〗。经过精确测定，他指出“通而计之，未盈百载，所差二度”，于是得出“五十年退一度”的结论。与古希腊天文学家相比，虽然虞喜的发现较晚，但把岁差纳入历法计算之中，在世界则是首创。岁差的推算和引入，是我国古代历法史上的重要改革之一。

为什么会出现岁差呢？我们知道，地球在绕太阳公转的同时，自身绕地轴进行自转。但是，受太阳和月球引力的共同影响，地球的自转轴会产生摆动。表现为在空间描绘出一个半径约为 23.5° 圆锥面，就像我们平时玩的陀螺一样（图 6.5）。

这种摆动造成两种现象。第一个是地轴的摆动，造成与它垂直的天赤道在星空中发生摆动，由于黄道面是不变的，因此天赤道与黄道的交点，也就是春分点和秋分点会在黄道上出现向西移动的现象，每 76 年向西移动约 1°，运动一周的时间约为 25800 年。而春分点的移动，就造成回归年和恒星年的不同，也就是岁差。地球自转轴的摆动反映在天空中的第二个表现，就是北天极在星空中有运动，画出一个圆周，其圆心就是北黄极点，圆周运动的周期也是 25800 年。

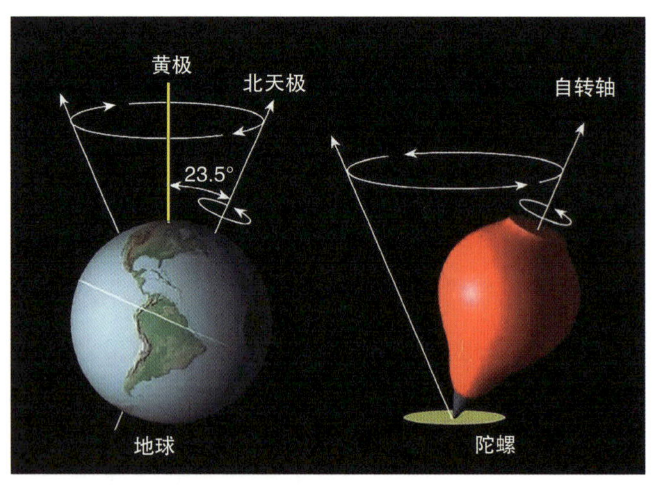

图 6.5 地球类似一个旋转的陀螺，其自转轴在空间中也在做有规律的摆动

如前所述，在公元元年至1000年前后，也就是汉唐至宋代，〖北极天枢〗星离北天极很近，因此曾成为当时的北极星。在公元前2000年前后，〖帝〗星离北天极很近，是当时的北极星。而那时中华文明刚刚开端，经过帝尧、帝舜的时代，故有“帝”之名，〖帝〗星作为北极星的年代一直延续到周代。

再往前看，大约距今5000年前，北天极位置恰好位于紫微垣的〖左枢〗星和〖右枢〗星之间，因此〖右枢〗星、〖左枢〗星，都是5000年以前的北极星。它们的名字中都有“枢”，即枢纽之意，就是表明天上其他的星都围绕它而旋转。

此外，在这附近还有〖太一〗〖天一〗星。“天一”（也写作“天乙”）是自古人们尊奉的天上的神。前边我们提到司马迁在《史记·天官书》说的:“中宫天极星，其一明者，太一常居也。”从它尊贵的名称和所处的位置来看，都说明了在上古时代，〖太一〗星、〖天一〗星也曾是全天的中心——北极星。

从图6.2中我们还能看到，在距今14000多年前，〖织女〗星曾位于北极附近。那时人类正进入新石器时代，不再只依赖大自然提供食物，食物的来源变得稳定，人们已经能够制作陶器并进行纺织，农业与畜牧的经营也使人类由游牧变为定居，节省下更多的时间和精力。在这样的基础上，人类生活得到了更进一步的改善，文明开始出现。在中国，这个时代出现了仰韶文化、河姆渡文化和细石器文化等灿烂的远古文明。想必作为那时北极星的织女星一定赢得了古人的万分崇敬。

现在离北天极最近的星是〖勾陈一〗，在公元2100年前后，它与北天极的距离将达到最近，角度不到半度。此后，北天极将逐渐远离〖勾陈一〗，从现在往未来看，大约在2500年左右，北天极来到另一颗星附近，这颗星就是〖天皇大帝〗星。它位于勾陈的钩口之内，这颗星亮度虽不高，却有如此显赫的名称，原因也许在于它特殊的位置。从图中就能看出，〖天皇大帝〗星正好位于北极点的岁差周期圆上，这个名字让我们不禁想到，也许古人早就意识到这颗星星将称为北极星了吧。

随着北天极的旋转，到公元14000年前后，织女星将再一次获得北极星的美名。地球自转轴这样摆动一周的时间大约是25800年，大约在公元28000年的时候，北天极又会重新指向〖勾陈一〗星，到那时它又会成为地球上的北极星。这真是“皇帝轮流做”啊。

从上面的内容我们可以看到，〖紫微垣〗包含了几乎所有可能成为北极星的恒星，因此十分显赫，在中国传统星官体系中，占据了最重要的地位。

永不西沉的北斗

在北半球中纬度的人来看，日月星辰都会东升西落，唯独〖紫微垣〗的星空却总是在天空中，永不西沉。在这片星空中，就有北斗星。《晋书·天文志》说：“辰极常居其所，而北斗不与众星西没也。”就是这个道理。

北斗星由7颗亮星组成，古人对北斗星观察得非常仔细，这7颗星的每一颗都有名称（图 6.6）。《开元占经》说：“洛书曰：北斗魁第一曰天枢，第二璇星，第三玑星，第四权星，第五玉衡，第六开阳，第七摇光，第一至第四为魁，第五至第七为杓，合为斗。”《步天歌》里也有相应的名称：“北斗之宿七星明，第一主帝名枢精，第二第三璇玑星，第四名权第五衡，开阳摇光六七名。”看来，北斗星本来就已经很重要，而假如在这七颗星中非要排出个座次来的话，斗口第一星〖天枢〗星，当居首位无疑。

古人对于这 7 颗星所附加的含义可谓多种多样，从占星学的书中就可见一二。例如《开元占经》中有：“石氏曰：北斗第一星曰正星，主阳，主德，天子之相也。第二曰法星，主阴，主刑，女主之位也。第三曰令星，主福。第四曰伐星，主天理，伐无道。第五曰杀星，主中央，助四旁，杀有罪。第六星危星，主天仓五谷。第七曰部星，一曰应星，主兵。”不难看出，在古代占星家的眼中，北斗七星的每一颗星都与治国安邦的大职

图 6.6 北斗七星

责有关。因此，这些星假如有任何异样出现，就会提示他们也许有相应的国家大事要发生风险，需要提前注意。这正是古代占星家的主要社会作用。

除此之外，在星星的分野上，北斗七星也有各自对应的方国。例如在《开元占经》中记载着“黄帝占曰：北斗第一星主秦，第二星主楚，第三星主梁，第四星主吴，第五星主赵，第六星主燕，第七星主齐。”这是把秦、楚、梁、吴、赵、燕、齐与北斗七星对应了起来。从名称看，这七国并非是战国的七雄，也许是“三家分晋”之前春秋时代的划分方式。

关于分野，《开元占经》中还给出另一种对应方案：“陆绩浑图曰：魁星第一星主徐州，第二星主益州，第三星主冀州，第四星主荆州，第五星主兖州，第六星主扬州，第七星主豫州。”这显然是把古代的九州与北斗对应起来了，只是九州中少了东方的青州和西方的雍州。陆绩是东汉末年吴国孙权手下的大臣和天文家，曾作有《浑天图》。

北斗虽然在北方天空上，但它却不是正北方，单靠北斗并不能真正确定北方的方向。我们可以把北斗的勺头两颗星，连线向前延长五倍，在那里能看到的一颗亮星，就是北极星〖勾陈一〗。在夜间我们可以用这个办法来找到北极星（图 6.7）。由于北极星几乎就是正北的方向，所以这是最常用的识别北方方向的办法。在这个意义上看，我国的卫星导航系统名叫北斗，的确很是传神，它本身并不是真正的方向标志，但是却能帮助人找到正确的方向。

图 6.7 北斗认星图

延长北斗的勺头两星，在五倍距离的地方，就是北极星——〖勾陈一〗。连接〖勾陈一〗和〖北斗〗斗柄末端的〖摇光〗，连线的三分之一处就是〖帝〗星。

九星悬朗

在古代，人们都认为北斗是七颗星组成的，所以跟“七”这个数字相关的不少概念都有北斗的影子。

《尚书·舜典》里有:“在璇玑玉衡，以齐七政。”从北斗的7颗星的名称，不难理解这里的“璇玑玉衡”指的就是北斗七星，而“以齐七政”则是北斗的作用。“在”的意思是察看，那么“七政”是什么呢？关于这个概念，有几种解释。《史记索隐》说:“尚书大传云，七政，谓春、秋、冬、夏、天文、地理、人道，所以为政也。人道政而万事顺成。”意思是说要使国家运行能按照北斗运行的规律对应起来。另外，它还说:“日、月、五星各异，故曰七政也。”也就是说，北斗七星分别还代表了日月和五星。

在古代除了北斗七星之外，还有北斗九星的说法。例如在《黄帝内经·天元纪大论》中有“九星悬朗，七曜周旋”的说法。天文学家一般认为，北斗九星是在七星的基础上，再加上位于斗柄的延长线上的〖玄戈〗星和〖招摇〗星组成的。〖玄戈〗又名“天戈”,“戈”是盛行于商周时期的武器，秦以后比较少见。这个星官代表了保卫天宫的武力。

北斗九星的概念相比北斗七星更为古老。从图6.8中可以看出，它把勺柄的长度延长了一倍，对于用勺柄来指示方向的方法来说，九星更为精准。从图中还能看出，北斗七星在恒显圈之内，而〖玄戈〗星和〖招摇〗星则位于恒显圈之外。由于岁差的原因，上古时代，这两颗星也在恒显圈中，也就是说在那时候，北斗九星都是从不西沉的，它们在北方天空中不停地回旋，十分显赫。到了春秋战国以后，它们才退出了恒显圈，而此时

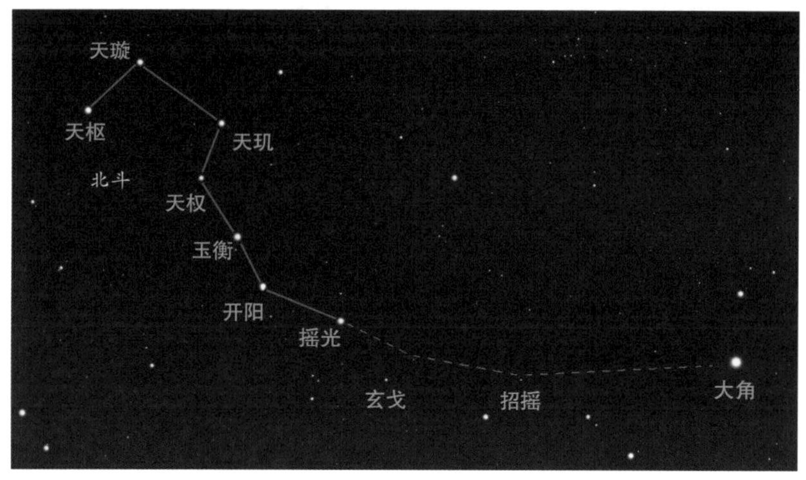

图 6.8 北斗九星，可能指的是北斗七星加上斗柄延长线上的〖玄戈〗星和〖招摇〗星

作为指示时间和方位的北斗斗柄只能缩短，由九星变为七星。

开阳双星

北斗的 7 颗星亮度相仿，除了中间的〖天权〗星稍暗一些，其余都是 2 等星。由于在北斗的周边没有其他如此明亮的星，所以它们在夜空中格外醒目。如果你的视力好，在斗柄的第二颗星〖开阳〗星的近旁，还能看到一颗小星，叫作〖辅〗星。在天文上,〖开阳〗和〖辅〗是肉眼可以分辨的一对双星，也是天空中最知名的双星之一。〖开阳〗和〖辅〗的亮度分别为 2.2 和 4.0 等，它们的角距离为 11 角分，实际距离为 0.25 光年。如果在望远镜中观察，你还会发现开阳星本身也是一对双星（图 6.9）。

在西方的 88 星座体系中，北斗七星是大熊座的主体部分，也是这个星座中最亮的 7 颗星。

组成北斗的 7 颗星距离我们的远近各异，在天文上其实并没有什么物理联系，它们目前各自所处的位置，从我们地球的角度来看，恰好是一个勺子的形状。由于这些星星一直处于运动中，在遥远的过去它们看上去并不是勺子形状，在遥远的未来也不是。从图 6.10 中可以看到前后 20 万年间北斗的形状变化。

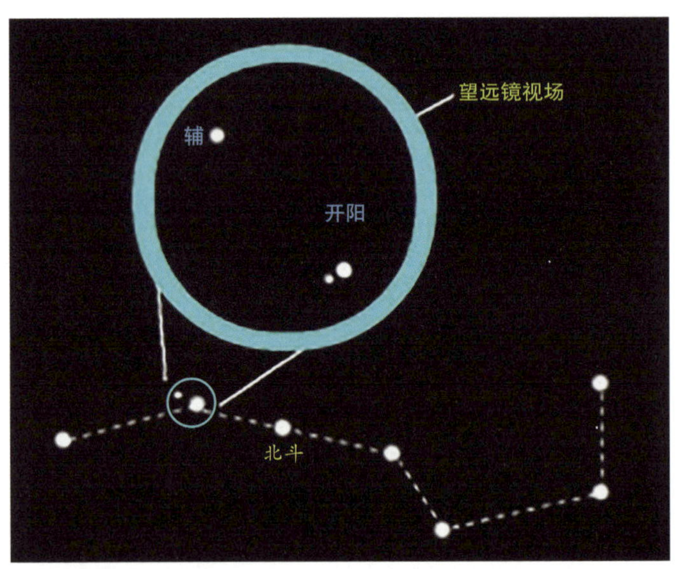

图 6.9 〖开阳〗和〖辅〗星是一对双星，而实际上在望远镜中可以看到〖开阳〗星本身也是一对双星

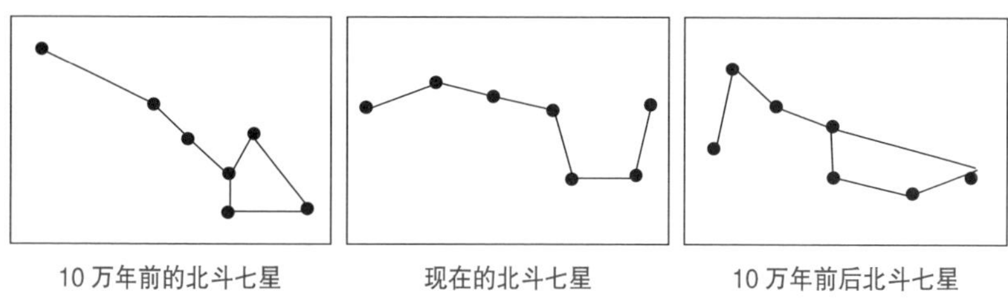

图 6.10 由于恒星自身的运动，不同年代的北斗七星形状差别巨大

古老的星官

中国人最喜欢用“中”字，例如表示“好的”就说“中！”，而为人的标准即是中正、中庸。在古人看来，建立国都的理想之地是“地之中”，那么“天之中”到底在哪里呢？在〖紫微垣〗的概念出现以前，全天星官的中心其实是北斗。

汉代的天文学家张衡在《灵宪》中说：“其以神差，有五列焉，是为三十五名。一居中央，谓之北斗。四布于方各七，为二十八舍。”可以看出，在张衡的眼中，天上的星官分为五大部分，各有七个代表，四周的是东南西北的四象，各有七宿，而位居中央的是北斗七星。因此，加在一起是 35 个星官代表。

1978 年，湖北随县发现一座战国早期墓葬，墓主是一个小诸侯国曾国的一位名叫乙的国君，这就是著名的曾侯乙墓。墓葬中出土的青铜编钟，以其瑰丽的造型、雄浑的气势、准确的乐音轰动了全世界。就在音乐史家和全国上下沉浸在编钟带来的惊喜之中时，细心的天文学家却从一只漆木箱的盖子上发现了又一个巨大的惊喜！在其中一件漆箱盖上，绘有一幅彩色的天文图（图 6.11）。画面中央是篆书的“斗”字，显然是表示星空枢纽的北斗。在“斗”字的四周顺序书写着二十八宿的名称，与文献所见的二十八宿之名基本相同。这显然是以北斗作为全天星官的中央的实物证明。

此外，从图中可以看到，在二十八宿名字的东侧绘有一龙，西侧绘有一虎，这与传统天文学中的东方苍龙、西方白虎正好对应。这是目前所见年代最早的将青龙、白虎与二十八宿配合的实物。

对北斗重要地位的认同，其实早在战国之前就已经根深蒂固了。1987 年在河南濮阳的西水坡发现大规模的古墓葬群，包含了仰韶、龙山、东

图 6.11 战国曾侯乙墓中出土的绘有二十八宿图像的漆木箱

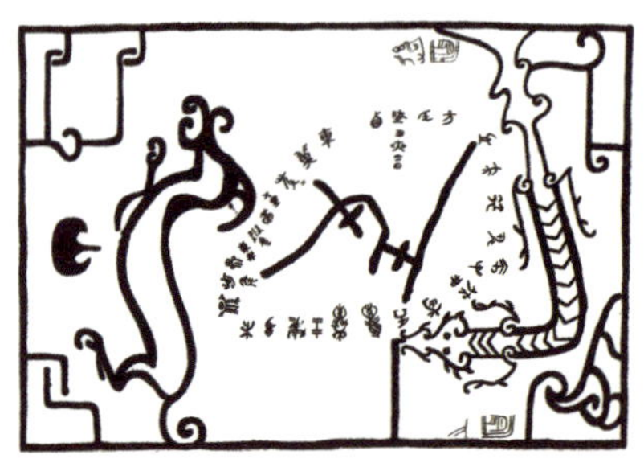

1978 年在湖北随州发掘的曾侯乙墓为战国初期曾国国君乙的墓葬，葬于公元前 433 年前后，其中出土了绘有二十八宿图像的漆木箱，这是迄今为止发现的最早的关于二十八宿的实物例证。
左图是出土的漆木箱，右图为盖顶图案。图案右边的动物是龙，左边是虎，正中是篆书的〖斗〗字，围绕斗字顺时针排列的是同为篆书的二十八宿名称。

周和汉代等几个时期的文化遗存，尤以仰韶文化最为丰富。其中45号墓是仰韶文化时期的墓穴。墓主人的东西两侧分别摆有蚌塑的龙虎图案（图6.12），经科学鉴定，这些实物距今约有6400多年。显然这个图案与四象中东宫苍龙、西宫白虎相符。这个发现把中国古代星象体系雏形的年代大大提前。

更为难能可贵的是，这个场景中的另一处发现：在墓主人的脚端，有蚌塑的三角形和两根人的胫骨组成的图像，专家认为这显然是北斗的图像。蚌塑三角形表示的是斗魁，而横置的胫骨表示斗杓，构图十分完整。

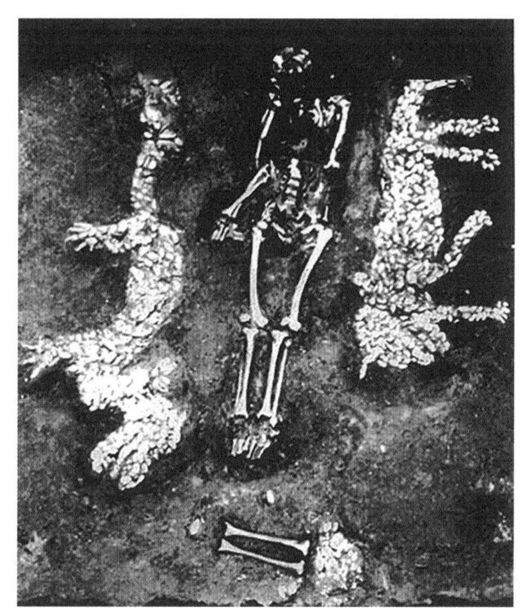

图6.12 河南濮阳的西水坡出土的距今约有6400多年的古墓葬中的人与蚌壳组成的龙虎

髀者，表也

为什么要用人的胫骨来构成北斗的斗杓，而不是仍用蚌塑呢？天文考古专家认为，这与古代早期用人的身体来测量日影长度的起源有关。

一方面北斗位于恒显圈内，古人在夜间可以观察它来指示时间和季节，另一方面，在白天则通过观察物体影子的长度变化来确定时间，这就用到最早的天文仪器“圭表”。表是直立在地上的一根直杆，圭是用于测量杆在太阳下影子长度的尺子。

最早的表是什么东西呢？它叫做“髀”。在中国最古老的天文学和数学著作《周髀算经》中有：“周髀，长八尺。髀者，股也。髀者，表也。”髀的本义，就是指人的腿骨，同时也是测量日影的表。古代表的高度都规定为八尺，恰好等于一个成人的身高。这表明早期的圭表一定是由人骨转变而来的，也说明古人曾利用人体来测量日影。在缺少标准器具的时期，古人正是通过不断地观察自身影子的变化，最终学会了测度日影。

可见，“髀”具有两重含义：人的腿骨和表，而这些都表明人体和测影工具之间的关系。而古墓中北斗的斗杓选用人的腿骨来表示，正是古人创造出利用太阳和北斗决定时间的方法的体现。从这个角度来看，45 号墓中的北斗形象完美地体现了圭表测影与“北斗建时”这两种计时法的内涵和联系。

从上面的这段分析，可以看出北斗在天文上的重要作用。它不但居于全天的中央，还在有条不紊地运行，指示着时间。

斗为帝车

司马迁在《史记·天官书》中说："斗为帝车，运于中央，临制四乡。分阴阳，建四时，均五行，移节度，定诸纪，皆系于斗。"这几句话高度概括了北斗的重要作用。由于北斗围绕北极日夜不息地旋转运动，所以从很早开始，人们就把北斗星想象成天帝的车驾。天帝乘坐它，在天的中央运回旋转，管理统治着天上四面八方的政事。利用北斗星可以分判一年中的阴阳二部，建立四时，也可将一年均分为五季，因此历法上的节气、纪元的确定，都取决于北斗。由此看来，这个"帝车"可真是不一般。

位于山东嘉祥县的东汉时期的武梁祠中，就有"斗为帝车图"的画像石，图中的北斗七星由斗魁 4 星组成车舆，有一帝王形象的人端坐在斗勺之中，斗柄 3 星组成车辕（图 6.13）。这辆车没有车轮，它是腾云驾雾而行的。帝王坐在车上，向一批前来迎接的臣民招手致意。周围龙腾凤舞，百鸟和鸣，充满欢乐和谐的气氛。更为有趣的是，一个长着翅膀的神人腾空献舞，他右手托着的那个小球，就是〖开阳〗星的伴星——〖辅〗星。

图 6.13 武梁祠画像石"斗为帝车"（东汉）

在古代除了中国人，把北斗七星看作车子的民族很多，如古巴比伦人把北斗看作货车；古埃及人把它看作是伊西斯女神之车；英国人则将其看作是亚瑟王之车；阿拉伯人也称北斗为车星，斗口 4 星是四个车轮，斗柄 3 星是三匹马或三头牛，而开阳星旁的辅星则是赶车夫。

北斗星历

由于北斗星在恒显圈之内，它永远都在地平线以上运转，在北半球大部分地区的夜间都能看到它。北斗星绕北极每 6 小时转动 90 度，一昼夜旋转一周，正好起到时针指示时间的作用。近现代钟表的原理，就是受到北斗星昼夜旋转原理的启发而发明的。我们不妨叫它“北斗星钟”。

除了这种周日运动，北斗星还有周年运动。在每天固定的时间观看，会发现北斗勺柄指示的方位，每天向西转动 1 度，每个月转动大约 30 度，一周年则正好转动一圈，又回到原处。因此，古人早就认识到可以利用北斗斗柄所指的方向来确定季节。于是，北斗星又可以看作是星历的指示。

战国时代的《鹖冠子 · 环流篇》里面有：“斗柄东指，天下皆春；斗柄南指，天下皆夏；斗柄西指，天下皆秋；斗柄北指，天下皆冬。”其中的道理可如是解说：战国时候，在春分时节每当黄昏来临，仰望北天，可以看到斗柄正指向东方。由于地球绕日公转的缘故，斗柄“东指”的时间会逐日提前 4 分钟。如果每天晚上同一时间抬头仰望北斗星，会看到斗柄指向逐渐沿逆时针旋转，到了夏至黄昏，斗柄已旋转到指向南方的位置，标志着夏季正盛；而到了秋分和冬至，斗柄则分别指向西方和北方，标志着秋季和冬季的时节（图 6.14）。

由于岁差的影响，从战国时期到今天，已经过去了 2000 多年，现今在春分时要看到“斗柄东指”，已不再是黄昏时分，而是在几近子夜的 23:30 左右了。其他季节的时间也与此相同。

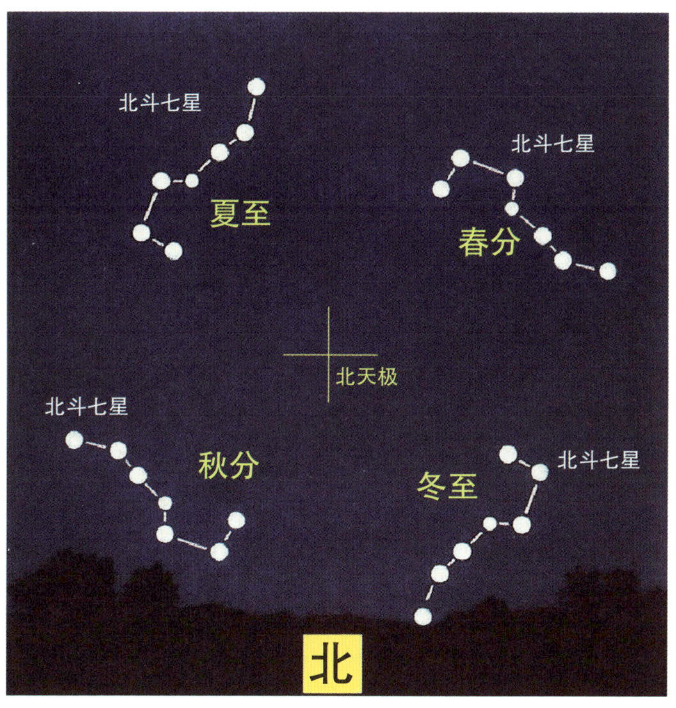

图 6.14 一年四季，黄昏时北斗的斗柄指向有所不同。因此，通过北斗斗柄的方向也能判断季节

《鹖冠子》相传是战国时期楚国的某位道家隐居者所作，因他平常总戴着羽毛装饰帽子，人们就给他取了个别号叫鹖冠子。《鹖冠子》一书大多阐述先秦时期的哲学思想，也有天学、宇宙论等方面的内容，继承发展了老子哲学的“道”论，在中国哲学史上第一次明确提出了“元气”理论。关于北斗，在《鹖冠子》中还有：“斗柄运于上，事立于下，斗柄指一方，四塞俱成。此道之用法也。”可见，它也强调了北斗之于政事的作用，是天道的用法体现。

随着文明发展，天文观测也在进步，人们将一年的划分从“四时”细分到“十二个月”，而在地面上也把方位从四面八方扩展到十二个方位。这十二方位，分别以子、丑、寅、卯等十二支来表示，因此也称“十二地支”。由于北斗斗柄的指向一年转动一周，于是人们很自然地就把地上的十二个方位，与北斗斗柄每个月所指的方向对应起来了。

在《淮南子・时则训》中有：“孟春之月，招摇指寅。仲春之月，招摇指卯。季春之月，招摇指辰。孟夏之月，招摇指巳。仲夏之月，招摇指午。季夏之月，招摇指未。孟秋之月，招摇指申。仲秋之月，招摇指酉。季秋之月，招摇指戌。孟冬之月，招摇指亥。仲冬之月，招摇指子。季冬之月，招摇指丑。”这里的〖招摇〗，就是北斗九星中的第八颗星。《时则训》记载的资料比较古老，在那个年代，虽然北斗第九星已不在恒显圈之内，但是第八颗星仍在起作用。那么〖招摇〗所指的方向，就是斗柄所指的方向。多一颗星，斗柄变长，所指示的方向更加准确。

上面这段话的意思是，在每天的黄昏后观察，斗柄在一年中正好绕北极转动一周，当它指示十二个方位的时候，正好对应的就是一年中的十二个月。例如，当黄昏时斗柄指向正北方（子位）的时候，正值仲冬月。而当斗柄指正南方（午位）时，就是仲夏月。

这种以北斗的斗柄所指方位而建立起来的月序制度，叫作“斗建月”，简称建月（图 6.15）。例如，斗柄指子就是“建子之月”；斗柄指丑就是“建丑之月”，以此类推。显然，斗建月是我国古代一种纯阳历的月，它与

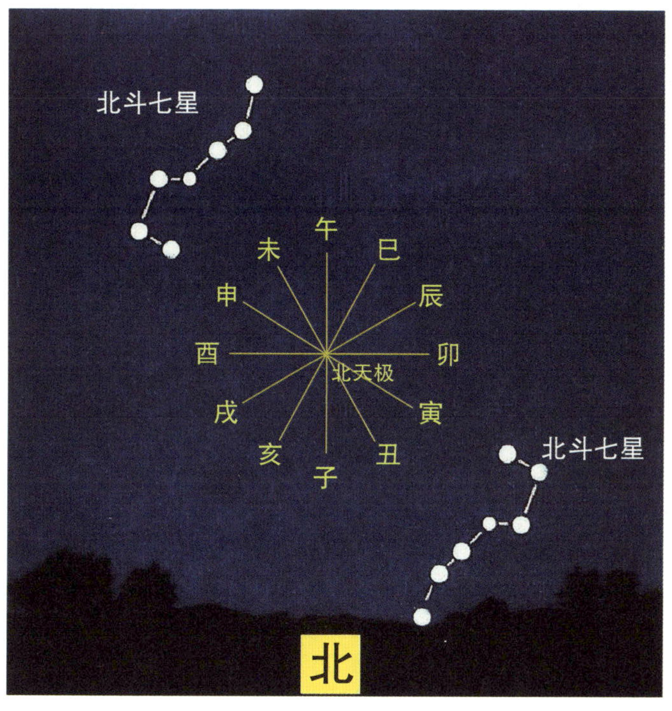

图 6.15 一年中斗柄指向不同的方向，某个月指向十二方向之一，就用十二地支的名称来命名这个月，于是有了子月、丑月、寅月等

月亮的运动没有关系，与大家今天所说的初一、十五对应的月不一样。因此，它的名称也不叫作正月、二月和三月等，以示区别。

魁星点斗

北斗七星的勺口也叫作“斗魁”，由近似方形的 4 颗星连成。在斗魁的附近有一个〖文昌〗星官，它是由 6 颗星组成的一个弯钩，较为明亮，比较容易找到。

在《史记》中有关于文昌的记载。《史记·天官书》说：“斗魁戴匡六星，曰文昌宫。一曰上将，二曰次将，三曰贵相，四曰司命，五曰司中，六曰司禄。”司马迁认为这 6 颗星像一个筐的样子，分别代表了不同的官员，包括将军、尚书、太常、太史、大理等。尽管不同朝代对于文昌星所指的官员名称有所差异，但它们都为朝中主要大臣的名称，都代表了较高的社会地位。

“文昌”是文化昌盛之义。我国古代高明的政治家和思想家，都主张以德和文治国，能使国家文化昌盛，是他们的最高理想。文昌星作为主宰功名禄位的神，自然成为各级官员和文人尊崇的星官。长久以来，凡是想要求取功名的读书人或者要升官发财的官员无不拜祭文昌星神，祈求他的保佑。古代每年的农历二月二日、七月七日、九月九日，读书人一定会到各地的文昌宫、文庙等地祭祀。

从星图来看，〖文昌〗星和斗魁的位置相近，人们就把它们的星名相互配合起来，用〖文昌〗星和斗魁共同指代主宰功名禄位的神。此外，“魁”字本身就有首领、第一的意思，文人拜魁星，就是求其保佑自己在考场上夺取魁首。明清之后典型的魁神画像，就是一个赤发青面的鬼，独脚站在一条大鱼的头上，取“独占鳌头”之意，魁神一手握笔，一手持斗（图 6.16）。这个斗是一个方形的容器，正是北斗的斗魁 4 星所组成的方形。

在作为全天中心位置的〖紫微垣〗中，除了那些名声显赫、历史上曾做过北极的星官，以北斗星和〖文昌〗星为代表，则突出反映了我国古代重视教育，始终把文化传承放在十分重要的地位。

图 6.16 魁星画像与年画

魁星右手握一支大毛笔，称朱笔，左手持一只墨斗，右脚金鸡独立，脚下踩着海中的一只鳌的头部，意为“独占鳌头”；脚上是“北斗七星”。

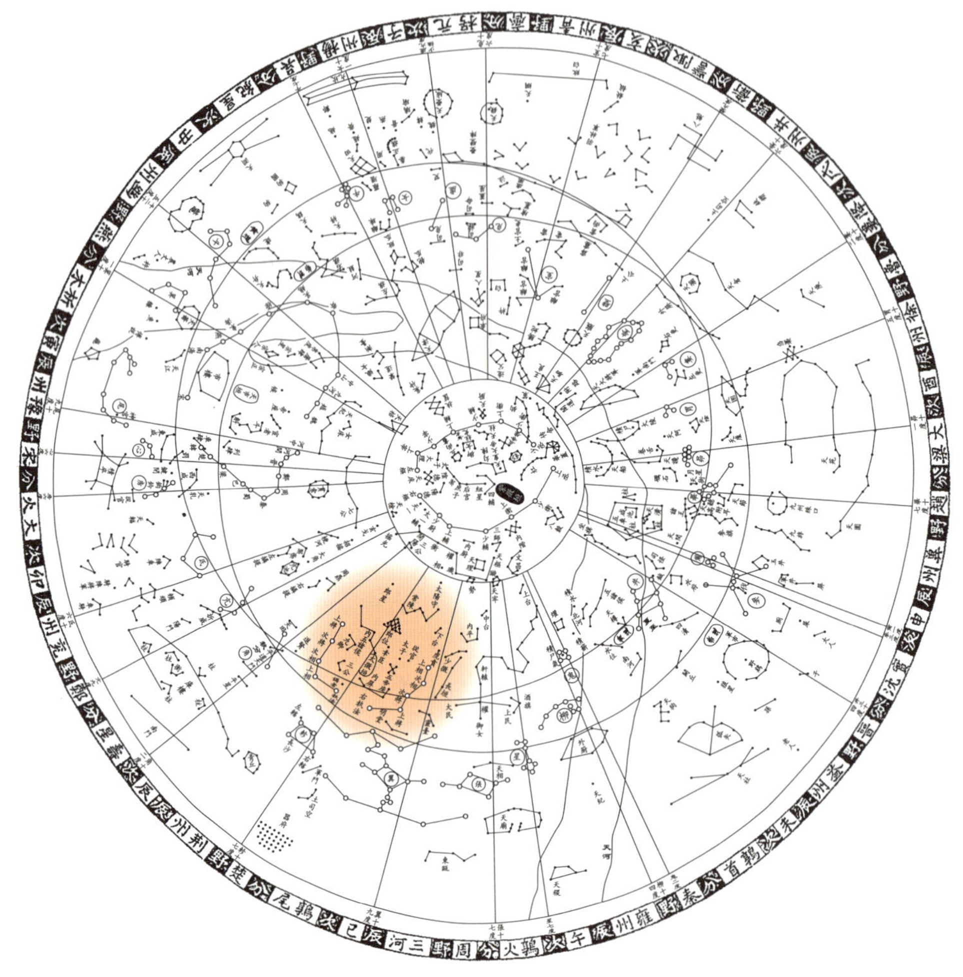

苏州石刻全天星图

图中深色区域为太微垣的范围

第七章 | 太微垣

太微垣又名“上垣”，它位于南方朱雀的〖张宿〗和〖翼宿〗的北面，适合观察的季节基本与南方朱雀同步，每年五月下旬黄昏后，高挂在南方天空，最便于观察。

太微垣星官

包含 20 个星官，共 78 颗星。

1. 左垣
2. 右垣
3. 谒者
4. 三公
5. 九卿
6. 五诸侯
7. 内屏
8. 五帝座
9. 幸臣
10. 太子
11. 从官
12. 郎将
13. 虎贲
14. 常陈
15. 郎位
16. 明堂
17. 灵台
18. 少微
19. 长垣
20. 三台

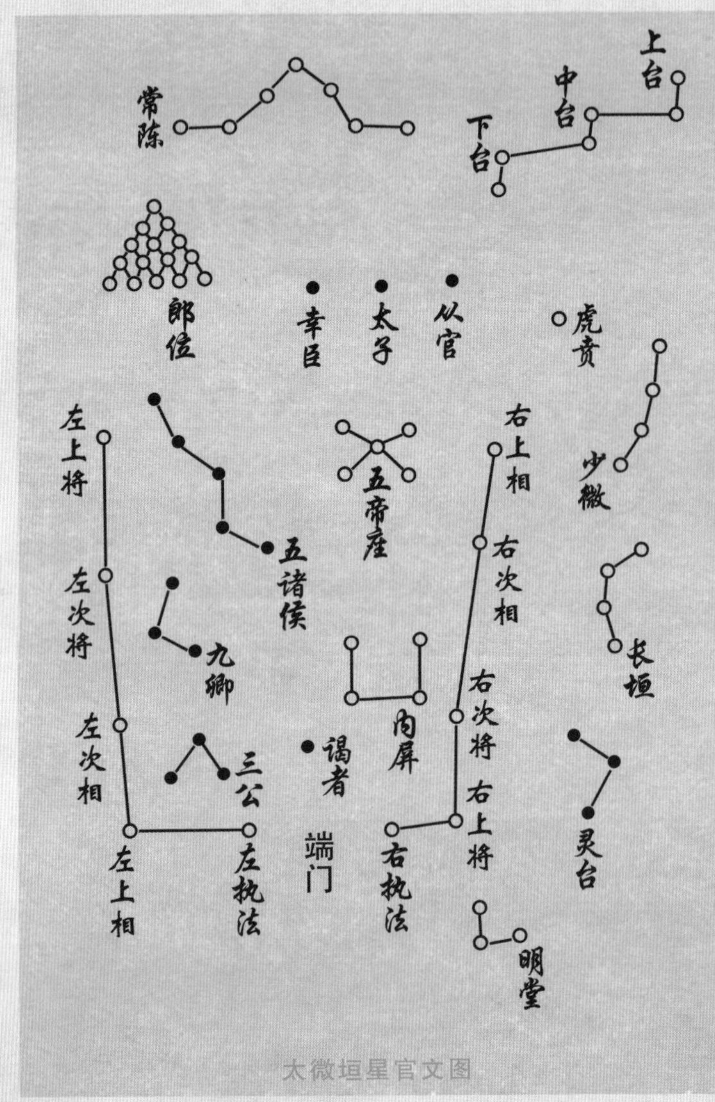

太微垣星官文图

句数编号	步天歌	释义
	太微垣	
315	上元天庭太微宫	天庭所在之处是上元太微垣
316	昭昭列象布苍穹	群星闪耀，布列于苍穹之间，各司其职
317	端门只是门之中	端门在城门中
318	左右执法门西东	〖左执法〗〖右执法〗在门的东西两侧
319	门左皂衣一谒者	〖谒者〗1 星在门里
320	以次即是乌三公	〖三公〗3 星在〖谒者〗旁边
321	三黑九卿公背旁	〖九卿〗3 星在〖三公〗背后
322	五黑诸侯卿后行	〖五诸侯〗5 星在〖九卿〗后方
323	四个门西主轩屏	〖内屏〗4 星在门旁边，靠近西垣墙
324	五帝内座于正中	〖五帝座〗5 星在垣内中央
325	幸臣太子并从官	〖幸臣〗〖太子〗及〖从官〗
326	乌列帝后从东定	各 1 星，在〖五帝座〗后从东向西依次排
327	郎将虎贲居左右	〖郎将〗〖虎贲〗各 1 星，分别在太微垣的左右
328	常陈郎位居其后	〖常陈〗〖郎位〗在太微垣的后面
329	常陈七星不相误	〖常陈〗有 7 星
330	郎位陈东一十五	〖郎位〗15 星在〖常陈〗东边
331	两面宫垣十星布	太微垣两面宫墙共有 10 星分布
332	左右执法是其数	其中包括〖左执法〗〖右执法〗
333	宫外明堂布政宫	垣墙外,〖明堂〗3 星为宣明政教之场所
334	三个灵台候云雨	〖灵台〗3 星之处，观天象、候云雨
335	少微四星西北隅	〖少微〗4 星在垣外西北角
336	长垣双双微西居	〖长垣〗4 星在垣墙微偏西之处
337	北门西外接三台	垣墙北门外是〖三台〗(上台、中台、下台)
338	与垣相对无兵灾	与太微垣相对而立，政道通畅无兵灾

五帝之廷

关于太微垣的含义，张衡在《灵宪》中有："紫宫为皇极之居，太微为五帝之廷。"可见，如果说紫微垣对应的是宫廷，那么太微垣对应的就是天帝的朝廷。

在《开元占经》中有进一步的叙述："郗萌曰：太微之宫，天子之廷，上帝之治，五帝之座也。"看来太微垣不但是天子治理天下的朝廷，它还有个"五帝之座"。那么什么是"五帝之座"呢？

太微垣的核心人物无疑是天帝，他在天廷中问政时所坐的座位叫"五帝座"。尽管叫做"五帝座"，但并不是指有五个天帝，而是指天帝在五个不同的时节所坐的五个不同位置。由于平时天帝生活在紫微垣，并不是每天都在朝廷里，所以在太微垣里，一般用他坐的这把龙椅来代表他。文臣武将们看到这个"五帝座"，就像看到天帝本人一样。

实际上，在太微垣的星空就有一个"五帝之座"——〖五帝座〗星官，它由 5 颗星组成。〖五帝座〗星官的形状十分特殊，5 颗星构成了一个斜向交叉的十字。中间的一颗较亮，其余四颗围绕它分列四方。从太微垣的星图上可以看出，这个十字的一条边与赤道平行，而另一条与黄道平行，因此〖五帝座〗星的两条连线的夹角大小，实际上就是约等于黄赤交角。

我们知道，在紫微垣中有一个〖五帝内座〗星官。既然紫微垣相当于紫禁城，因此在皇宫里的"五帝座"，当然就要加一个"内"字，称为"五帝内座"，以与此区别。

春季星空大三角

〖五帝座〗的 5 颗星，中间那颗星比其余的四颗都亮，在宋代时，称作〖黄帝座〗，清代以后改叫〖五帝座一〗。它是一颗 2 等亮度的星，是春季夜空中比较亮的恒星之一，与东边天空中一南一北的两颗亮星——〖角宿一〗和〖大角〗星，共同构成了一个大大的三角形，这就是著名的“春季大三角”(图 7.1)。〖五帝座一〗星是这个大三角最西边的顶点。每逢北半球三四月份春季，在傍晚的南方天空中，这个星空三角形格外醒目，成为春季星空的标志。

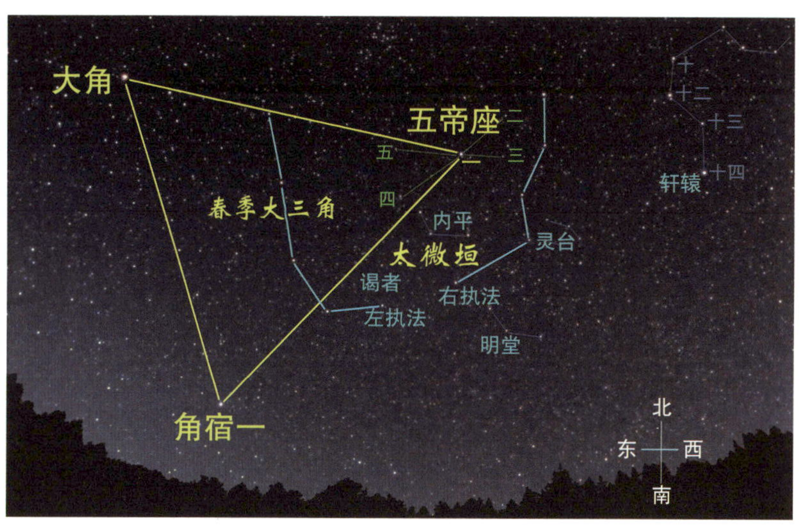

图7.1 春季星空“大三角”

每逢北半球三四月份春季，在傍晚的南方天空中，由三颗亮星组成的一个大大的三角形，成为春季星空的标志。三角形的顶点分别是〖大角〗星、〖角宿一〗以及太微垣的〖五帝座一〗。

朝廷上的见习生

在〖五帝座〗星的上方还有几颗亮星，从左至右依次是〖幸臣〗〖太子〗和〖从官〗星。幸臣是受天帝宠幸的大臣，而从官则是天帝身边的侍从官。他们陪着太子这位储君在天帝处理朝政的时候，站在垂帘之后观看和学习，因此其位置都在〖五帝座〗星的北面。

在〖从官〗星的右边有一颗亮星，叫作〖虎贲〗星；在〖幸臣〗星的左边还有一颗〖郎将〗星。虎贲和郎将都是负责天帝警卫的武官，其中虎贲是宫中卫戍部队的将领，负责帝王的出入安全。郎将是郎中将的简称，负责宫禁戍卫，是随行护驾的高级武官。此外，在〖太子〗星的北边不远处有〖常陈〗星官，它则代表宫中的禁卫军团。

银河回家

在太微垣中有一个〖郎位〗星官，郎位是帝王的侍从官，负责护卫陪从，等待差遣。〖郎位〗星官是由 15 颗密集的星组成的，粗看它们像金字塔的三角形，实际观察就会发现，天空中的这个星官并不能组成古人画的星图中那么规则的三角形状，并且肉眼能看到的星也不止 15 颗。

其实,〖郎位〗星官位于后发座，正好对应一个星团，叫做后发座星团，它是一个亮度较暗但是范围较大的疏散星团（316 页图 7.2）。在双筒望远镜或者小望远镜中就能看到它包含了将近 40 颗恒星，这些星的大致分布形状是三角形。

这个星团位于狮子座的狮子尾巴的位置，本来没有名称，在公元前 240 年左右，埃及法老托勒密三世为了纪念埃及女王把秀发奉献给天神，把它命名为后发座。后发座是一个面积不大的星座，但在天文学中相当著名，这是因为这个很小的一片天区中，却有很多银河系外的星系，目前被确认的星系就超过 1000 个，距离我们平均大约 3 亿光年。它们与狮子座中的星系团，共同组成了一个超大的宇宙星系结构，叫作后发座超星系团，这个超星系团拥有 3000 多个星系，直径 2000 万光年。后发座超星系团是第一个被发现的超星系团，通过它天文学家能够了解宇宙的大尺度结构。如果您有比较大口径的望远镜，不妨观察或者拍摄这片天区，一定能发现不少星系。

〖郎位〗在天空中的特殊地位，在于它的附近是银河系的北极点方向。这就意味着当春季的傍晚,〖郎位〗星官升到头顶的时候，你在天上几乎看不到银河。因为，此时银河正好环地平线一周，人们很难观察到它，就好像突然不见了似的。我国民间谚语唱道:“正月初八，天河回家”，正是这个意思。

天帝的辅臣

前面提到的都是陪同天帝和太子上朝的角色，而真正在太微垣内辅佐天帝的是诸侯、公卿等人。与他们对应的则是〖五诸侯〗星、〖三公〗星、〖九卿〗星和〖谒者〗星。

作为最早的帝王社会，秦王朝不但确立了皇帝的地位，还建立了一套中央统治机构，这就是“三公九卿”制度。实际上,“三公”是先秦时代

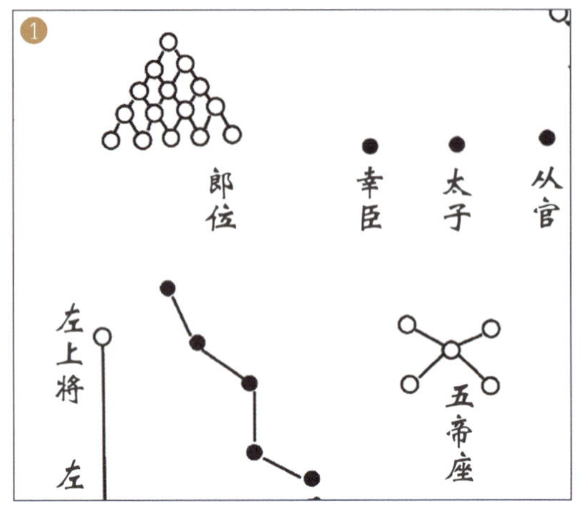

图 7.2〖郎位〗星官以及组成它的后发座星团、后发座星系团

就已经出现的负责国家军政事务的最高官员，地位尊显。据记载，周代已有此官职，但具体所指存在争议。西汉今文经学家据《尚书大传》《礼记》等书认为“三公”指司马、司徒、司空，而古文经学家则据《周礼》认为“三公”是太师、太傅、太保。九卿是中央各个行政部门高级官员的统称，不一定是九个。“九卿”在秦汉之前职权较重，魏晋之后逐渐削弱。诸侯则泛指先秦时代分封的诸侯国的国君，作为帝王的兄弟子侄，也在朝廷上辅佐天帝。

在〖五帝座〗星的南面有〖内屏〗星，它是将天帝与朝廷门口的前来上朝的百官隔开的一扇屏障，彰显帝王的尊严。在〖内屏〗星以北，是天帝

1. 古人眼中的〖郎位〗星官，看上去是一个规则的三角形。实际上，组成它的是后发座星团。
2. 后发座星团是银河系内的一个小疏散星团，大约有 40 颗较亮的恒星，其中心距离我们 280 光年。
3. 在大型望远镜中这是一个拥有 1000 个以上星系的巨大的星系团，距离地球约 3 亿光年。这张照片中的每个亮斑，几乎都是一个与银河系相类似的星系，包含有上千亿颗恒星。

办公的内廷。就在百官上朝觐见天帝的必经之路上，有一颗小星，名叫〖谒者〗。“谒者”这个职务在春秋战国时期就已经出现，他是国君、卿大夫身边的侍从官或者奴仆，负责传达使命和通报引见臣下，朝会时也负责警卫。

朝臣上墙

作为三垣之一，太微垣与紫微垣相似，也有左右两扇垣墙，不过它的垣墙稍短，左右两边仅各有 5 颗星，分别代表五种官品，除了〖执法〗星，文官有〖上相〗〖次相〗，武官则有〖上将〗〖次将〗，它们左右各有一列。

左侧的是东面的垣墙，右侧是西面的垣墙。

位于垣墙南门（也即端门）两侧的是〖左执法〗星和〖右执法〗星。《晋书·天文志》认为，左执法有“廷尉之象”，而右执法有“御史大夫之象”。在秦代，执法是仅次于丞相的中央最高长官，与丞相、太尉合称“三公”，它们的名称在史书中早有记载。

《史记·天官书》中说：“太微，三光之廷。”意思是说太微垣是日、月、五星天体运动经过的区域（图 7.3）。我们知道，黄道是太阳在一年中

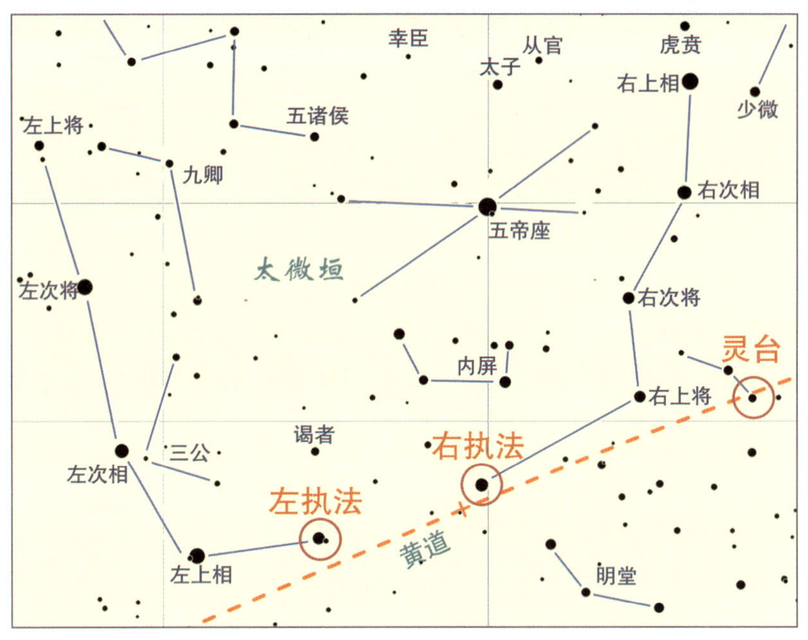

图 7.3“三光之廷”太微垣

〖灵台〗的主星、〖右执法〗和〖左执法〗，三颗亮星顺着黄道一字排开，为日、月、行星指明了道路，昭示了太微垣“三光之廷”的含义。

沿星空所经过的轨迹，而月亮和大行星也在黄道附近运行。这么重要的黄道，正好从左右〖执法〗星官这里经过，可见左右〖执法〗的地位是十分显要的。从司马迁《史记》中对太微的定义可以看出，在太微垣还没有最终成型的汉代，这个位置上起初的星官只有左右〖执法〗星，原因就在于它们位于黄道附近，是日月行星的必经之路。

既然太微垣墙是由若干个官员围成的，那么在官员之间就可以开出城门。《晋书·天文志》中对这些门都定义了名称（图 7.4），在左右〖执法〗

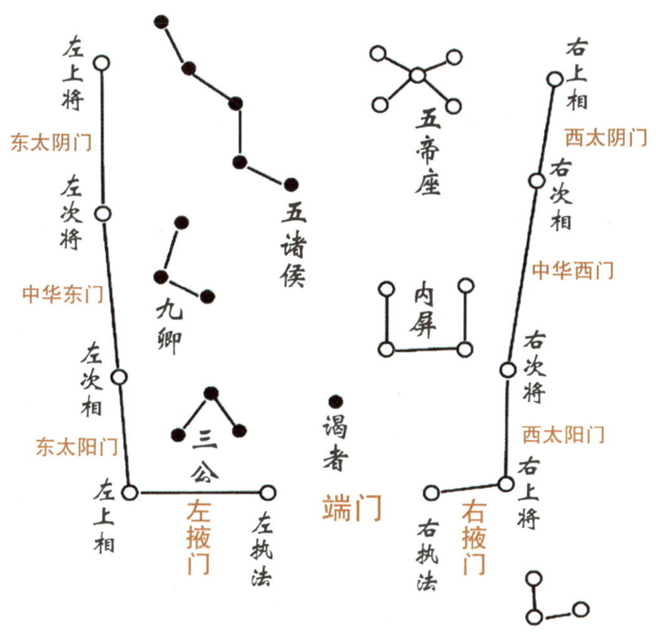

图 7.4 太微垣墙以及墙上的各门

星之间叫作端门,〖右执法〗的西面为右掖门,〖左执法〗之东为左掖门,西侧的垣墙上从南向北依次是：西太阳门、中华西门、西太阴门，东侧垣墙的门从南向北分别是：东太阳门、中华东门和东太阴门。这些门和清代故宫之门有一些类似之处。

明堂和灵台

在太微垣墙的端门外有〖明堂〗星官和〖灵台〗星官，分别由 3 颗星组成（图 7.5）。

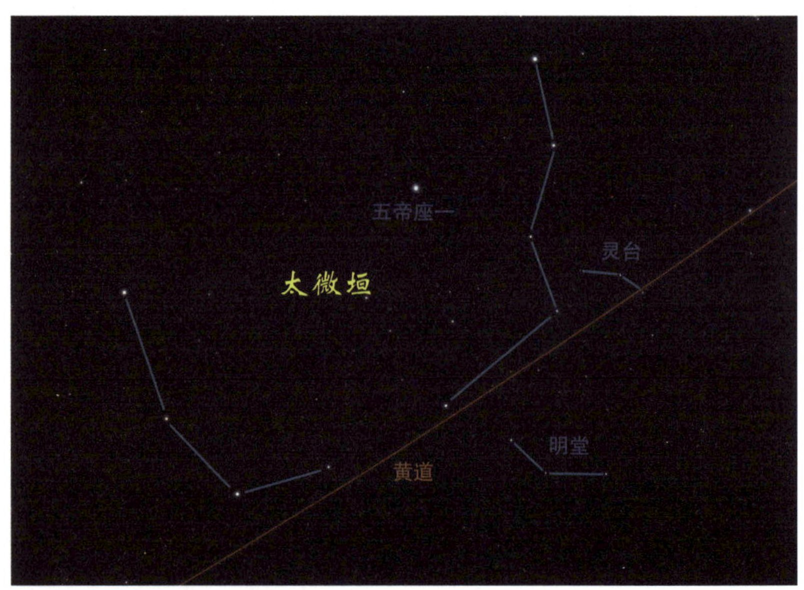

图 7.5 位于太微垣端门外的〖明堂〗和〖灵台〗星

《孟子·梁惠王下》说:“夫明堂者，王者之堂也。”明堂是古代帝王所建的最隆重的建筑物之一（图 7.6），作朝会诸侯、发布政令和祭祀之用。

天子在明堂里上通天象，下统万物，听察天下，宣明政教，凡朝会、祭祀、庆赏、选士、养老、教学等大典都在此举行。因此明堂是天下政治中心——太微垣的附属设施。

在古代，灵台就是天文台，用于观测天象、占卜军国大事的吉凶，是御用天文学家工作的地方。〖灵台〗3 星构成三角形，最下面一个顶点的星最亮，而且正好位于黄道上。古人把天上的皇家天文台建造在黄道上，足见其地位之重要，意义之重大。

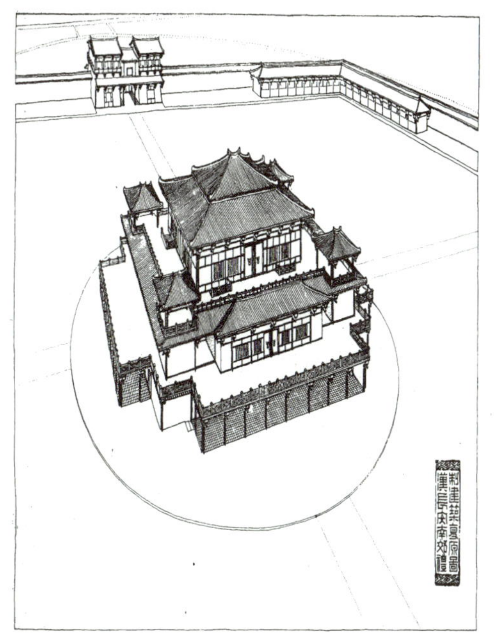

图 7.6 帝王宣明政教的明堂

明堂中方外圆，通达四出，各有左右房。图源：王世仁《汉长安城南郊礼制建筑（大土门村遗址）原状的推测》。

为什么天文台也叫灵台呢？在上古巫觋的时代，众巫在灵山上沟通天地。到后来出现了用来观天的人造物——灵台，它是古代的天文台。最早的灵台是一座土筑的高台（图 7.7）。《诗经·大雅》中有："经始灵台，经之营之。庶民攻之，不日成之。"就是说在开始建设灵台时，要事先规划设计，经营安排。百姓们共同出力兴建，没花几天就能建好。

古代早期的灵台出现在商朝末年。位于陇东的黄土高原南缘，有甘肃省灵台县，这里是古密须国遗址。在殷纣王时期，密须国归属西部诸侯方国，拥有号令四方的"密须之鼓"。据记载，周文王为完成讨伐殷纣的大计，在公元前 1057 年兵发密须，伐灭密须国后，举行了只有天子才能举行的祭天仪式，并修筑了灵台，正式拉开了讨伐殷纣的战争序幕。

在中国古人的眼里，人世间的一切都由上天主宰，而上天永远是公正

图 7.7 洛阳东汉灵台遗址

洛阳灵台遗址是我国现存最早的一座天文观测台遗迹，面积达 44000 平方米。其中心为一方形夯土高台，基址南北长约 41 米，东西宽约 31 米，高约 8 米。其顶部置放仪器，是观测天象的露天观测台。东汉伟大的科学家张衡两次任职太史令，亲自参与主持领导过灵台的天象观测和天文研究，他发明的地动仪就放在灵台上。

严明的智者，祂把天下交托给有德的人。不过，天象需要某些有特殊才能的人去解释，这些人不是普通人，而是能够通灵的巫觋。他们是上天和人间的中介，由他们解释天意才算合法。然后，君王公布于天下，让庶民知晓并相信。这些通灵的巫觋都会受到天子和帝王的礼遇、重用。建立高高的灵台，让他们观天，明了天意，并传达上天的旨意。到了后来，灵台就成为观天台、观象台，都属于帝王御用。

在洛阳汉魏故城南郊，东汉中元元年（公元 56 年）曾建有一座皇家天文观测台——灵台（图 7.8），距今已有 1900 多年的历史，一直沿用到西晋，毁于西晋末年的战乱，现仅存遗址。灵台是东汉时最大的天文台，是太史令的下属机构。

按照传统，明堂和灵台都在都城的南门之外，这与太微垣中的星官布

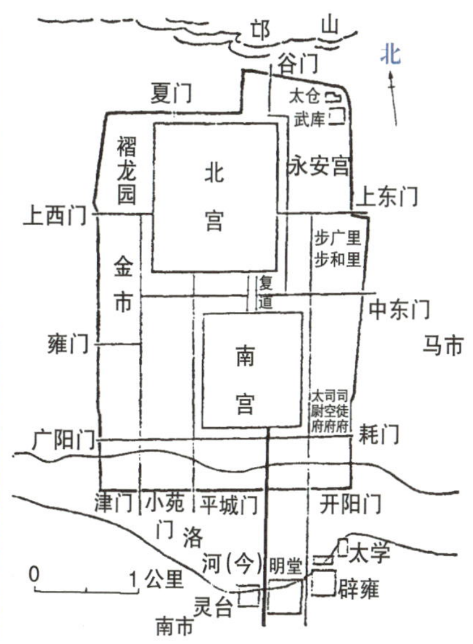

图 7.8 洛阳东汉灵台遗址布局图

从图中可以看到当年的灵台和明堂建在洛阳故城的南门外，和太微垣的布局类似。图源：王仲殊《中国古代都城概说》。

局相类似,〖灵台〗星和〖明堂〗星也在太微垣墙的南门(端门)外。从平面图中还可以看出,明堂附近还有辟雍和太学,这也符合古代的都城建筑制度。

辟雍,亦作"璧雍",是周代就有的建筑,因四周有水,形如璧环而得名。它是天子的学堂,古代皇帝即位后讲学的场所。太学是古代的国立最高学府,太学之名始于西周。夏、商、周三代,太学的称谓各有不同,五帝时期的太学名为成均,夏代叫东序,商朝称右学,周代则为上庠。到了后来,明堂、辟雍和太学合而为一,形成一个建筑群。北魏时期的都城——平城(今大同市)的明堂,就是这样的建筑形式。作为历史上的四大明堂之一,现今它只剩下遗址,供人们瞻仰。

太微垣外

在太微垣的右垣墙外有两列星,分别有4颗,各自排成南北纵队,它们是〖长垣〗星官和〖少微〗星官(图7.9)。

"垣"既然是墙的意思,那么"长垣"自然就是"长长的城墙"。《晋书·天文志》说〖长

图 7.9 星空中的太微垣

垣〗星“主界域及胡夷”，可见长垣代表了北方边境的城墙。大家知道，自秦以后，立在北方的长长的城墙就是万里长城。

《晋书·天文志》中有:“少微四星在太微西，士大夫之位也。南第一星处士，第二星议士，第三星博士，第四星大夫。明大而黄，则贤士举也。”既然在太微垣内有公卿，那么在垣墙之外的就是地位稍低一些的士大夫阶层。李淳风还给这 4 颗星分别命名。

在朝为官固然是古代知识分子的追求目标，但是历朝历代都有不少贤良高人隐于民间。举贤纳士，为天下服务，始终是朝廷关心的事情之一。〖少微〗星一般代表那些在野的隐逸之士，经常也用“处士星”来作为〖少微〗星的别名。如果〖少微〗星明亮并呈黄色，则说明朝廷举贤任能，天下安宁。

三级“天阶”

在太微垣和北斗七星之间，有两两成对的 6 颗亮星，正好组成一个三级的天阶，分别是〖下台〗星、〖中台〗星和〖上台〗星，可以看到，沿着这个台阶一路通向〖文昌〗星官（图 7.10）。

《晋书·天文志》中有“三台六星，两两而居，起文昌，列抵太微。一曰天柱，三公之位也。在人曰三公，在天曰三台，主开德宜符也。”李淳风说这三台星就像三根支撑天的柱子，在人间就是三公或者三司，上台星为司命，主寿；中台星为司中，主宗室；下台星为司禄，主兵。此外，“三台”也称作“三阶”，李淳风认为它也是太一星神踩踏上下的台阶。

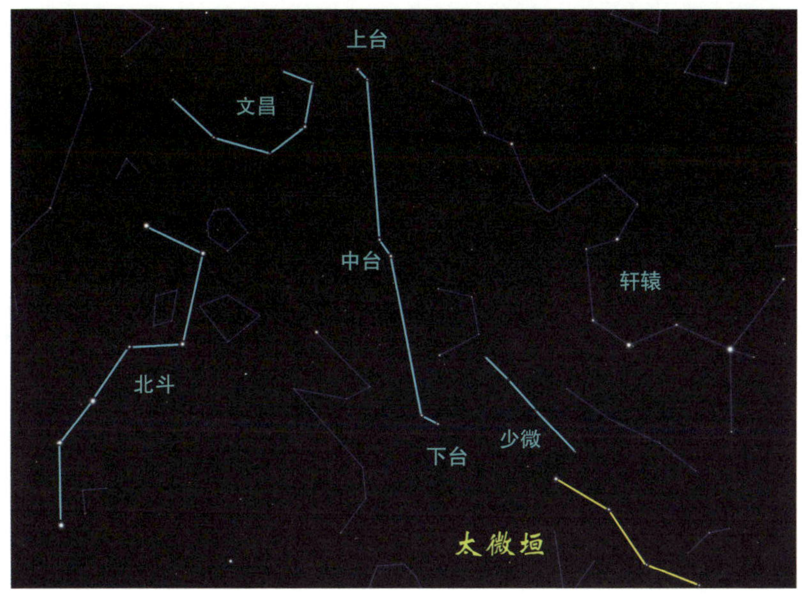

图 7.10 三级“天阶”

在太微垣和〖北斗〗之间，有两两成对的六颗亮星，正好组成一个三级的天阶，分别是〖下台〗〖中台〗和〖上台〗，一路通向〖文昌〗星官。

不管怎样，在古代占星家眼里，“三台”星都代表当朝的官员，或者代表士人飞黄腾达的过程。而在这个“三台”星官的下面是〖少微〗星官。我们知道，少微代表了在野的隐士。这“一官一隐”，二者形成鲜明对比。因此，这两个相距很近的星官，在古代也常成为文人作品中的内容，分别指代在朝和在野的状态。如南宋诗人方岳在《三用韵酬沈同年》中有：

纵有穷愁侵病骨，断无荣辱到灵台。

只销处士星明润，未用三台入斗魁。

诗人是在吊唁一个做隐士的朋友。诗中出现了“灵台”“处士”“三台”“斗魁”等星名，说明诗人是相当熟悉天文星象的。学习了这些名称，以后在形容人走上仕途等事情的时候，我们又多了一些有文化的称呼。

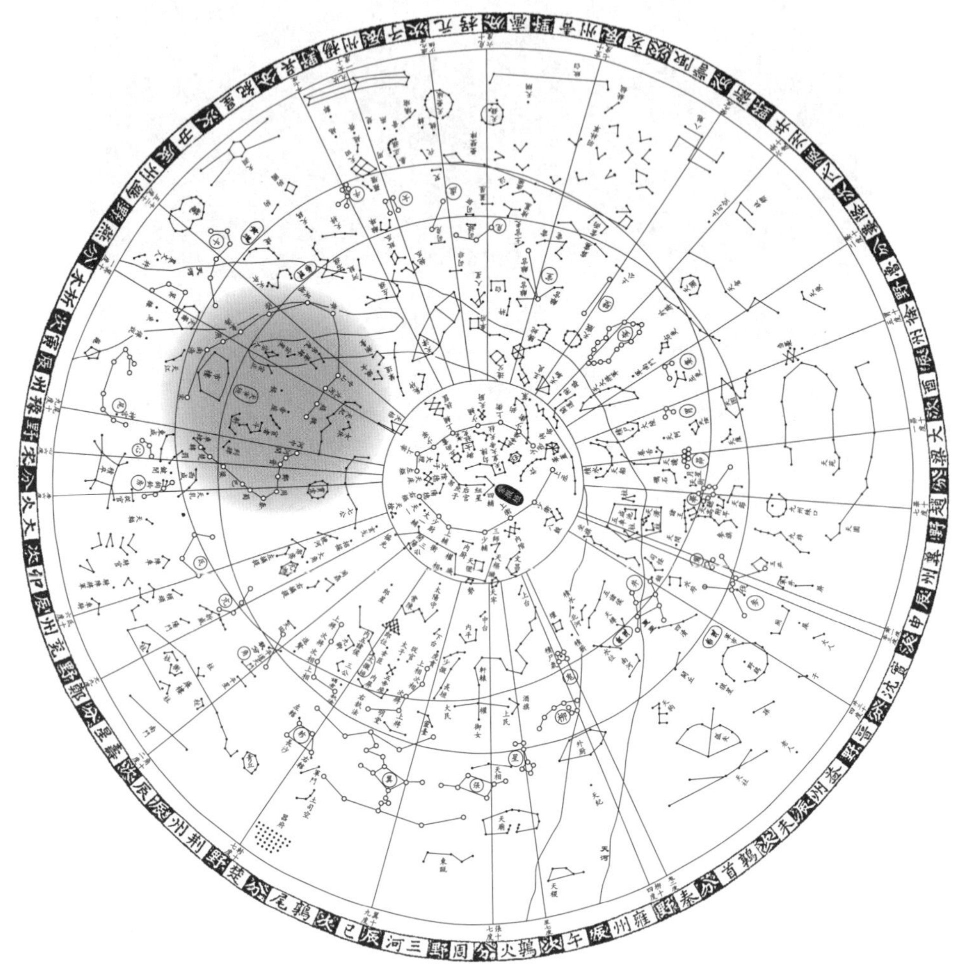

苏州石刻全天星图

图中深色区域为天市垣的范围

第八章 | 天市垣

天市垣在三垣中被称为下垣，在中国传统星官体系中，代表了在政府控制下的贸易场所。天市垣横跨赤道南北，在我国每年夏季 8 月黄昏后位于正南方天空，最适宜观察。

天市垣星官

包含 19 个星官，共 87 颗星。

1. 左垣
2. 右垣
3. 市楼
4. 车肆
5. 宗正
6. 宗人
7. 宗星
8. 帛度
9. 屠肆
10. 候
11. 帝座
12. 宦者
13. 列肆
14. 斗
15. 斛
16. 贯索
17. 七公
18. 天纪
19. 女床

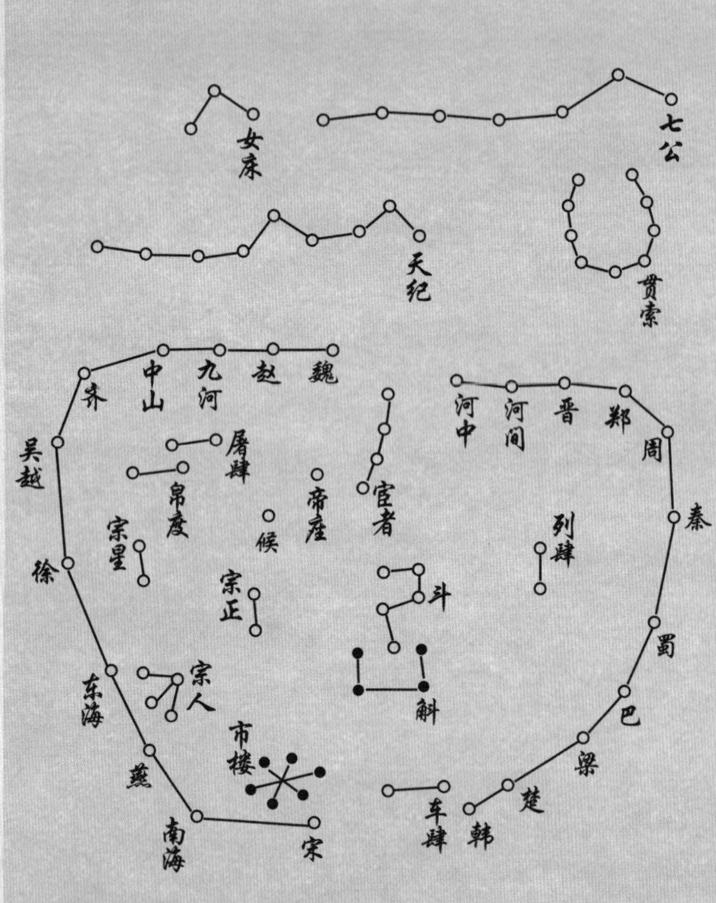

天市垣星官文图

句数编号	步天歌	释义
天市垣		
339	下元一宫名天市	下元是天市垣
340	两扇垣墙二十二	两扇垣墙共 22 颗星
341	当门六个黑市楼	〖市楼〗6 星正对门口
342	门左两星是车肆	门旁，靠近西垣墙的是〖车肆〗2 星
343	两个宗正四宗人	〖宗正〗2 星,〖宗人〗4 星
344	宗星一双亦依次	〖宗星〗2 星，依次排列
345	帛度两星屠肆前	〖帛度〗2 星在〖屠肆〗前方
346	候星还在帝座边	〖候〗1 星在〖帝座〗旁
347	帝座一星常光明	〖帝座〗1 星非常明亮
348	四个微茫宦者星	〖帝座〗旁的〖宦者〗4 星只有微微光芒
349	以肆两星名列肆	旁边还陈列了 2 星，叫作〖列肆〗
350	斗斛帝前依其次	〖斗〗〖斛〗依次布列在〖帝座〗前
351	斗是五星斛是四	〖斗〗是 5 星,〖斛〗4 星
352	垣北九个贯索星	〖贯索〗9 星在天市垣北边
353	索口横着七公成	〖七公〗7 星横呈在〖贯索〗口上方
354	天纪恰似七公形	〖天纪〗各星相连，似〖七公〗
355	数着分明多两星	细数之下,〖天纪〗却比〖七公〗多两星
356	纪北三星名女床	〖女床〗3 星在〖天纪〗北边
357	此坐还依织女旁	并且在〖织女〗旁边
358	三元之象无相侵	三垣之星布列天穹，互无交集
359	二十八宿随其阴	二十八宿随三垣一起在天空中起起落落
360	水火木土并与金	水火木土金 5 颗行星
361	以次别有五行吟	依各自规律周而复始地运行其间

长长的垣墙

天市垣中没有十分明亮的星，对不少人来说直接找它可能有些困难。

最适合观察天市垣的时候是在夏季黄昏后（图 8.1）。此时，南方天空中的大火星十分显眼，而天市垣就位于大火星上方。我们用假想的线

图 8.1 在夏夜星空中寻找天市垣

南方低处的大火星和头顶上方的〖织女〗星，二者连线中点稍偏织女星的位置上，有一颗较亮的星，是天市垣的〖候〗星。〖候〗星和大火星之间三分之一处就是天市垣的南门。

把大火星和〖织女〗星连接起来，在这中间的大片天区，基本上都是天市垣的范围了。

可以看到，夏夜银河从天市垣的左面静静流过。天市垣在西方星座中基本对应的是蛇夫座。

天市垣的垣墙，比紫微垣和太微垣都要长得多，左右垣墙各有 11 颗星，共有 22 颗星。垣墙上的星名都是各地方诸侯国或地区的名称，例如〖宋〗〖韩〗〖蜀〗〖燕〗〖徐〗等，其中大部分的名称在战国时代就已经存在。

组成天市垣垣墙的各星官中，除了国名，还有一些是地区或区域的名称，例如〖河中〗〖九河〗，指的是黄河流域的一些地区；而〖东海〗〖南海〗也并非是指海洋，它们是指各个沿海地区。

仔细观察可以发现一个有趣的现象，组成西垣墙（右垣墙）的诸国，在地理上大多都地处西方，而东垣墙（左垣墙）的诸星所代表的国家和地区也都是基本上位于地理的东方。可见，就连它们在星空中的南北布局，也与地理位置大致相合。

天上的集市

顾名思义，天市垣是一个规模巨大的综合贸易市场。垣墙上代表各国和地区的星官，说明在这个天上的市场中进行贸易的参与者来自五湖四海（图 8.2）。

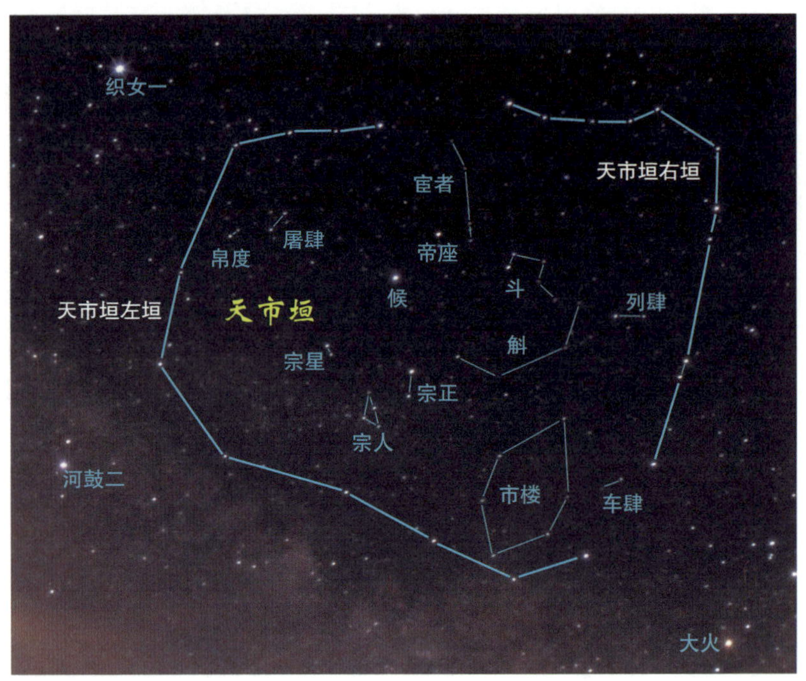

图 8.2 天市垣包含的星官

天市垣以〖帝座〗星为中心展开，左右垣墙表明来此交易的客商来自五湖四海，因此可以看出，天市垣是一个国际贸易市场。

既然天市垣是天上的集市，那市场的主人当然还是天帝。位于天市垣垣墙内核心位置的是〖帝座〗星，它代表的是天帝亲临市场视察时的座位，是市场的中心所在。天帝平时并不在这里，只是在视察的时候才来，因此在这里设置一个御座，代表他高贵的身份地位。在〖帝座〗星的右侧有一串小星，叫作〖宦者〗星，它们代表跟随天帝视察市场的朝廷官员。

按说天市垣的一切都受天帝指挥，〖帝座〗星应该是最核心的星官，但是实际观察星空，你会发现〖帝座〗星却并非天市垣内的最亮星，而是〖候〗星。有的文献将这颗星名写作诸侯的“侯”，可既然是诸侯，怎么会比〖帝座〗星还亮呢？

《开元占经》中说：“巫咸曰，候星土官也。石氏曰，候星以候阴阳，伺远国夷狄，以知谋征。候星主时变，货财安静。”可见，〖候〗星不过是负责观察阴阳时变的小土官而已，为什么它却是天市垣中最亮、最显眼的星呢？

天文史学家陈久金先生认为，由于阴阳的转变、时局的变化，可能导致货财来源的变化，从而引起市场的变化，设立〖候〗星这个土官，就是要随时掌握货财来源的动向，做出判断，为决策者发布政令提供参考依据。对于市场参与者来说，对动态变化的市场信息的观察和掌握，当然是最为重要的事情，可见〖候〗星当之无愧是天市垣最亮的星官。

管理机构

既然天市垣代表了在政府监管下的国际大市场，那么与贸易相关的管理机构和人员就十分完备，如〖宗〗星、〖宗人〗星和〖宗正〗星等。

从字面看，“宗”指的是皇族血脉，或主持皇族祭祀的官员。那么，“宗人”可能是记录皇族宗室支脉亲疏的官员，“宗正”可能是管理皇族关系的官员。那么，在天市垣中为什么要有这些管理皇室宗亲关系的官员呢？他们和市场又有什么关系呢？

《开元占经》中有:“石氏曰，宗者，主也；正者，政也。主政万物之名于市中。”看来，这三个星官都是管理贸易物品的官员，由他们来判别市场中交易货物的种类、质量的好坏和物品的真假，以真正实现公平交易。

在垣墙南门里面有6颗小星组成一个六边形，这就是〖市楼〗星。市楼是建在市场内的高高楼台，就是管理机构的办公场所，管理者在那里可以方便地观望整个市场，及时发现可能出现的纠纷和状况。

市场设施

在天市垣的右垣墙的内侧，从南到北，依次有〖车肆〗星和〖列肆〗星。车肆是指车辆，即市场内运货的车马。由于一些商人会在车上陈列货品以供交易，因此,〖车肆〗相当于移动摊位。而〖列肆〗则是指买卖金银珠宝等贵重物品的铺面，也可以看作是市场中的固定摊位。此外，在左垣内侧还有〖屠肆〗星，它是指代屠宰禽畜、提供娱乐和饮食的饭馆酒店，也可为买卖双方提供临时的住所，相当于古代的贸易市场大酒店。

我们知道，交易的第一原则就是公平，因此任何完善的市场都会有公平秤之类的设施提供给买卖双方，今天的市场是这样，古代的也不例外。天市垣内的〖斗〗星、〖斛〗星和〖帛度〗星官就是起到这样的作用。

斗和斛是古代的标准计量器具，用于称量液体（如酒）的体积，或者固体（如粮食）的重量（图8.3）。帛度则是丈量布匹的标准长度量具。它们就相当于市场中的公平尺和公平秤。天市垣这个市场内各种度量的器具

图 8.3 古代的标准计量器具斗和斛

龠、合、升、斗、斛是古代的标准容量单位。其中，升和斗是最为常见的计量粮食的用具。

设施十分齐备，为真正做到公平交易提供了硬件支持。可见即使是古代的市场，也处处体现着“以人为本”。

前朝后市

上面我们分别介绍了作为朝廷的太微垣，以及作为市场的天市垣。它们同都在星空中，是对古代都城的“前朝后市”建筑制度的最佳体现。

前朝后市也称作“面朝后市”。《周礼・考工记》中有：“匠人营国，方九里，旁三门。左祖右社，面朝后市，市朝一夫。”就是说建造一座九平方里的都城，在每边的城墙上要开三个门。王宫的左边是祖庙，右边是社稷，前面是朝廷，后面是市场，各占地百亩。

我们前面学过三垣，其中紫微垣称作中元，太微垣称为上元，而天市垣被叫做下元。以紫微垣为中心，它的上面也就是前面，是朝廷太微垣，它的下面也就是的后面，是市场天市垣。可见，这上中下三垣正好符合《周礼》前朝后市的规定。

另类星官

在天市垣的星官中还有 4 个星官:〖七公〗〖天纪〗〖贯索〗和〖女床〗，它们都位于垣墙的北门外（图 8.4）。

“七公”是指政府高级官员，是天帝的辅臣。“天纪”是维持天下纲纪

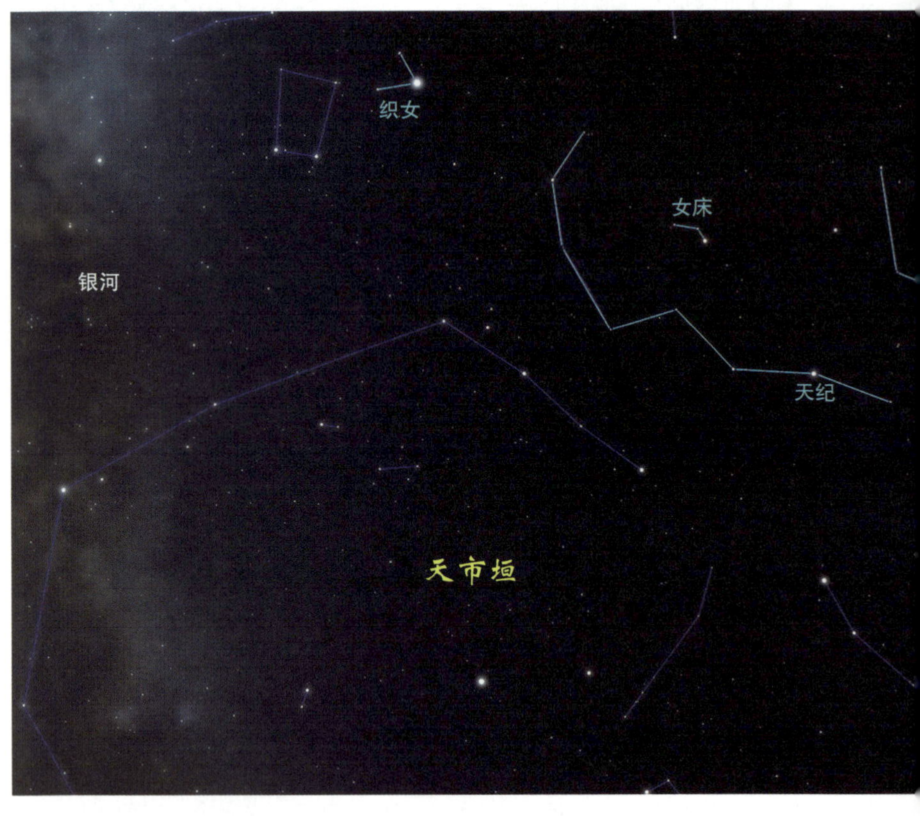

图 8.4 天市垣北侧墙外的星官

这些星官并不具备服务市场的功能，似乎是紫微垣的组成部分，只是被划分到了天市垣这里来。

的官员。“贯索”是拴犯人的绳索，引申为天牢和司法部门。古代占星家观察〖贯索〗星，认为在它围起来的区域内，如果星星多，则意味着牢狱中的犯人多；如果星少，则意味着天下的犯人少，比较太平。“女床”一般认为是天帝妻妾居住的宫室。

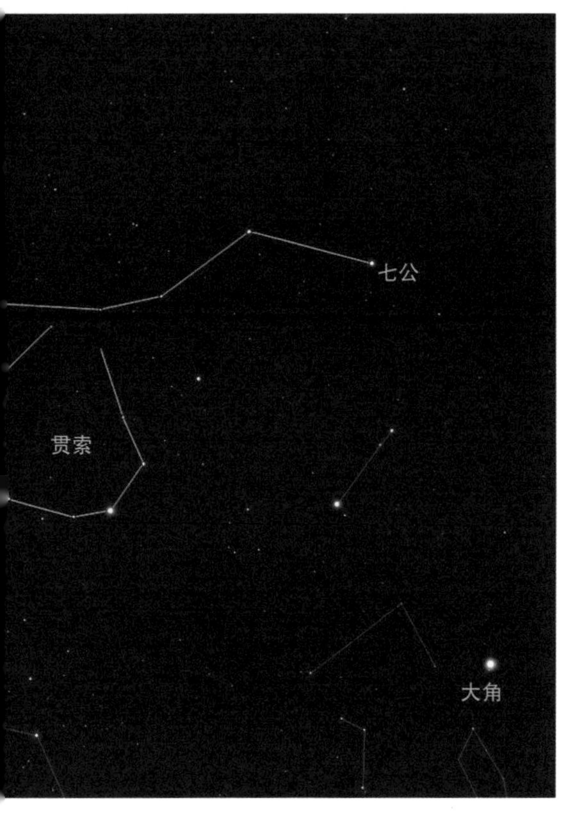

从名称和功能上看，这4个星官似乎与天市垣的关系不大；从位置看，它们也在天市垣之北，更靠近紫微垣，似乎把它们归入紫微垣更合适一些。

在这4个另类的星官中，位于天市垣的右垣墙北面的〖贯索〗星是最容易找到的，它由5等亮度以上的9颗星组成，仿佛一个圈环，看上去确实像一条套在犯人脖子上的绳索，在夏夜的星空中相当醒目。同样也是这几颗星，在西方星座中被称为北冕座，西方人认为它更像是一顶王冠。这样看来，同样都是项上之物，东西方人想象的差异实在巨大。

社会三要素

我们的先人用星星组成的城墙，分别围起天上三个独立的天区——紫微垣、太微垣和天市垣，以它们为缩影，为我们讲述了社会运行最重要的三个因素——文化、政治和经济（见图 8.5）。

仰观头顶的三垣，细细琢磨每个星官的含义，让人回味无穷，对先人智慧的敬仰油然而生。

尽管三垣的出现时间比二十八宿要晚，但是到隋唐以后，其影响逐步提升，在中国传统星官体系中居于重要的地位。

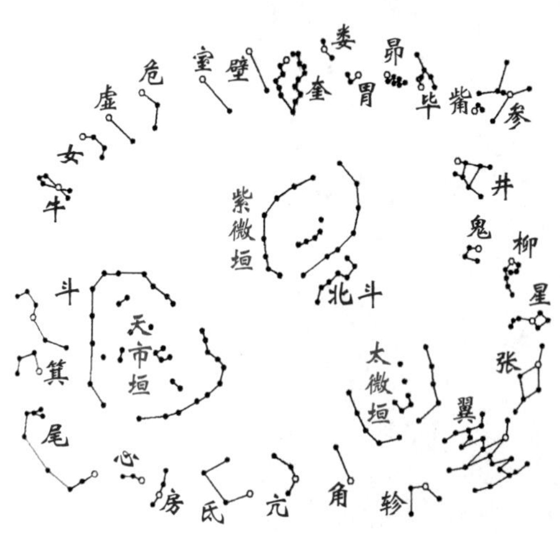

图 8.5 二十八宿以三垣为中心分布

紫微垣、太微垣和天市垣居于天空的中心位置，代表了古代社会的三大要素——文化、政治和经济。

要想在天上同时看到这三垣，最好的时间是每年的六月中下旬，也就是夏至节气前后（见图 8.6）。当黄昏来临，一丝清风送走夏日西边最后一线光亮，举目北望，庄严的紫微垣，俨然高悬于北极四周，北斗和〖文昌〗星居于墙左，而〖华盖〗星和〖传舍〗星列于垣右。此刻转身回望，在西南方的天空中，明亮的〖五帝座一〗星高挂，以它为中心的是天帝和大臣们处理政务的太微垣。向东看去，东南方地平线上银河正慢慢升起，银河岸边就是热闹的天市垣。仔细倾听，穿过林间悠扬的蝉鸣，你是否听到了来自天上集市的叫卖声？

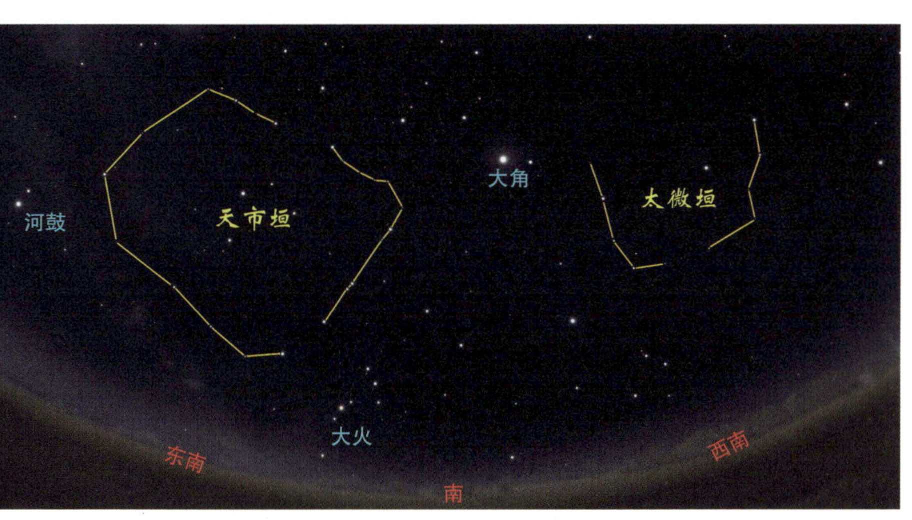

图 8.6 夏夜傍晚南方天空中可以同时看到太微垣和天市垣

位于天空西南方的是太微垣，东南方的是天市垣。此时北方天空中是紫微垣。

附录一 《步天歌》全文

本书《步天歌》源自文津阁本《四库全书》所载北宋王安礼修订的《灵台秘苑》。

001. 南北两星正直著
002. 中有平道上天田
003. 总是黑星两相连
004. 别有一乌名进贤
005. 平道右畔独渊然
006. 最上三星周鼎形
007. 角下天门左平星
008. 双双横于库楼上
009. 库楼十星屈曲明
010. 楼中柱有十五星
011. 三三相似如鼎形
012. 其中四星别名衡
013. 南门楼外两星横
014. 四星恰似弯弓状
015. 大角一星直上明
016. 折威七子亢下横
017. 大角左右摄提星
018. 三三相对如鼎形
019. 折威下左顿顽星
020. 两个斜安黄色精
021. 顽西二星号阳门
022. 色若顿顽直下存
023. 四星似斗侧量米
024. 天乳氐上黑一星
025. 世上不识称无名
026. 一个招摇梗河上
027. 梗河横列三星状
028. 帝席三黑河之西
029. 亢池六星近摄提
030. 氐下众星骑官出
031. 骑官之众二十七
032. 三三相连十欠一
033. 阵车氐下骑官次
034. 骑官下三车骑位
035. 天辐两星立阵傍
036. 将军阵里振威霜
037. 四星直下主明堂
038. 键闭一黄斜向上
039. 钩钤两个近其傍
040. 罚有三星直键上
041. 两咸夹罚似房状
042. 房下一星号为日
043. 从官两星日下出
044. 三星中央色最深
045. 下有积卒共十二
046. 三三相聚心下是
047. 九星如钩苍龙尾
048. 下头五点号龟星

049. 尾上天江四横是
050. 尾东一个名傅说
051. 傅说东畔一鱼子
052. 尾西一室是神宫
053. 所以列在后妃中
054. 四星其形似簸箕
055. 箕下三星名木杵
056. 箕前一黑是糠皮
057. 六星其状似北斗
058. 魁上建星三相对
059. 天弁建上三三九
060. 斗下团圆十四星
061. 虽然名鳖贯索形
062. 天鸡建背双黑星
063. 天籥柄前八黄精
064. 狗国四方鸡下生
065. 天渊十星鳖东边
066. 更有两狗斗魁前
067. 农家丈人斗下眠
068. 天渊十黄狗色玄
069. 六星近在河岸头
070. 头上虽然有两角
071. 腹下从来欠一脚
072. 牛下九黑是天田
073. 田下三三九坎连
074. 牛上直建三河鼓
075. 鼓上三星号织女
076. 左旗右旗各九星
077. 河鼓两畔右边明
078. 更有四黄名天桴
079. 河鼓直下如连珠
080. 罗堰三乌牛东居
081. 渐台四星似口形
082. 辇道东足连五丁
083. 辇道渐台在何许
084. 欲得见时近织女
085. 四星如箕主嫁娶
086. 十二诸国在下陈
087. 先从越国向东论
088. 东西两周次二秦
089. 雍州南下双雁门
090. 代国向西一晋伸
091. 韩魏各一晋北轮
092. 楚之一国魏西屯
093. 楚城南畔独燕军
094. 燕西一郡是齐邻
095. 齐北两邑平原君
096. 欲知郑在越下存
097. 十六黄星细区分
098. 五个离珠女上星
099. 败瓜珠上瓠瓜明
100. 天津九个弹弓形
101. 两星入牛河中横
102. 四个奚仲天津上
103. 七个仲侧扶筐星
104. 上下各一如连珠
105. 命禄危非虚上呈
106. 虚危之下哭泣星
107. 哭泣双双下垒城
108. 天垒团圆十三星
109. 败臼四星城下横
110. 臼西三个离瑜明
111. 三星不直旧先知
112. 危上五黑号人星
113. 人畔三四杵臼形
114. 人上七乌号车府

115. 府上天钩九黄晶
116. 钩下五鸦字造父
117. 危下四星号坟墓
118. 墓下四星斜虚梁
119. 十个天钱梁下黄
120. 墓傍两星能盖屋
121. 身着黑衣危下宿
122. 两星上有离宫出
123. 绕室三双有六星
124. 下头六个雷电形
125. 垒壁阵次十二星
126. 十二两头大似井
127. 阵下分布羽林军
128. 四十五卒三为群
129. 军西四星多难论
130. 仔细历历看区分
131. 三粒黄金名铁钺
132. 一颗珍珠北落门
133. 门东八魁九个子
134. 门西一宿天纲是
135. 电傍两黑土公吏
136. 腾蛇室上二十二
137. 两星下头是霹雳
138. 霹雳五星横着行
139. 云雨之次曰四方
140. 壁上天厩十圆黄
141. 铁锁五星羽林傍
142. 土公两黑壁下藏
143. 腰细头尖似破鞋
144. 一十六星绕鞋生
145. 外屏七乌奎下横
146. 屏下七星天溷明
147. 司空右畔土之精
148. 奎上一宿军南门
149. 河中六个阁道行
150. 附路一星道傍明
151. 五个吐花王良星
152. 良星近上一策明
153. 三星不匀近一头
154. 左更右更乌夹娄
155. 天仓六个娄下头
156. 天庾三星仓东脚
157. 娄上十一将军侯
158. 三星鼎足河之次
159. 天廪胃下斜四星
160. 天囷十三如乙形
161. 河中八星名大陵
162. 陵北九个天船名
163. 陵中积尸一个星
164. 积水船中一黑精
165. 七星一聚实不少
166. 阿西月东各一星
167. 阿下五黄天阴名
168. 阴下六乌刍藁营
169. 营南十六天苑形
170. 河里六星名卷舌
171. 舌中黑点天谗星
172. 砺石舌傍斜四丁
173. 恰似爪叉八星出
174. 附耳毕股一星光
175. 天街两星毕背傍
176. 天节耳下八乌幢
177. 毕上横列六诸王
178. 王下四皂天高星
179. 节下团圆九州城
180. 毕口斜对五车口

181. 车有三柱任纵横
182. 车中五个天潢精
183. 潢畔咸池三黑星
184. 天关一星车脚边
185. 参旗九个参车间
186. 旗下直建九斿连
187. 斿下十三乌天园
188. 九斿天园参脚边
189. 三星相近作参蕊
190. 觜上座旗直指天
191. 尊卑之位九相连
192. 司怪曲立座旗边
193. 四鸦大近井钺前
194. 总有七星觜相侵
195. 两肩双足三为心
196. 伐有三星足里深
197. 玉井四星右足阴
198. 屏星两扇井南襟
199. 军井四星屏上吟
200. 左足下四天厕临
201. 厕下一物天屎沉
202. 八星横列河中静
203. 一星名钺井边安
204. 两河各三南北正
205. 天樽三星井上头
206. 樽上横列五诸侯
207. 侯上北河西积水
208. 欲觅积薪东畔是
209. 钺下四星名水府
210. 水位东边四星序
211. 四渎横列南河里
212. 南河下头是军市
213. 军市团圆十三星
214. 中有一个野鸡精
215. 孙子丈人市下列
216. 各立两星从东说
217. 阙丘两星南河东
218. 丘下一狼光蓬茸
219. 左畔九个弯弧弓
220. 一矢拟射顽狼胸
221. 有个老人南极中
222. 春秋出入寿无穷
223. 四星册方似木柜
224. 中央白者积尸气
225. 鬼上四星是爟位
226. 天狗七星鬼下是
227. 外厨六间柳星次
228. 天社六星弧东倚
229. 社东一星名天纪
230. 八星曲头垂似柳
231. 近上三星号为酒
232. 宴享大酺五星守
233. 七星如钩柳下生
234. 星上十七轩辕形
235. 轩辕东头四内平
236. 平下三个名天相
237. 相下稷星横五灵
238. 六星似轸在星旁
239. 张下只是有天庙
240. 十四之星册四方
241. 长垣少微虽向上
242. 数星欹在太微旁
243. 太尊一星直上黄
244. 二十二星太难识
245. 上五下五横着行
246. 中心六个恰似张

247. 更有六星在何许
248. 三三相连张畔附
249. 必若不能分处所
250. 更请向前看野取
251. 五个黑星翼下头
252. 欲知名字是东瓯
253. 四星似张翼相近
254. 中央一个长沙子
255. 左辖右辖附两星
256. 军门两黄近翼是
257. 门下四个土司空
258. 门东七乌青丘子
259. 青丘之下名器府
260. 器府之星三十二
261. 已上便为太微宫
262. 黄道向上看取是
263. 中元北极紫微宫
264. 北极五星在其中
265. 大帝之座第二珠
266. 第三之星庶子居
267. 第一号曰为太子
268. 四为后宫五天枢
269. 左右四星是四辅
270. 天一太一当门路
271. 左枢右枢夹南门
272. 两面营卫一十五
273. 上宰少尉两相对
274. 少宰上辅次少辅
275. 上卫少卫次上丞
276. 后门东边大赞府
277. 门东唤作一少丞
278. 以次却向前门数
279. 阴德门里两黄聚
280. 尚书以次其位五
281. 女史柱史各一户
282. 御女四星五天柱
283. 大理两星阴德边
284. 勾陈尾指北极巅
285. 勾陈六星六甲前
286. 天皇独在勾陈里
287. 五帝内座后门是
288. 华盖并杠十六星
289. 杠作柄象华盖形
290. 盖上连连九个星
291. 名曰传舍如连丁
292. 垣外左右各六珠
293. 右是内阶左天厨
294. 阶前八星名八谷
295. 厨下五个天棓宿
296. 天床六星左枢右
297. 内厨两星右枢对
298. 文昌斗上半月形
299. 稀疏分明六个星
300. 文昌之下曰三师
301. 太尊只向三公明
302. 天牢六星太尊边
303. 太阳之守四势前
304. 一个宰相太阳侧
305. 更有三公向西偏
306. 即是玄戈一星圆
307. 天理四星斗里暗
308. 辅星近着开阳淡
309. 北斗之宿七星明
310. 第一主帝名枢精
311. 第二第三璇玑星
312. 第四名权第五衡

313. 开阳摇光六七名
314. 摇光左三天枪红
315. 上元天庭太微宫
316. 昭昭列象布苍穹
317. 端门只是门之中
318. 左右执法门西东
319. 门左皂衣一谒者
320. 以次即是乌三公
321. 三黑九卿公背旁
322. 五黑诸侯卿后行
323. 四个门西主轩屏
324. 五帝内座于正中
325. 幸臣太子并从官
326. 乌列帝后从东定
327. 郎将虎贲居左右
328. 常陈郎位居其后
329. 常陈七星不相误
330. 郎位陈东一十五
331. 两面宫垣十星布
332. 左右执法是其数
333. 宫外明堂布政宫
334. 三个灵台候云雨
335. 少微四星西北隅
336. 长垣双双微西居
337. 北门西外接三台
338. 与垣相对无兵灾
339. 下元一宫名天市
340. 两扇垣墙二十二
341. 当门六个黑市楼
342. 门左两星是车肆
343. 两个宗正四宗人
344. 宗星一双亦依次
345. 帛度两星屠肆前
346. 候星还在帝座边
347. 帝座一星常光明
348. 四个微茫宦者星
349. 以肆两星名列肆
350. 斗斛帝前依其次
351. 斗是五星斛是四
352. 垣北九个贯索星
353. 索口横者七公成
354. 天纪恰似七公形
355. 数着分明多两星
356. 纪北三星名女床
357. 此坐还依织女旁
358. 三元之象无相侵
359. 二十八宿随其阴
360. 水火木土并与金
361. 以次别有五行吟

附录二 《步天歌》星官索引表

本索引表以汉语拼音为序，列出本书中的所有传统星官及其在《步天歌》中的句数编号，以及在天空中所属的三垣二十八宿分区。

星官	句数编号	所属天区备注
八谷	294	紫微垣
八魁	133	室宿
巴	—	天市垣（右垣）
败瓜	099	女宿
败臼	109	虚宿
北斗	309	紫微垣
北河	204	井宿
北极	264	紫微垣
北落师门	132	室宿
毕	173	毕宿
壁	137	壁宿
鳖	061	斗宿
帛度	345	天市垣
厕	200	参宿
策	152	奎宿
长沙	254	轸宿
长垣	336	太微垣
常陈	329	太微垣
车府	114	危宿
车骑	034	氐宿
车肆	342	天市垣
刍藁	168	昴宿
杵	055	箕宿
杵臼	113	危宿
楚	—	天市垣（右垣）
楚	092	女宿（十二国）
传舍	291	紫微垣
从官	043	房宿
从官	325	太微垣

星官	句数编号	所属天区备注
大角	015	亢宿
大理	283	紫微垣
大陵	161	胃宿
代	089	女宿（十二国）
氐	023	氐宿
帝	265	紫微垣（北极）
帝席	028	氐宿
帝座	347	天市垣
东海	—	天市垣（左垣）
东瓯	252	翼宿
东咸	041	房宿
斗	057	斗宿
斗	351	天市垣
顿顽	019	亢宿
伐	196	参宿
罚	040	房宿
房	037	房宿
坟墓	117	危宿
鈇钺	131	室宿
鈇锧	141	壁宿
扶筐	103	女宿
辅星	308	紫微垣（北斗）
附耳	174	毕宿
附路	150	奎宿
傅说	050	尾宿
盖屋	120	危宿
杠	288	紫微垣
阁道	149	奎宿
梗河	027	氐宿

星官	句数编号	所属天区备注
勾陈	284	紫微垣
钩钤	039	房宿
狗	066	斗宿
狗国	064	斗宿
贯索	352	天市垣
爟	225	鬼宿
龟	048	尾宿
鬼	223	鬼宿
韩	—	天市垣（右垣）
韩	091	女宿（十二国）
河鼓	074	牛宿
河间	—	天市垣（右垣）
河中	—	天市垣（右垣）
衡	012	角宿
后宫	268	紫微垣（北极）
候	346	天市垣
弧矢	219	井宿
斛	351	天市垣
虎贲	327	太微垣
瓠瓜	099	女宿
华盖	288	紫微垣
宦者	348	天市垣
积尸	163	胃宿
积尸气	224	鬼宿
积水	164	胃宿
积水	207	井宿
积薪	208	井宿
积卒	045	心宿
箕	054	箕宿
建星	058	斗宿
渐台	081	牛宿
键闭	038	房宿
角	001	角宿
进贤	004	角宿
晋	—	天市垣（右垣）
晋	090	女宿（十二国）
井	202	井宿
九河	—	天市垣（左垣）

星官	句数编号	所属天区备注
九坎	073	牛宿
九卿	321	太微垣
九斿	186	毕宿
九州殊口	179	毕宿
酒旗	231	柳宿
卷舌	170	昴指
军井	199	参宿
军门	256	轸宿
军南门	148	奎宿
军市	213	井宿
开阳	313	紫微垣（北斗）
糠	056	箕宿
亢	014	亢宿
亢池	029	氐宿
哭	106	虚宿
库楼	009	角宿
奎	143	奎宿
郎将	327	太微垣
郎位	330	太微垣
狼星	218	井宿
老人	221	井宿
雷电	124	室宿
垒壁阵	125	室宿
离宫	123	室宿
离瑜	110	虚宿
离珠	098	女宿
砺石	172	昴宿
梁	—	天市垣（右垣）
列肆	349	天市垣
灵台	334	太微垣
柳	230	柳宿
六甲	285	紫微垣
娄	153	娄宿
罗堰	080	牛宿
昴	165	昴宿
明堂	333	太微垣
内厨	297	紫微垣
内阶	293	紫微垣

星官	句数编号	所属天区备注
内平	235	星宿
内屏	323	太微垣
南海	—	天市垣（左垣）
南河	204	井宿
南门	013	角宿
辇道	082	牛宿
牛	069	牛宿
农丈人	067	斗宿
女	085	女宿
女床	356	天市垣
女史	281	紫微垣
霹雳	138	壁宿
平道	002	角宿
平星	007	角宿
屏星	198	参宿
七公	353	天市垣
齐	—	天市垣（左垣）
齐	094	女宿（十二国）
骑官	031	氐宿
骑阵将军	036	氐宿
泣	106	虚宿
器府	260	轸宿
秦	—	天市垣（右垣）
秦	088	女宿（十二国）
青丘	258	轸宿
阙丘	217	井宿
人星	112	危宿
日	042	房宿
三公	305	紫微垣
三公	320	太微垣
三师	300	紫微垣
三台	337	太微垣
上弼(通辅)	274	紫微垣（左垣）
上丞	275	紫微垣（右垣）
上辅	274	紫微垣（右垣）
上台	—	太微垣（三台）
上宰	273	紫微垣（左垣）
尚书	280	紫微垣
上弼(通辅)	274	紫微垣（左垣）
少丞	277	紫微垣（左垣）
少辅	274	紫微垣（右垣）
少微	335	太微垣
少尉	273	紫微垣（右垣）
少宰	274	紫微垣（左垣）
神宫	052	尾宿
十二国	086	女宿
屎	201	参宿
市楼	341	天市垣
势	303	紫微垣
室	122	室宿
参	194	参宿
参旗	185	毕宿
蜀	—	天市垣（右垣）
庶子	266	紫微垣（北极）
水府	209	井宿
水位	210	井宿
司非	105	虚宿
司怪	192	觜宿
司禄	105	虚宿
司命	105	虚宿
司危	105	虚宿
四渎	211	井宿
四辅	269	紫微垣
宋	—	天市垣（左垣）
孙	215	井宿
太阳守	303	紫微垣
太一	270	紫微垣
太子	267	紫微垣（北极）
太子	325	太微垣
太尊	301	紫微垣
腾蛇	136	室宿
天阿	166	昴宿
天棓	295	紫微垣
天仓	155	娄宿
天谗	171	昴宿
天厨	293	紫微垣

星官	句数编号	所属天区备注
天船	162	胃宿
天床	296	紫微垣
天大将军	157	娄宿
天桴	078	牛宿
天辐	035	氐宿
天纲	134	室宿
天高	178	毕宿
天钩	115	危宿
天狗	226	鬼宿
天关	184	毕宿
天皇大帝	286	紫微垣
天潢	182	毕宿
天溷	146	奎宿
天巩	311	紫微垣（北斗）
天鸡	062	斗宿
天纪	229	鬼宿
天纪	354	天市垣
天稷	237	星宿
天江	049	尾宿
天街	175	毕宿
天节	176	毕宿
天津	100	女宿
天厩	140	壁宿
天牢	302	紫微垣
天垒城	108	虚宿
天理	307	紫微垣
天廪	159	胃宿
天门	007	角宿
天庙	239	张宿
天弁	059	斗宿
天钱	119	危宿
天枪	314	紫微垣
天权	312	紫微垣（北斗）
天囷	160	胃宿
天乳	024	氐宿
天社	228	鬼宿
天枢	268	紫微垣（北极）
天枢	310	紫微垣（北斗）
天田	002	角宿
天田	072	牛宿
天相	236	星宿
天璇	311	紫微垣（北斗）
天一	270	紫微垣
天阴	167	昴宿
天庾	156	娄宿
天渊	065	斗宿
天园	187	毕宿
天苑	169	昴指
天籥	063	斗宿
天柱	282	紫微垣
天樽	205	井宿
屠肆	345	天市垣
土公	142	壁宿
土公吏	135	室宿
土司空	147	奎宿
土司空	257	轸宿
外厨	227	鬼宿
外屏	145	奎宿
王良	151	奎宿
危	111	危宿
尾	047	尾宿
胃	158	胃宿
魏	—	天市垣（左垣）
魏	091	女宿（十二国）
文昌	298	紫微垣
吴越	—	天市垣（左垣）
五车	180	毕宿
五帝内座	287	紫微垣
五帝座	324	太微垣
五诸侯	206	井宿
五诸侯	322	太微垣
西咸	041	房宿
奚仲	102	女宿
下台	—	太微垣（三台）
咸池	183	毕宿
相	304	紫微垣

星官	句数编号	所属天区备注
心	044	心宿
星	233	星宿
幸臣	325	太微垣
虚	104	虚宿
虚梁	118	危宿
徐	—	天市垣（左垣）
轩辕	234	星宿
玄戈	306	紫微垣
燕	—	天市垣（左垣）
燕	093	女宿（十二国）
阳门	021	亢宿
摇光	313	紫微垣（北斗）
野鸡	214	井宿
谒者	319	太微垣
翼	244	翼宿
阴德	279	紫微垣
右次将	—	太微垣（右垣）
右次相	—	太微垣（右垣）
右更	154	娄宿
右旗	076	牛宿
右上将	—	太微垣（右垣）
右上卫	275	紫微垣（右垣）
右上相	—	太微垣（右垣）
右少卫	275	紫微垣（右垣）
右摄提	017	亢宿
右枢	271	紫微垣（右垣）
右辖	255	轸宿
右执法	318	太微垣（右垣）
鱼	051	尾宿
羽林军	127	室宿
玉衡	312	紫微垣（北斗）
玉井	197	参宿
御女	282	紫微垣
月	166	昴宿
钺	203	井宿
越	087	女宿（十二国）
云雨	139	壁宿
造父	116	危宿
张	238	张宿

星官	句数编号	所属天区备注
丈人	215	井宿
招摇	026	氐宿
赵	—	天市垣（左垣）
赵	095	女宿（十二国，此处《步天歌》中用“平原君”指代赵国）
折威	016	亢宿
轸	253	轸宿
阵车	033	氐宿
郑	—	天市垣（右垣）
郑	096	女宿（十二国）
织女	075	牛宿
中山	—	天市垣（左垣）
中台	—	太微垣（三台）
周	—	天市垣（右垣）
周	088	女宿（十二国）
周鼎	006	角宿
诸王	177	毕宿
柱	010	角宿
柱	181	毕宿
柱史	281	紫微垣
觜	189	觜宿
子	215	井宿
宗人	343	天市垣
宗星	344	天市垣
宗正	343	天市垣
左次将	—	太微垣（左垣）
左次相	—	太微垣（左垣）
左更	154	娄宿
左旗	076	牛宿
左上将	—	太微垣（左垣）
左上卫	275	紫微垣（左垣）
左上相	—	太微垣（左垣）
左少卫	275	紫微垣（左垣）
左摄提	017	亢宿
左枢	271	紫微垣（左垣）
左辖	255	轸宿
左执法	318	太微垣
座旗	190	觜宿

参考文献

1. 伊世同．中西对照恒星图表［M］．北京：科学出版社，1981.

2. 陈遵妫．中国天文学史［M］．上海：上海人民出版社，1982.

3. 邓文宽．敦煌天文历法文献辑校［M］．南京：江苏古籍出版社，1996.

4. 陈美东．中国科学技术史·天文学卷［M］．北京：科学出版社，2003.

5. 陈久金．星象解码［M］．北京：群言出版社，2004.

6. 文津阁本四库全书［M］．北京：商务印书馆，2005.

7. 陈久金．泄露天机——中西星空对话［M］．北京：群言出版社，2005.

8.［唐］瞿昙悉达撰，常秉义点校．开元占经［M］．北京：中央编译出版社，2006.

9. 王玉民．星座世界［M］．沈阳：辽宁教育出版社，2008.

10. 韩云波，郝敬，张莉．日者观天录［M］．重庆：重庆出版社，2008.

11. 周晓陆．步天歌研究［M］．北京：中国书店出版社，2008.

12. 吴守贤，全和钧．中国天文学史大系——中国古代天体测量学及天文仪器［M］．北京：中国科学技术出版社，2008.

13. 卢央. 中国天文学史大系——中国古代星占学［M］. 北京：中国科学技术出版社，2008.

14. 潘鼎. 中国古天文图录［M］. 上海：上海科技教育出版社，2009.

15. 潘鼎. 中国恒星观测史［M］. 上海：学林出版社，2009.

16. 齐锐，曹军，万昊宜. 彩色全天星图［M］. 北京：科学普及出版社，2012.

17. 徐光冀. 中国出土壁画全集［M］. 北京：科学出版社，2011.

18. 王世仁. 汉长安城南郊礼制建筑（大土门村遗址）原状的推测［J］. 考古，1963（9）.

08—39
中西对照全天星图

本套星图以分幅方式绘制了全天恒星的中西对照星图。“中”是指我国传统星官，“西”是指现代天文学定义的西方星座。

星图采用中西对照的方式绘制，即对于同一片天区，分别绘制相对的两张星图，位于左侧的是中国传统星官图，位于右侧的是西方星座图，以方便读者对照。其中，中国传统星官图采用宋代皇祐星表数据，星官连线参考《苏州石刻天文图》《灵台秘苑》等。西方星座图采用耶鲁恒星星表数据。每幅星图的编号对应于《全天星图索引》中所划分的天区编号。

本星图历元为公元 1052 年。由于岁差和恒星自行等因素，星图与今天的星空相比有少许不同，读者在将其作为现今实际观察星空的参照时要注意。

40—55
中西对照四季星图

本套星图绘制的是我国中纬度地区可观察到的一年四季傍晚时分的星象。

为方便读者走出户外开展认星，针对春夏秋冬四季（5 月、8 月、11 月和 2 月）的傍晚，分别绘制了面向南方观察的“南天”星图，和面向北方观察的“北天”星图。而对于同一季节和同一片天区则又采用中西对照的方式绘制，位于左侧的是中国传统星官图，位于右侧的是西方星座图。

本套星图适合于我国中纬度地区观察。对于北方或南方地区的观察者来说，恒星高度略有变化。该星图历元为公元 2000 年。

中国传统星官全天盖图

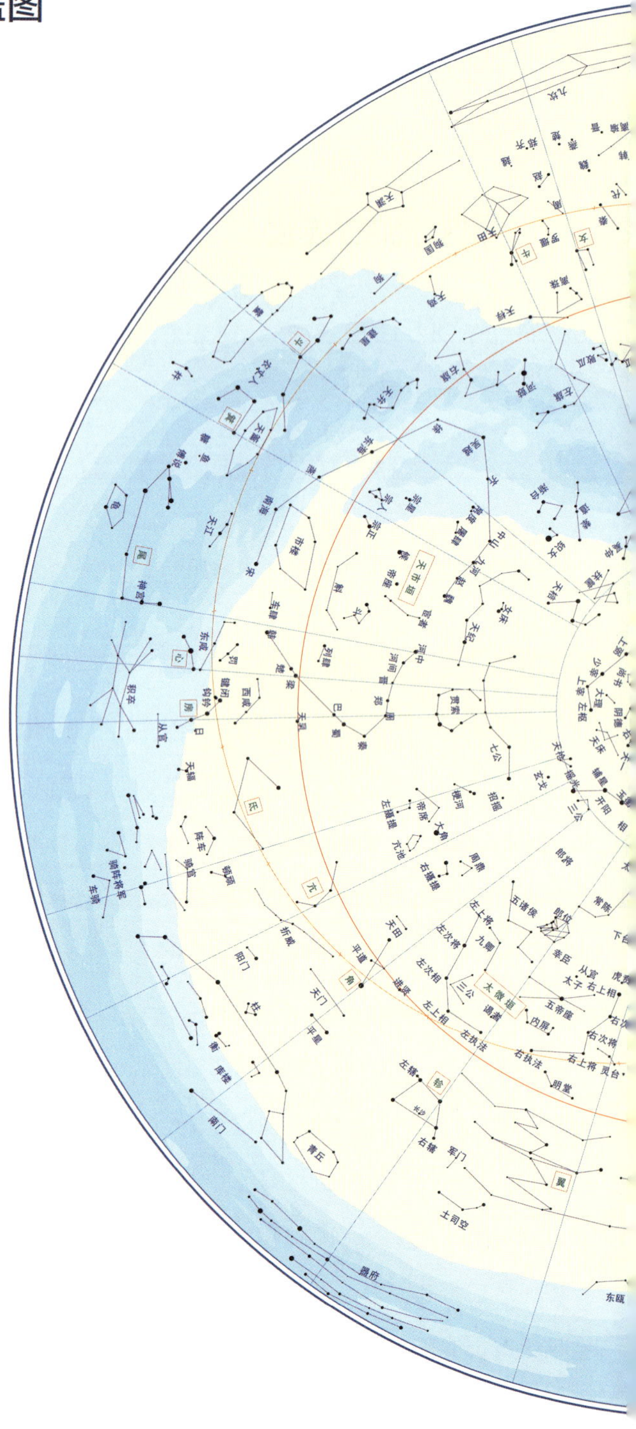

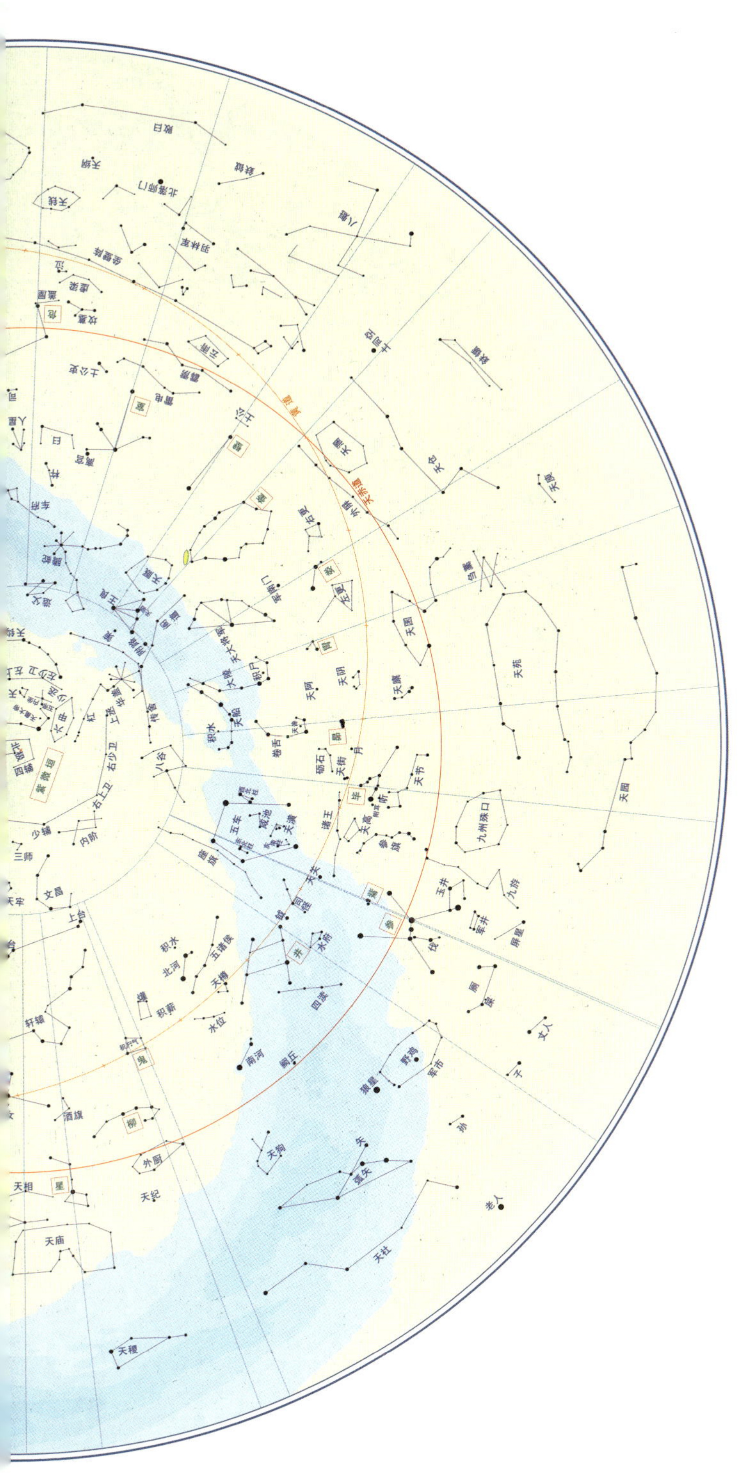

苏州石刻天文图

全天星图索引

本图所标图号在《中西对照全天星图》中西方星图的右侧，以 1 的形式标出。

星　座	图号
白羊座	3,5
半人马座	10,12,16
宝瓶座	3,4,13,14
北冕座	11
波江座	4,5,6,15
苍蝇座	16
豺狼座	12,16
长蛇座	7,8,10,12
船底座	16
船帆座	8,10,16
船尾座	8,16
大犬座	8
大熊座	2,7,9,11
雕具座	6
杜鹃座	15
盾牌座	14
飞马座	3,13
飞鱼座	16
凤凰座	4,6,15
海豚座	13
后发座	9
狐狸座	13
绘架座	6,8,15,16
唧筒座	8,10
剑鱼座	6,15,16
金牛座	5,6,7
鲸鱼座	3,4,5,6
矩尺座	12,16
巨爵座	10
巨蛇座	11,12,13,14
巨蟹座	7
孔雀座	15,16
猎户座	5,6,7,8
猎犬座	2,9,11
六分仪座	7,8,9,10
鹿豹座	1,2
罗盘座	8
摩羯座	14
牧夫座	2,9,11
南极座	15,16
南冕座	12,14
南三角座	16
南十字座	16
南鱼座	4,14

星 座	图号
麒麟座	6,7,8
人马座	12,14
三角座	3,5
山案座	15,16
蛇夫座	11,12,13,14
狮子座	7,9,10
时钟座	6,15
室女座	9,10,11,12
双鱼座	3,4,5
双子座	7
水蛇座	15
天秤座	12
天鹅座	1,3,13
天鸽座	6,8
天鹤座	4,14,15
天箭座	13
天龙座	1,2,13
天炉座	4,6
天猫座	2,7
天琴座	13
天坛座	12,14,15,16
天兔座	6,8
天蝎座	12
天燕座	15,16
天鹰座	13,14
网罟座	15
望远镜座	14,15
乌鸦座	10
武仙座	1,2,11,13
仙后座	1,3
仙女座	1,3,5
仙王座	1,2
显微镜座	14
小马座	13
小犬座	7,8
小狮座	7,9
小熊座	1,2
蝎虎座	1,3,13
蝘蜓座	16
印第安座	4,14,15
英仙座	1,3,5
玉夫座	4
御夫座	1,2,5,7
圆规座	16

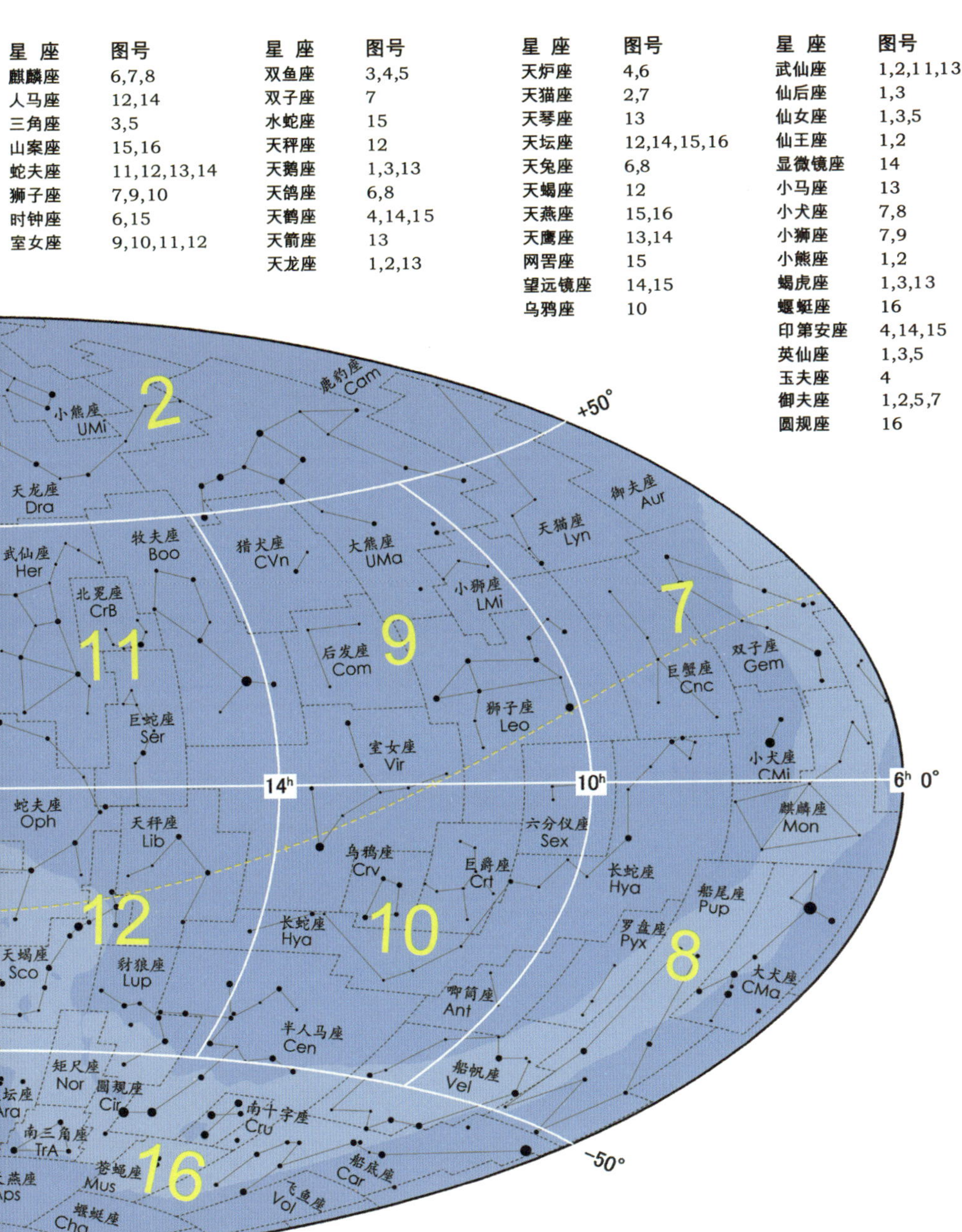

中西对照全天星图

北极天区中国星图

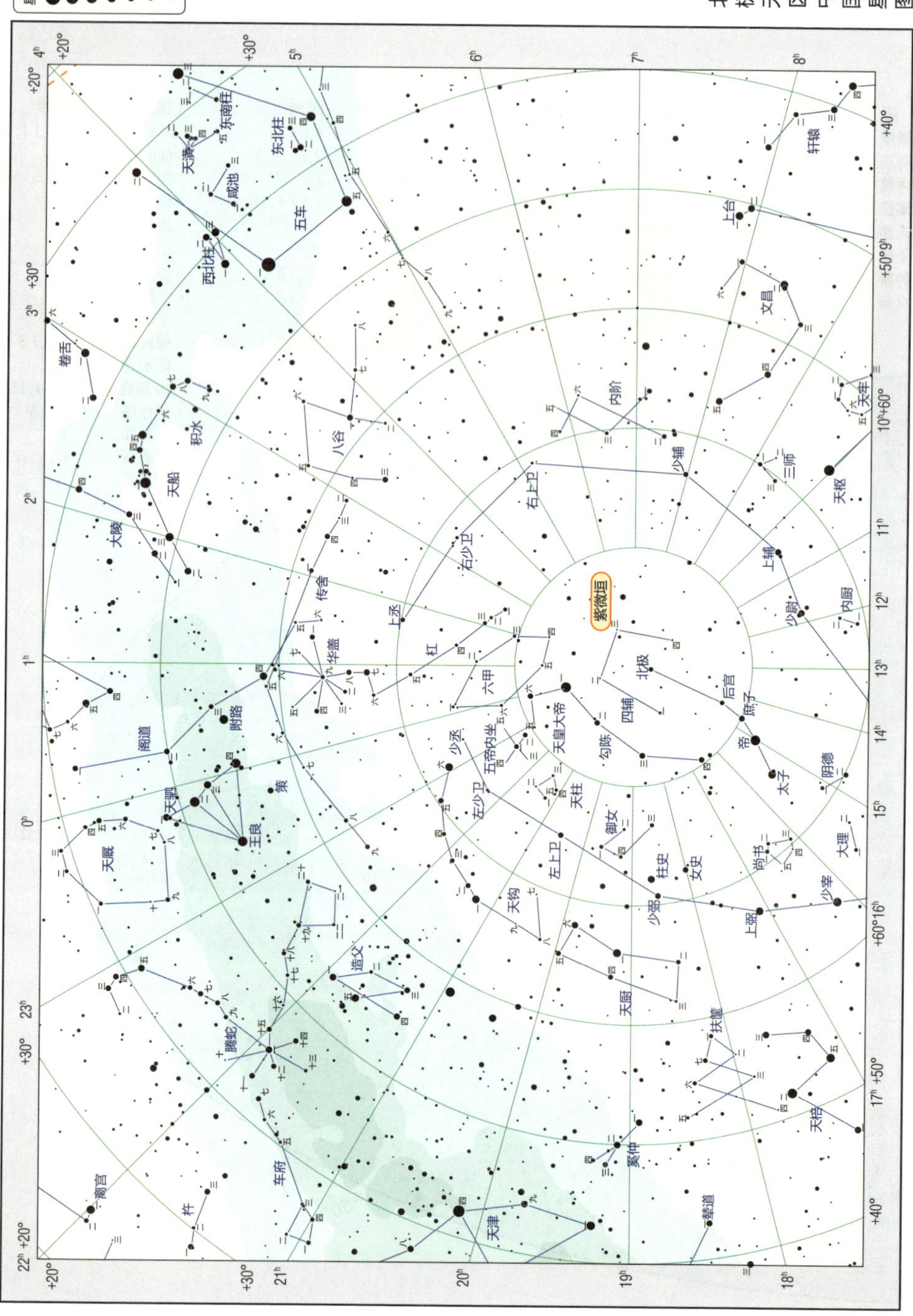

北极天区西方星图

1

星等
0
1
2
3
4
5
6

仙女座
英仙座
蝎虎座
仙后座
天鹅座
仙王座
御夫座
鹿豹座
天猫座
小熊座
天龙座
天琴座
22h +20°
+30° 23h
0h
1h
2h
3h +30°
+20° 4h
+20°
+30°
21h
20h
19h
18h
5h
6h
7h
8h
+40°
17h +50°
+60°16h
15h
14h
13h
12h
11h
10h+60°
+50°9h
+40°

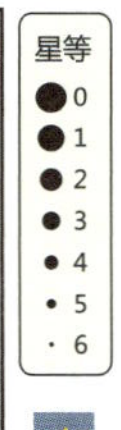

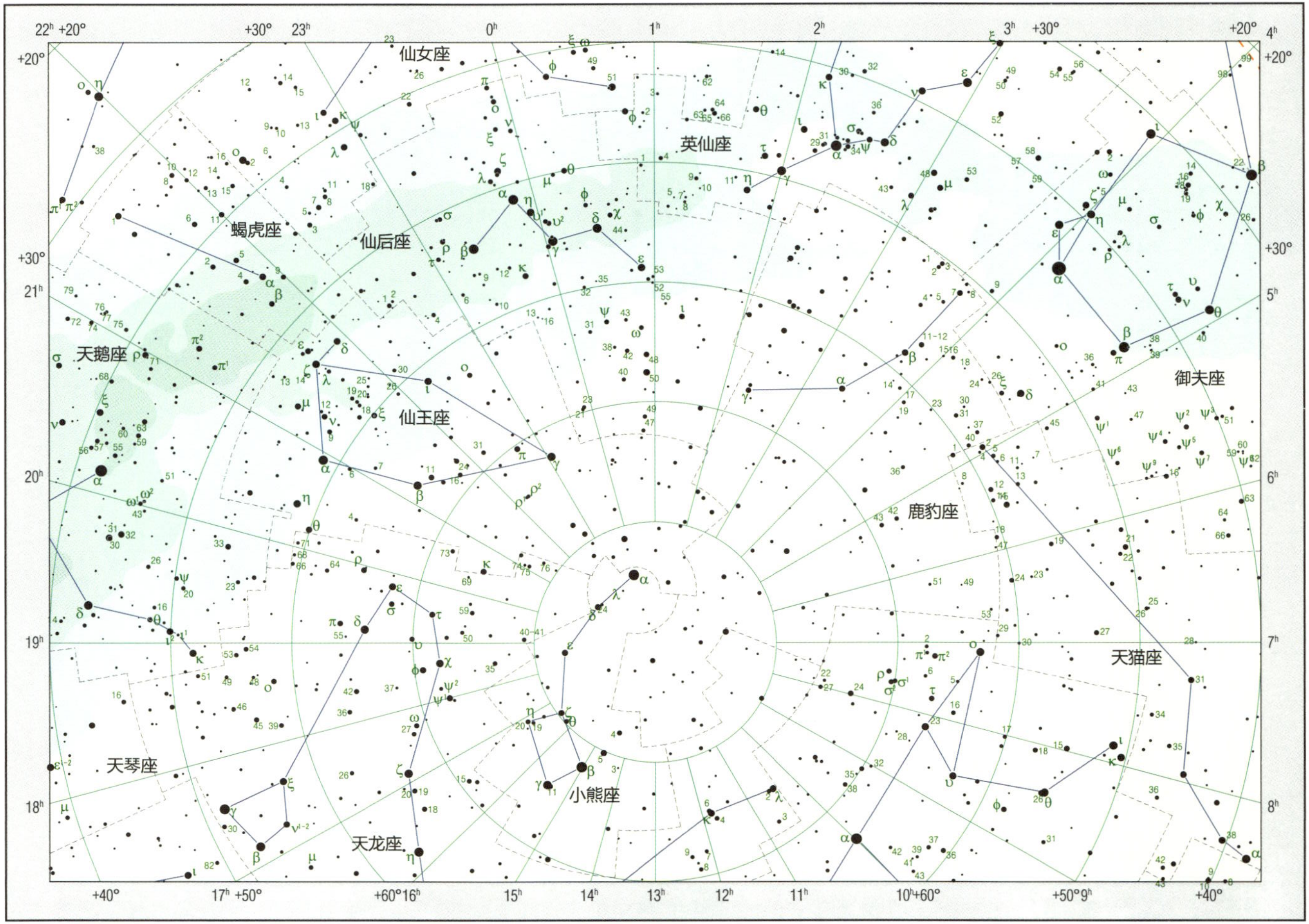

北极天区中国星图

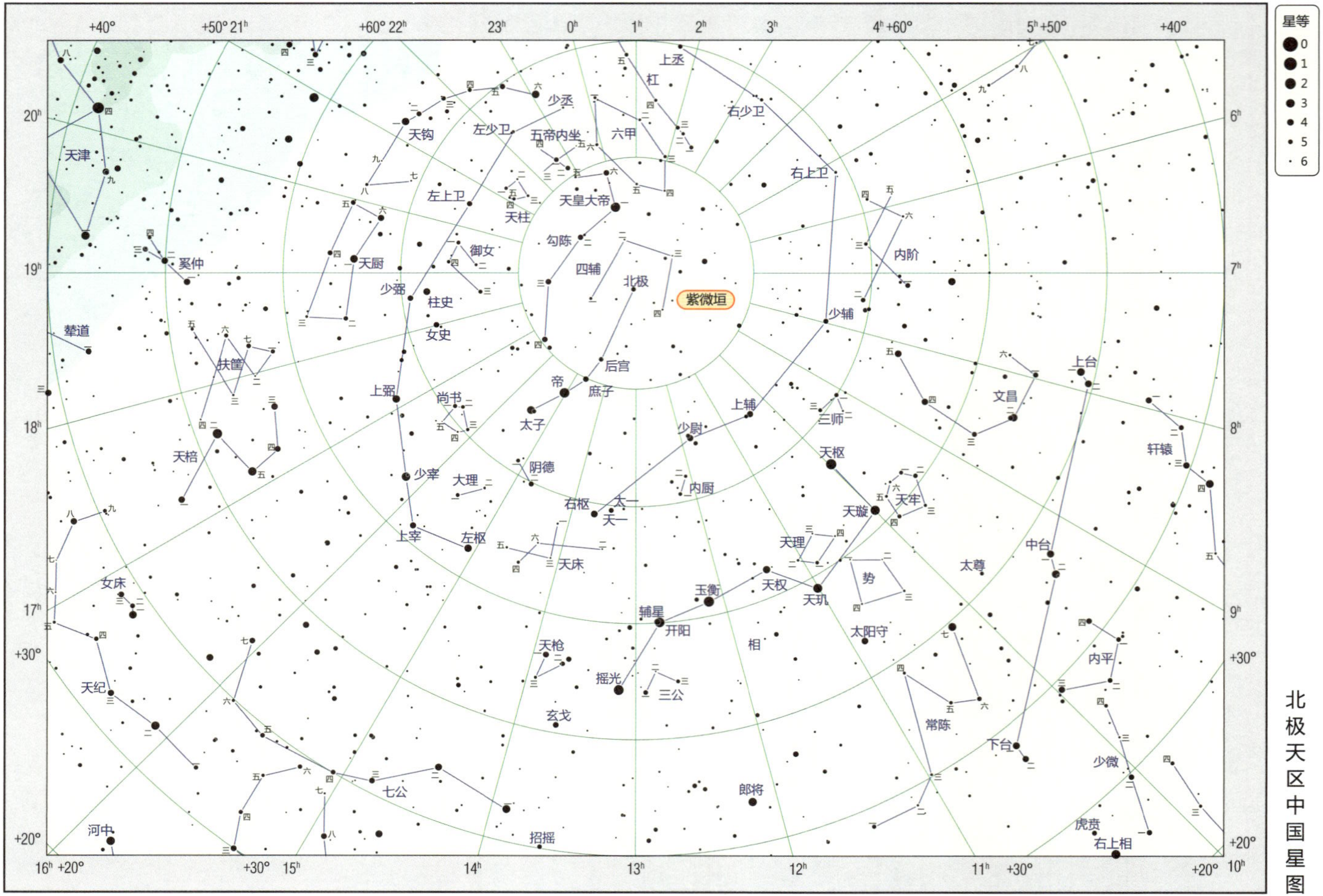

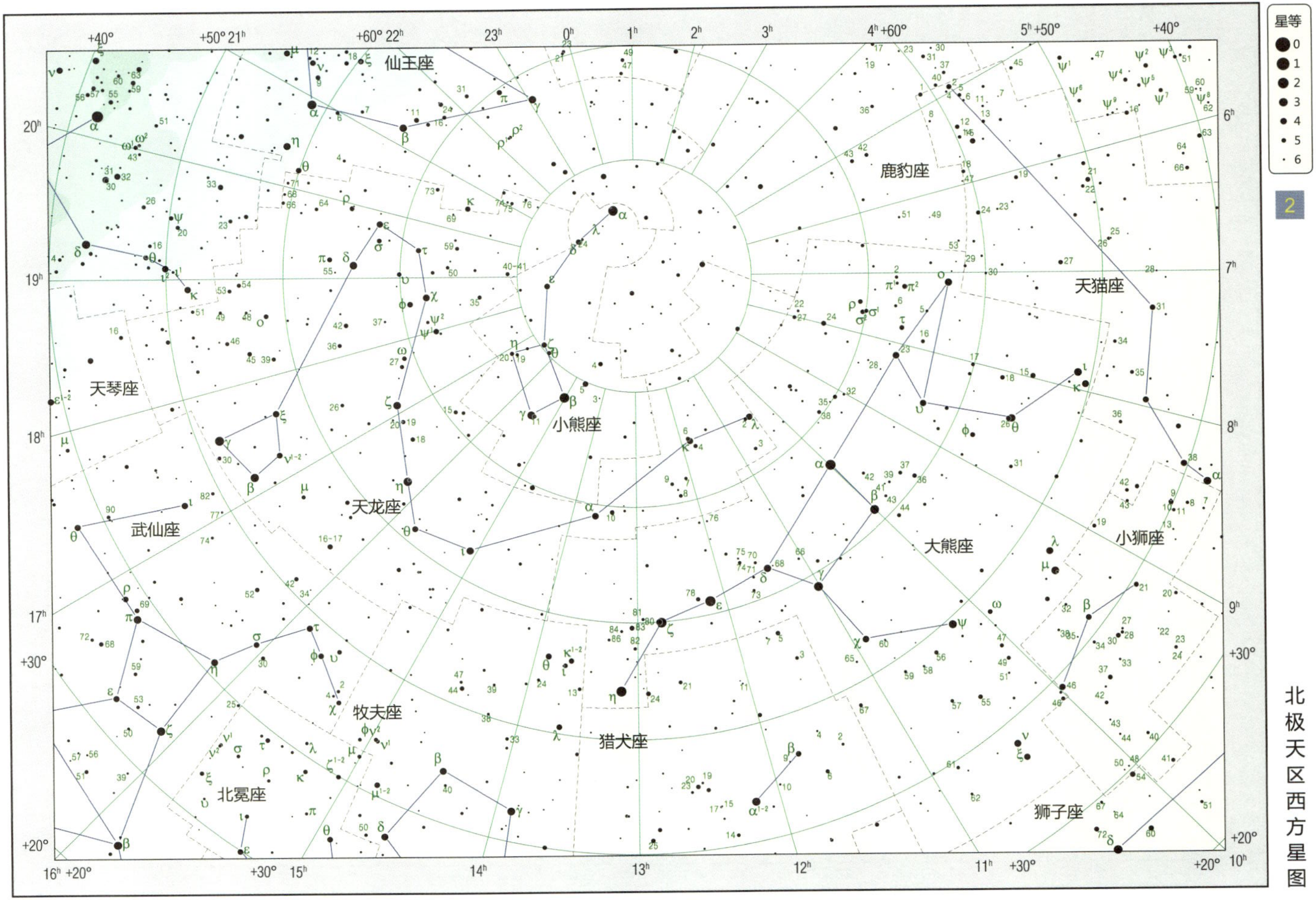

北极天区西方星图

2

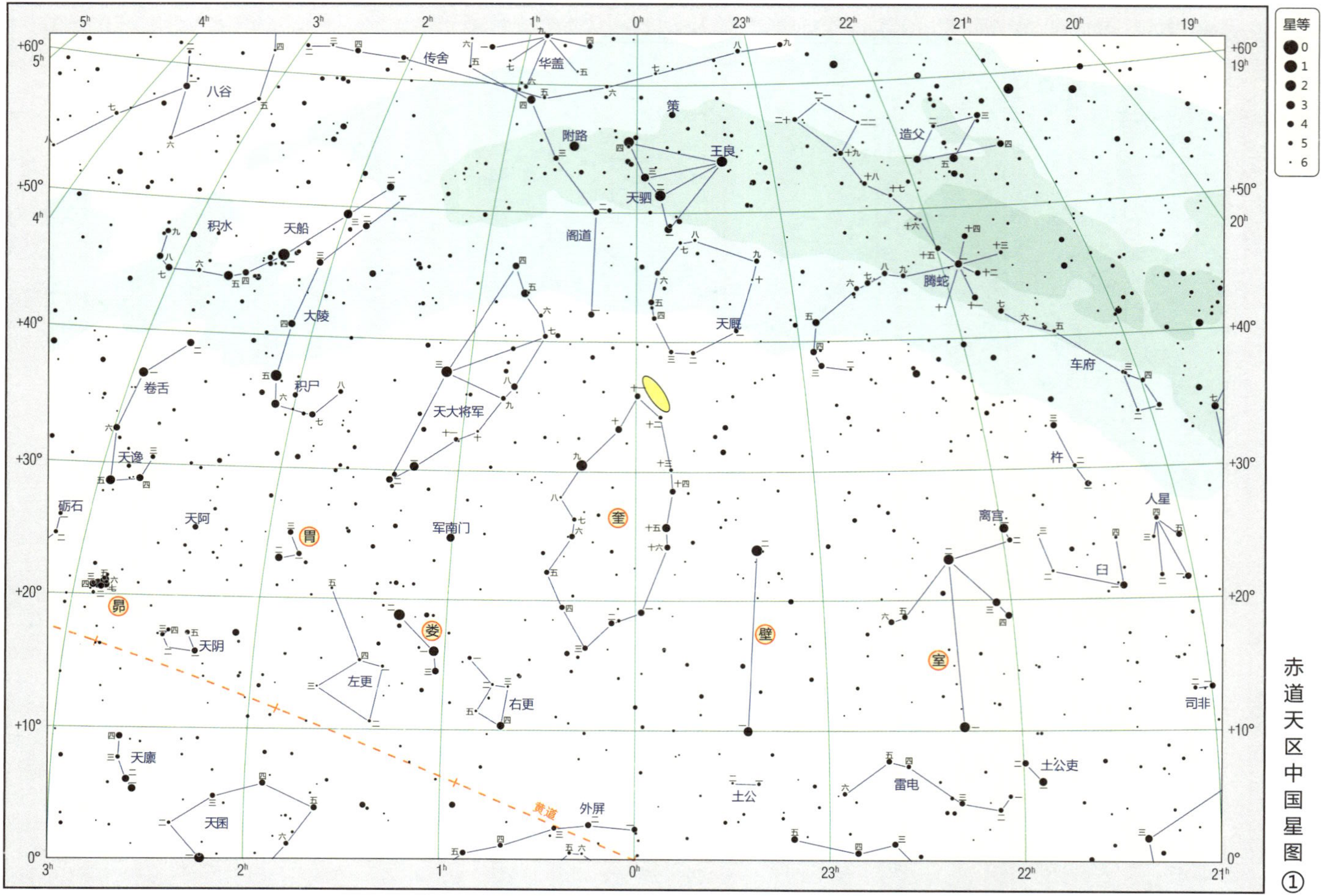

赤道天区中国星图①

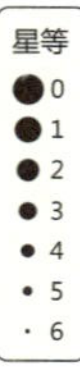

八谷
传舍
华盖
策
附路
王良
天驷
阁道
造父
腾蛇
车府
积水
天船
大陵
天厩
卷舌
积尸
天大将军
天谗
砺石
天阿
胃
军南门
奎
离宫
杵
人星
臼
昴
天阴
娄
左更
右更
壁
室
司非
天廪
天囷
黄道
外屏
土公
雷电
土公吏

3

赤道天区西方星图①

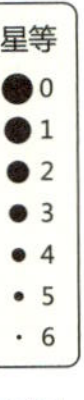

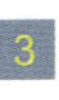

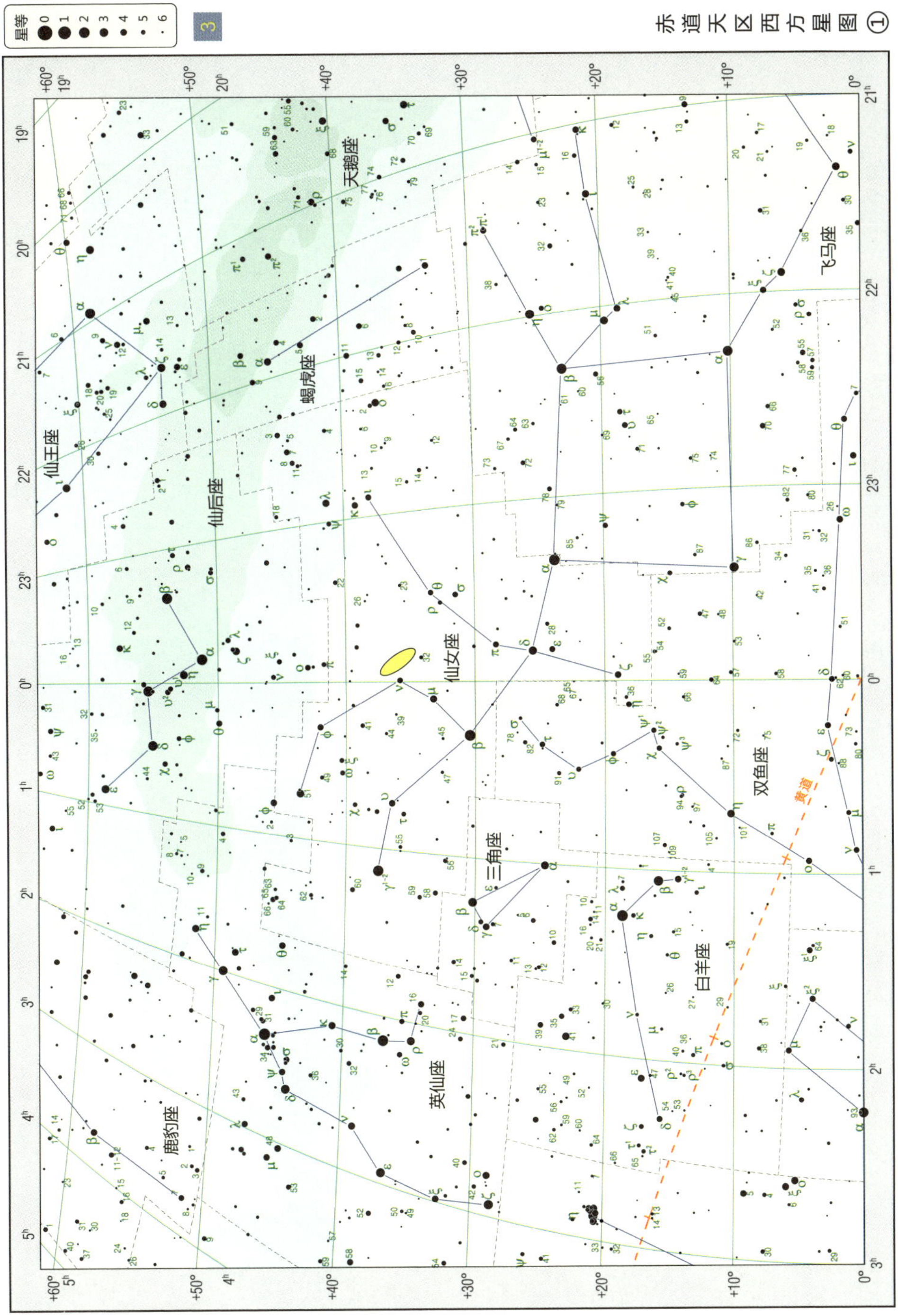
星等
0
1
2
3
4
5
6
天鹅座
仙王座
蝎虎座
仙后座
仙女座
飞马座
双鱼座
三角座
白羊座
英仙座
鹿豹座
黄道

3h 2h 1h 0h 23h 22h 21h
0° -10° -20° -30° -40° -50° -60°

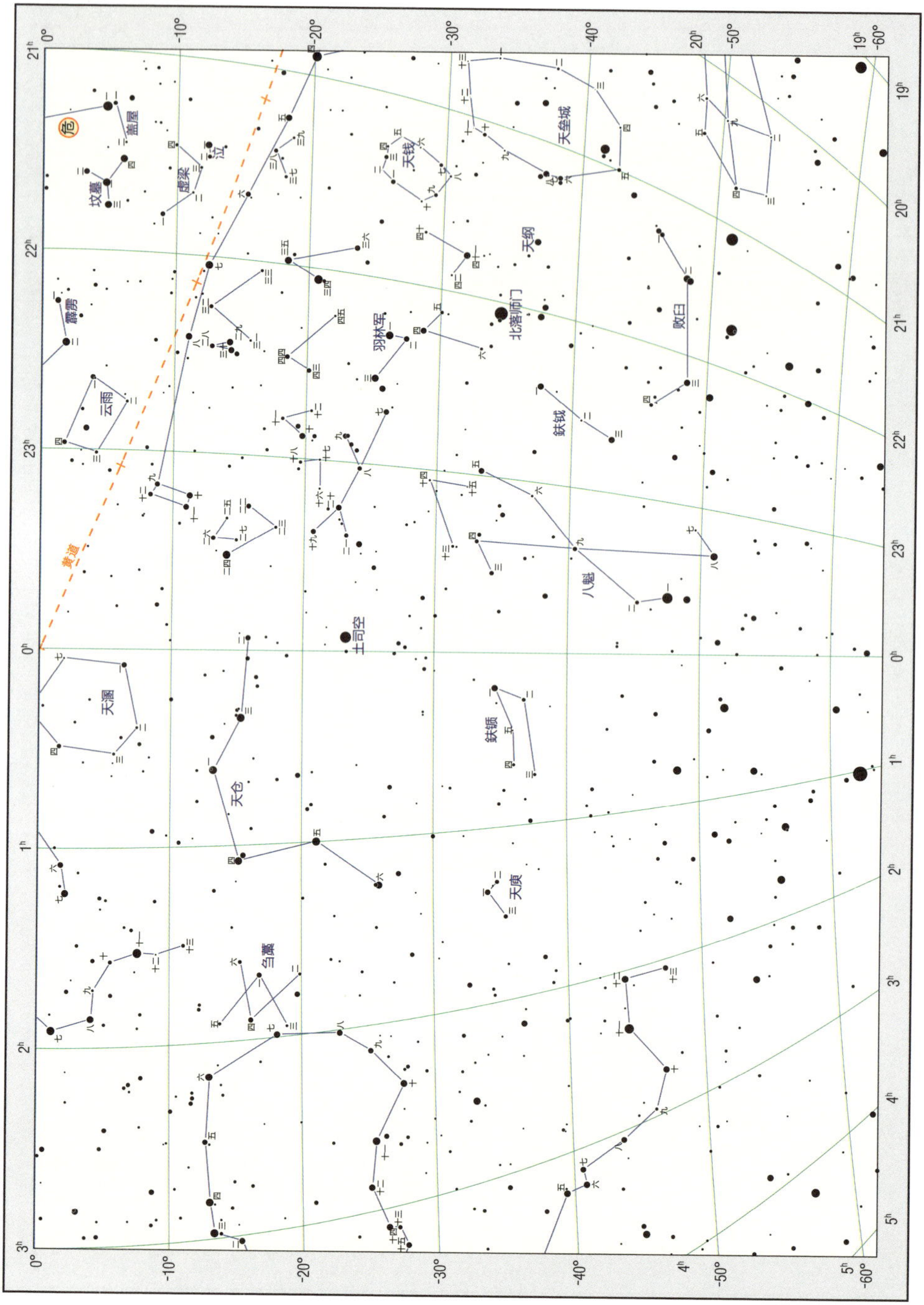

黄道
危
坟墓
盖屋
虚梁
泣
霹雳
云雨
天溷
天仓
刍藁
土司空
羽林军
天钱
北落师门
天纲
天垒城
鈇钺
八魁
鈇锧
天庾
败臼

5h 4h 3h 2h 1h 0h 23h 22h 21h 20h 19h

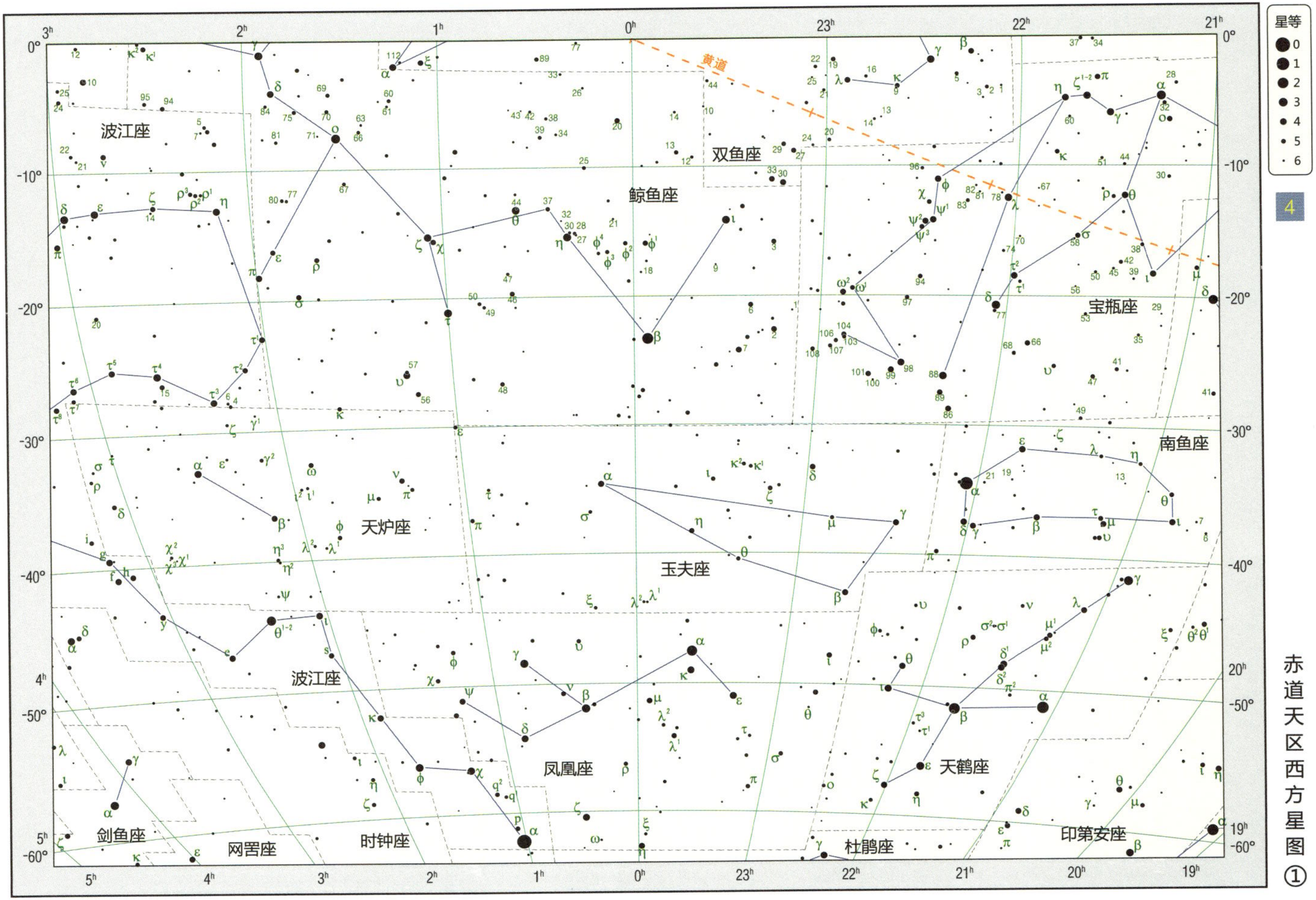
星等 0 1 2 3 4 5 6
4
黄道
双鱼座
鲸鱼座
宝瓶座
南鱼座
玉夫座
天炉座
波江座
凤凰座
天鹤座
印第安座
杜鹃座
时钟座
网罟座
剑鱼座

赤道天区西方星图①

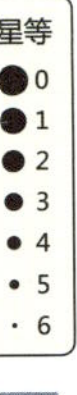

赤道天区中国星图 ②

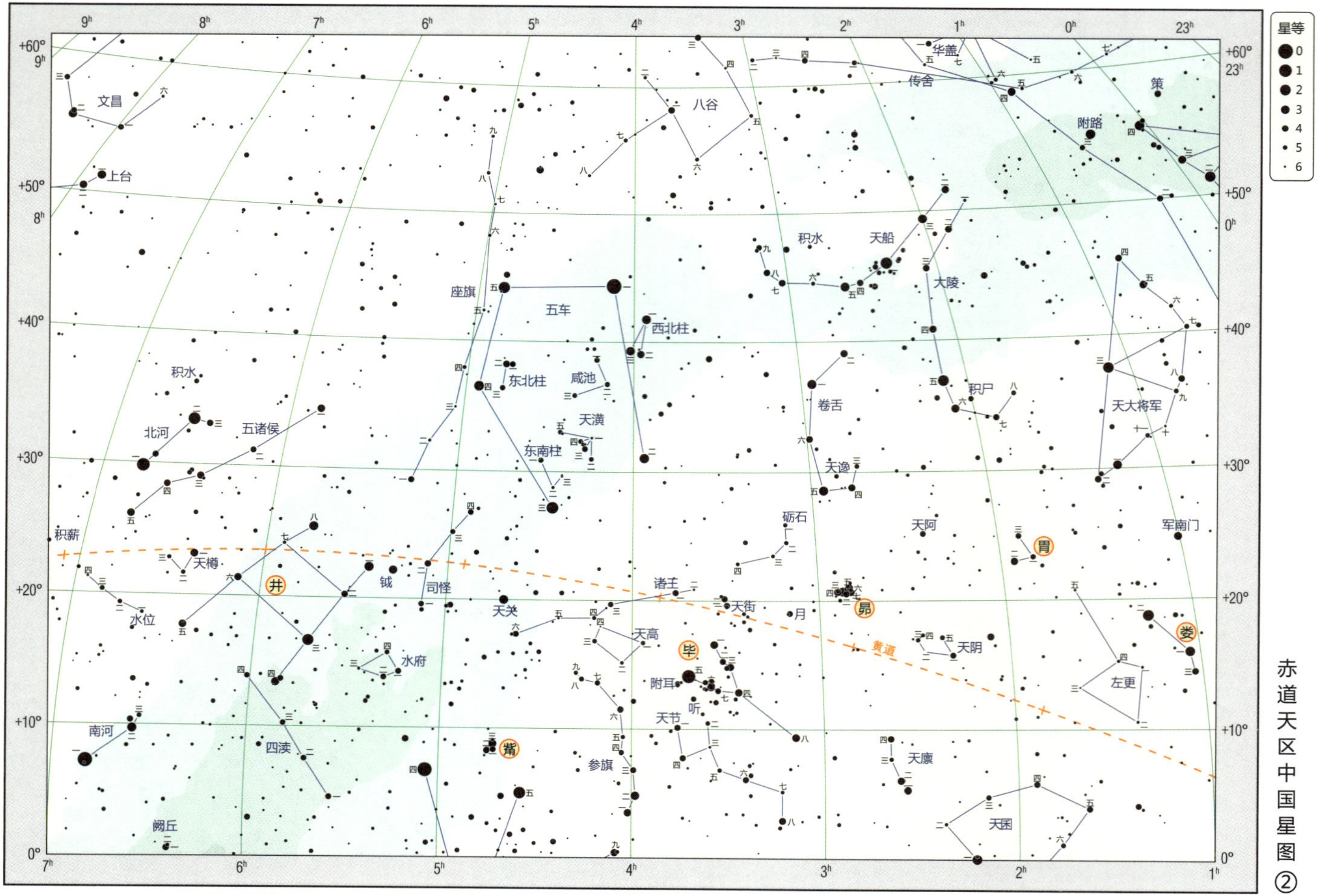

策
附路
华盖
传舍
八谷
文昌
上台
天大将军
军南门
娄
左更
胃
天囷
大陵
积尸
天船
天阿
天阴
天廪
昴
黄道
积水
卷舌
天谗
砺石
月
天街
毕
附耳
听
天节
诸王
天高
参旗
西北柱
五车
咸池
天潢
东北柱
东南柱
天关
觜
座旗
司怪
水府
钺
井
四渎
五诸侯
积水
北河
天樽
阙丘
水位
南河
积薪

赤道天区西方星图②

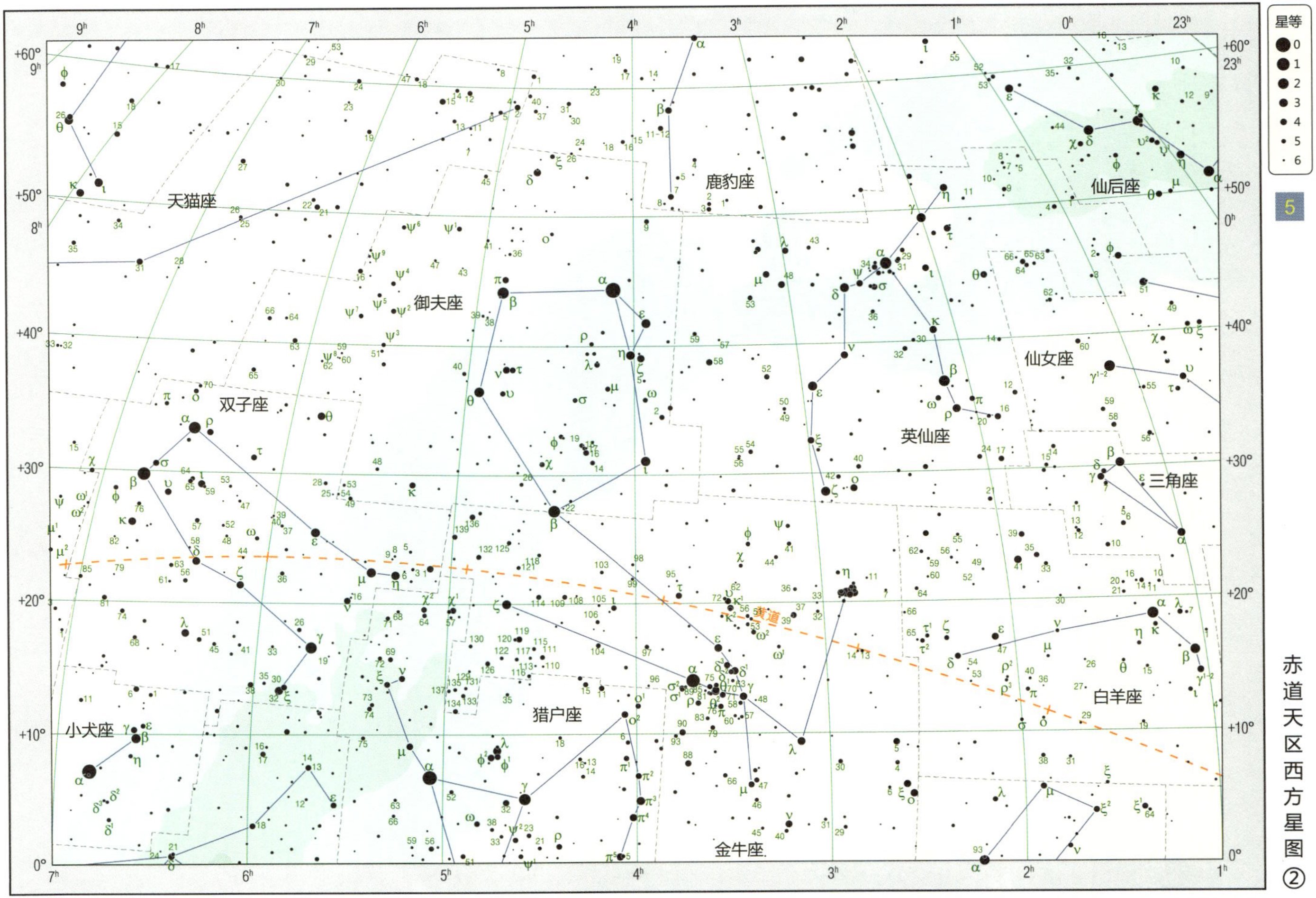

5
星等
0
1
2
3
4
5
6
天猫座
鹿豹座
仙后座
御夫座
仙女座
双子座
英仙座
三角座
猎户座
白羊座
小犬座
金牛座
黄道
+60°
+50°
+40°
+30°
+20°
+10°
0°
9h
8h
7h
6h
5h
4h
3h
2h
1h
0h
23h

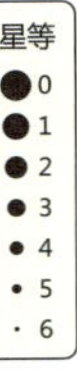

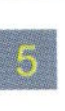

赤道天区中国星图②

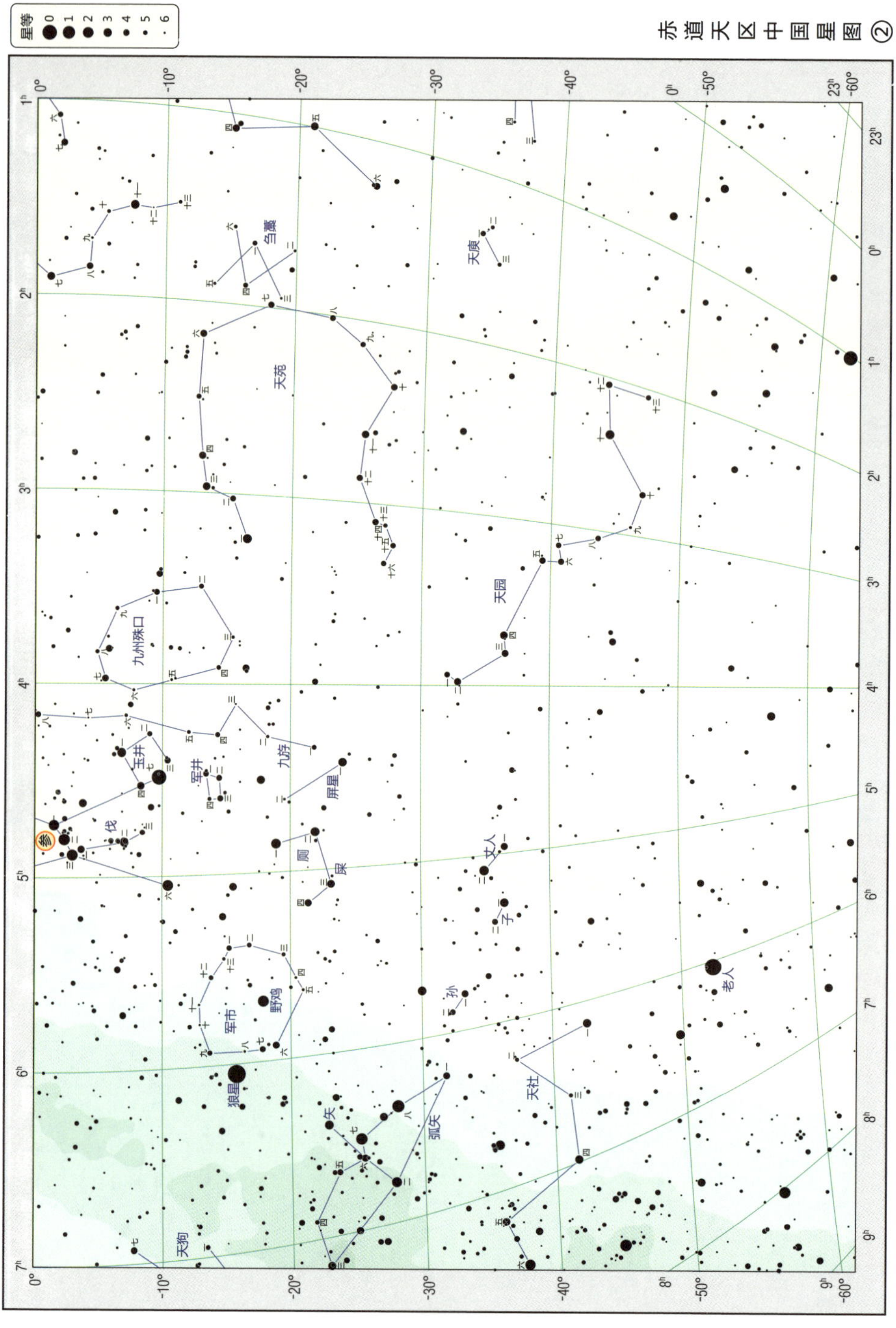

天狗 狼星 军市 野鸡 矢 弧矢 孙 子 丈人 天社 老人 参 伐 玉井 军井 九州殊口 九斿 厕 屎 屏星 天园 天苑 刍藁 天庾

赤道天区西方星图 ②

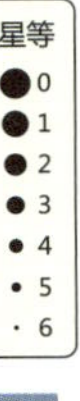

6

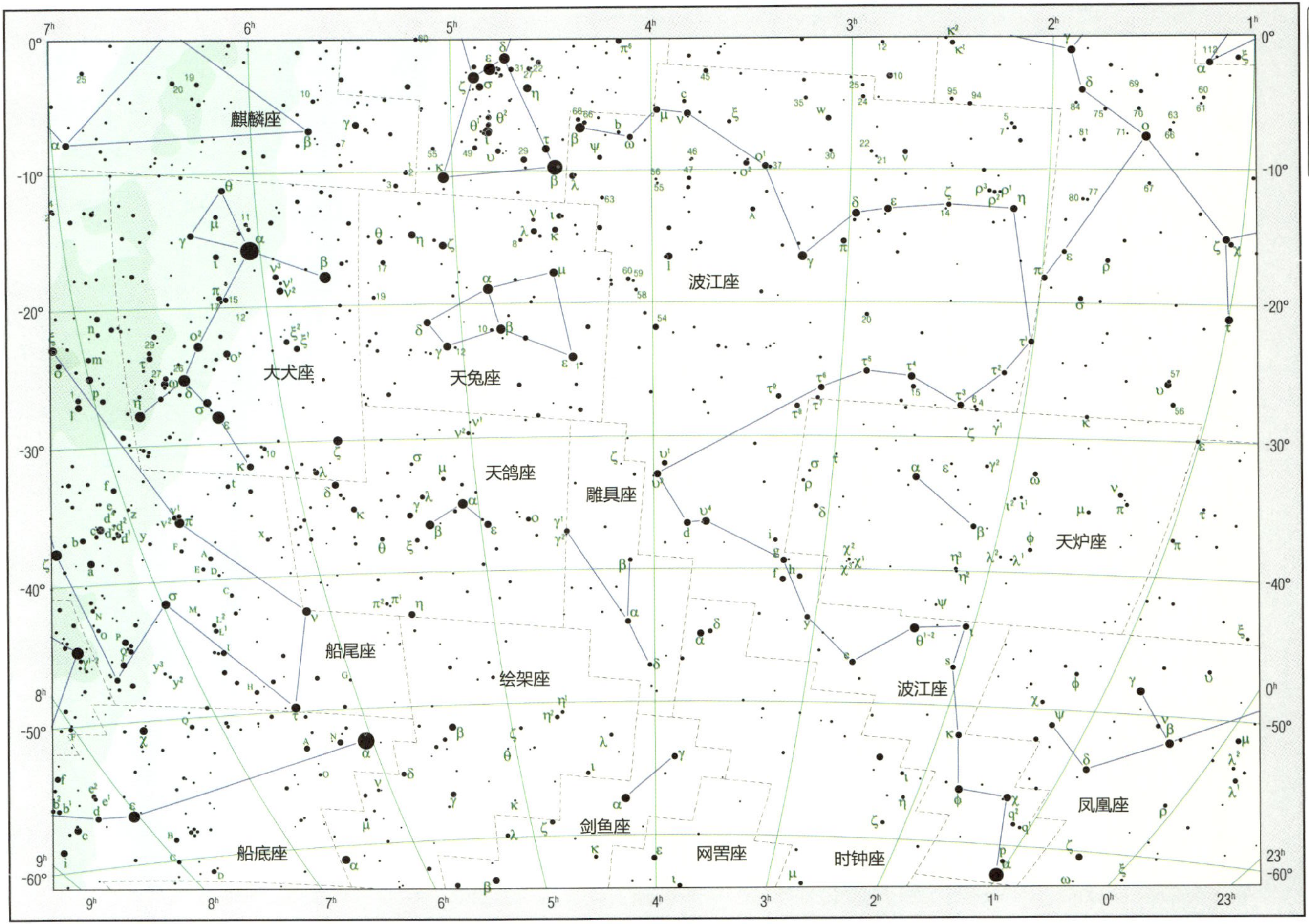

麒麟座
大犬座
天兔座
波江座
天鸽座
雕具座
天炉座
船尾座
绘架座
波江座
凤凰座
剑鱼座
网罟座
时钟座
船底座

星等 0 1 2 3 4 5 6

赤道天区中国星图③

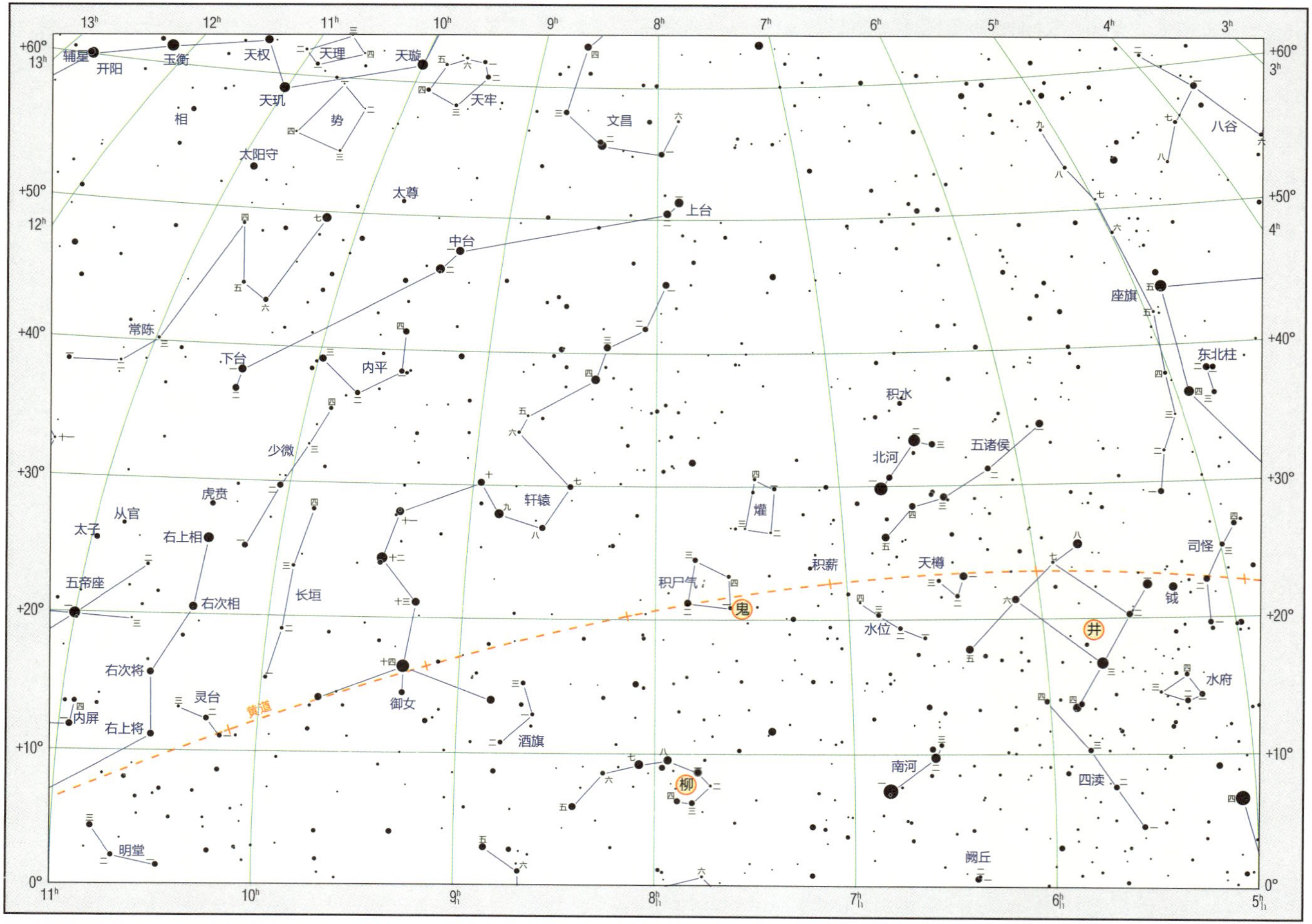

星等
0
1
2
3
4
5
6

辅星
开阳
玉衡
天权
天理
天玑
天璇
天牢
势
相
太阳守
太尊
文昌
上台
中台
八谷
座旗
东北柱
常陈
下台
内平
少微
积水
北河
五诸侯
轩辕
爟
虎贲
从官
太子
右上相
五帝座
右次相
长垣
积尸气
鬼
积薪
天樽
水位
井
钺
司怪
水府
右次将
灵台
内屏
右上将
黄道
御女
酒旗
柳
南河
四渎
阙丘
明堂
+60°
+50°
+40°
+30°
+20°
+10°
0°
13h
12h
11h
10h
9h
8h
7h
6h
5h
4h
3h

赤道天区西方星图③

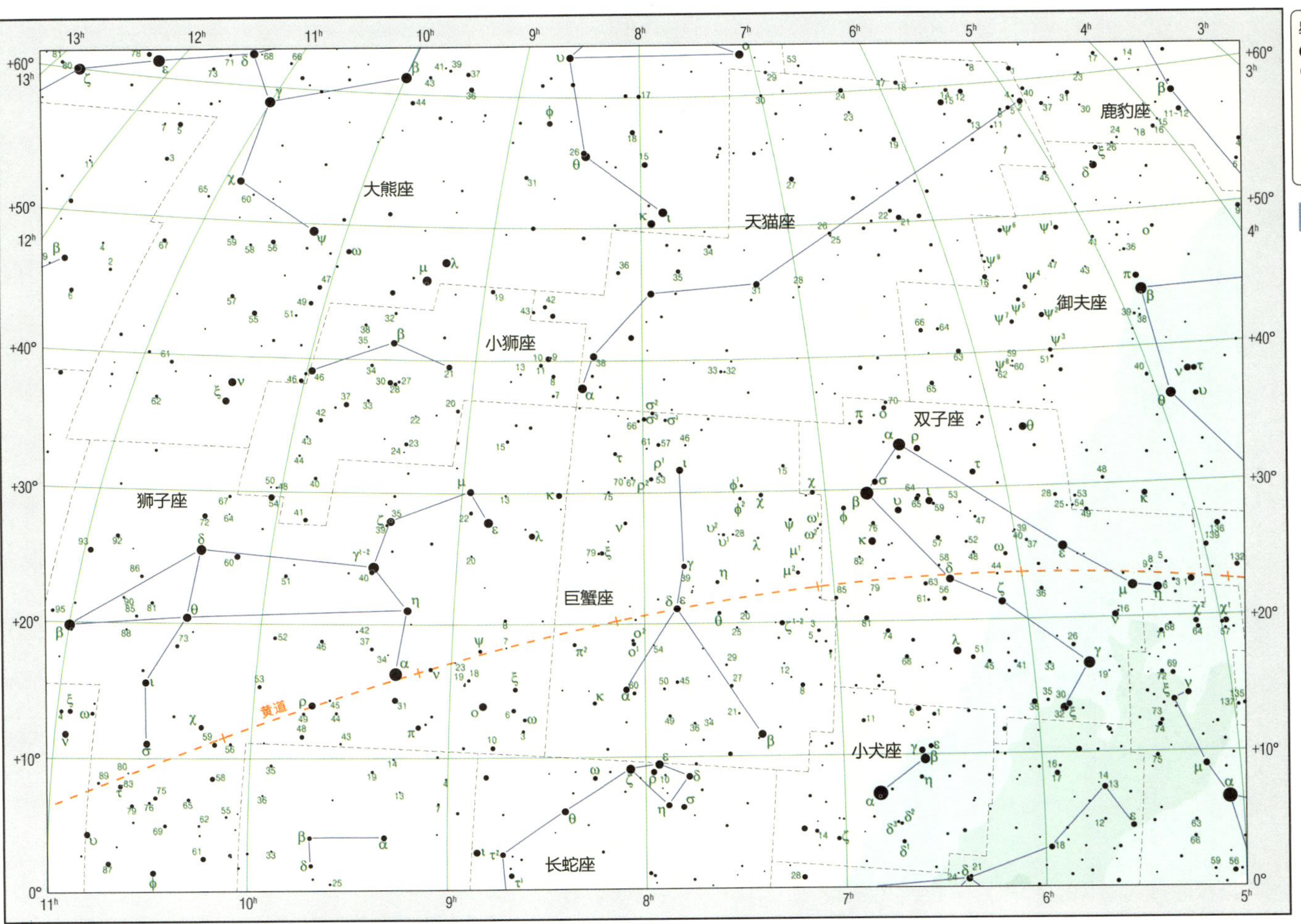

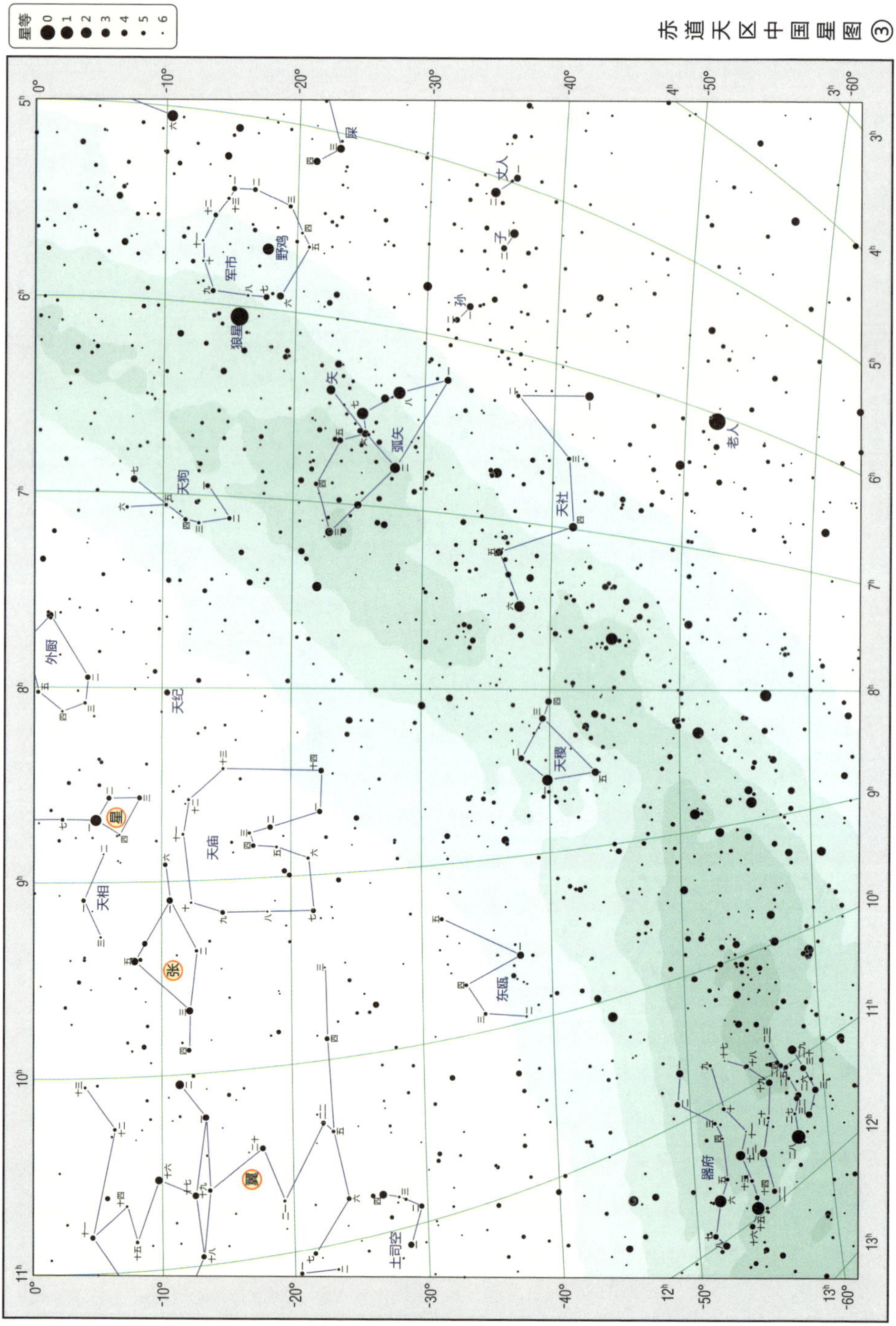

赤道天区中国星图③

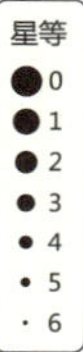

外厨 天相 星 张 天纪 天狗 狼星 军市 野鸡 屎 天庙 翼 土司空 矢 弧矢 孙 子 丈人 东瓯 天稷 天社 老人 器府

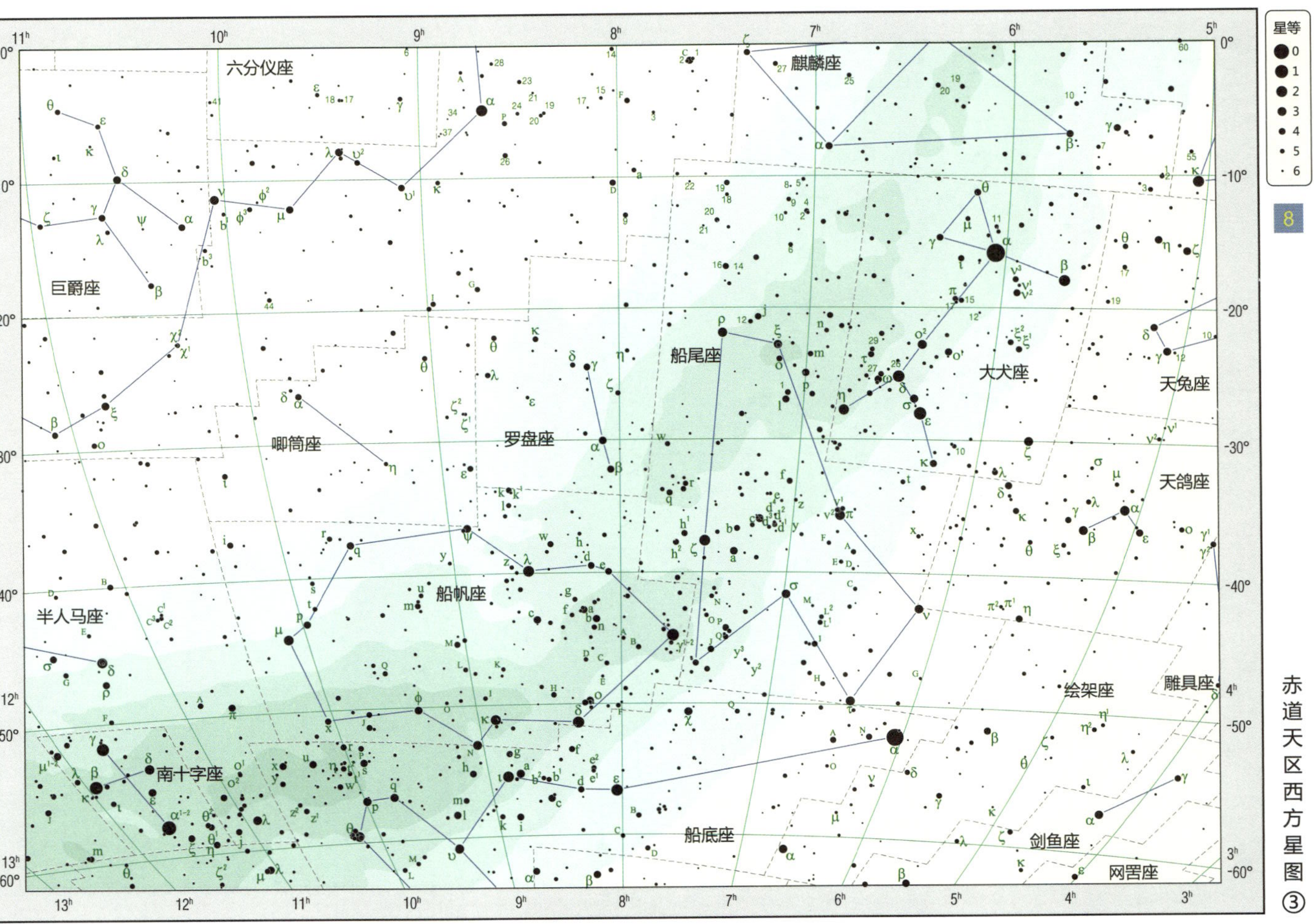
赤道天区西方星图 ③
星等
0 1 2 3 4 5 6
8
六分仪座
麒麟座
巨爵座
大犬座
天兔座
船尾座
唧筒座
罗盘座
天鸽座
船帆座
半人马座
绘架座
雕具座
南十字座
船底座
剑鱼座
网罟座

赤道天区中国星图④

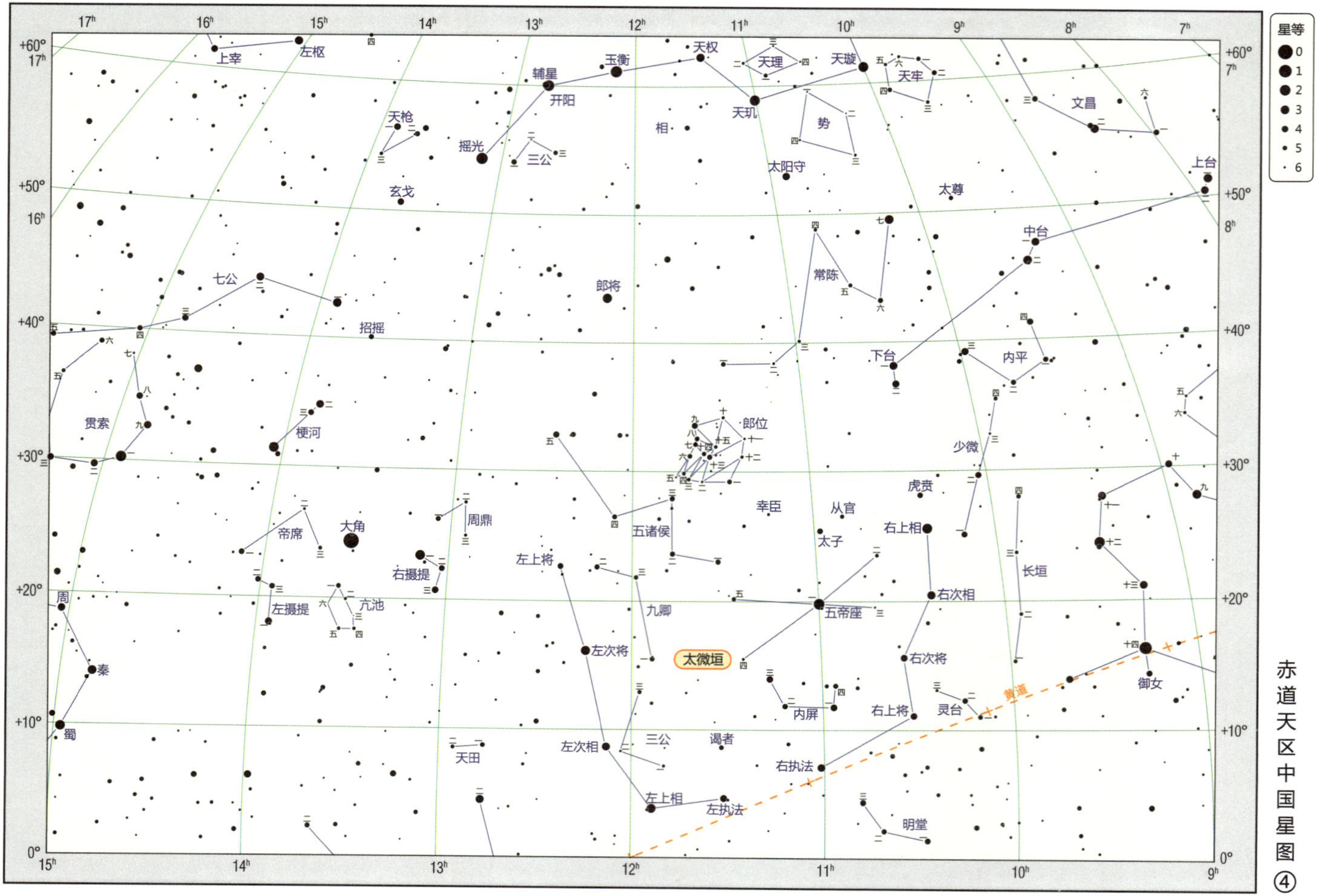

星等 0 1 2 3 4 5 6
+60° +50° +40° +30° +20° +10° 0°
17h 16h 15h 14h 13h 12h 11h 10h 9h 8h 7h
上宰
左枢
玉衡
天权
天理
天璇
天牢
文昌
辅星
开阳
天玑
相
势
天枪
摇光
三公
太阳守
上台
玄戈
太尊
中台
七公
郎将
常陈
招摇
下台
内平
贯索
梗河
郎位
少微
虎贲
周鼎
幸臣
从官
大角
帝席
五诸侯
右上相
太子
左上将
右摄提
长垣
周
亢池
左摄提
九卿
五帝座
右次相
左次将
太微垣
右次将
御女
秦
内屏
灵台
黄道
右上将
蜀
三公
谒者
左次相
天田
右执法
左上相
左执法
明堂

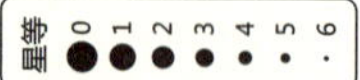

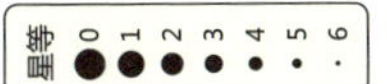

赤道天区西方星图④

大熊座
小狮座
狮子座
猎犬座
后发座
牧夫座
室女座
天龙座
巨蛇座(头)
黄道

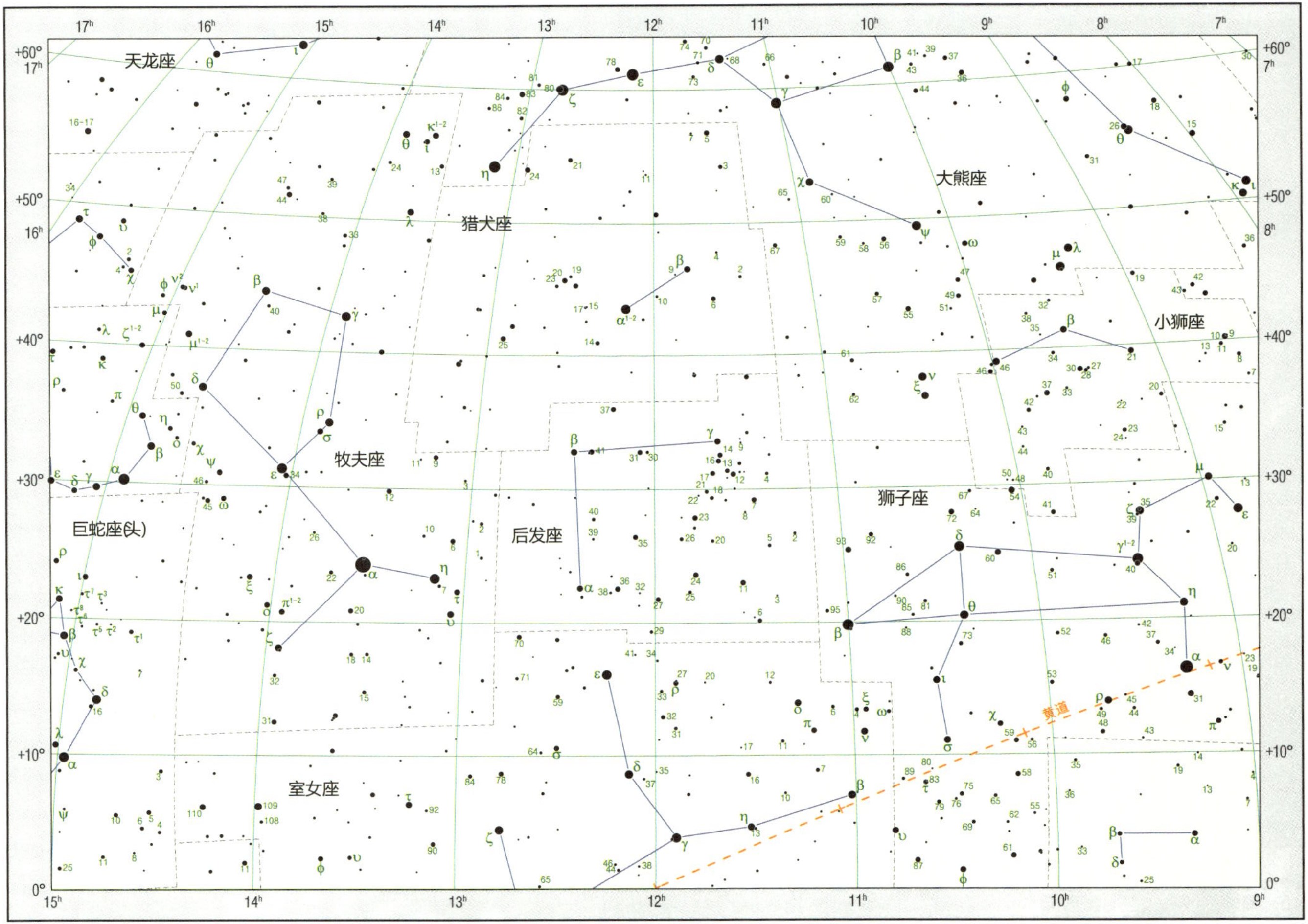

赤道天区中国星图④

平道 进贤 角 亢 氐 房 西咸 日 黄道 折威 天门 平星 左辖 轸 长沙 右辖 翼 张 天相 军门 土司空 阵车 顿顽 阳门 天辐 骑官 柱 从官 库楼 青丘 东瓯 衡 积卒 骑阵将军 南门 车骑 天稷 器府

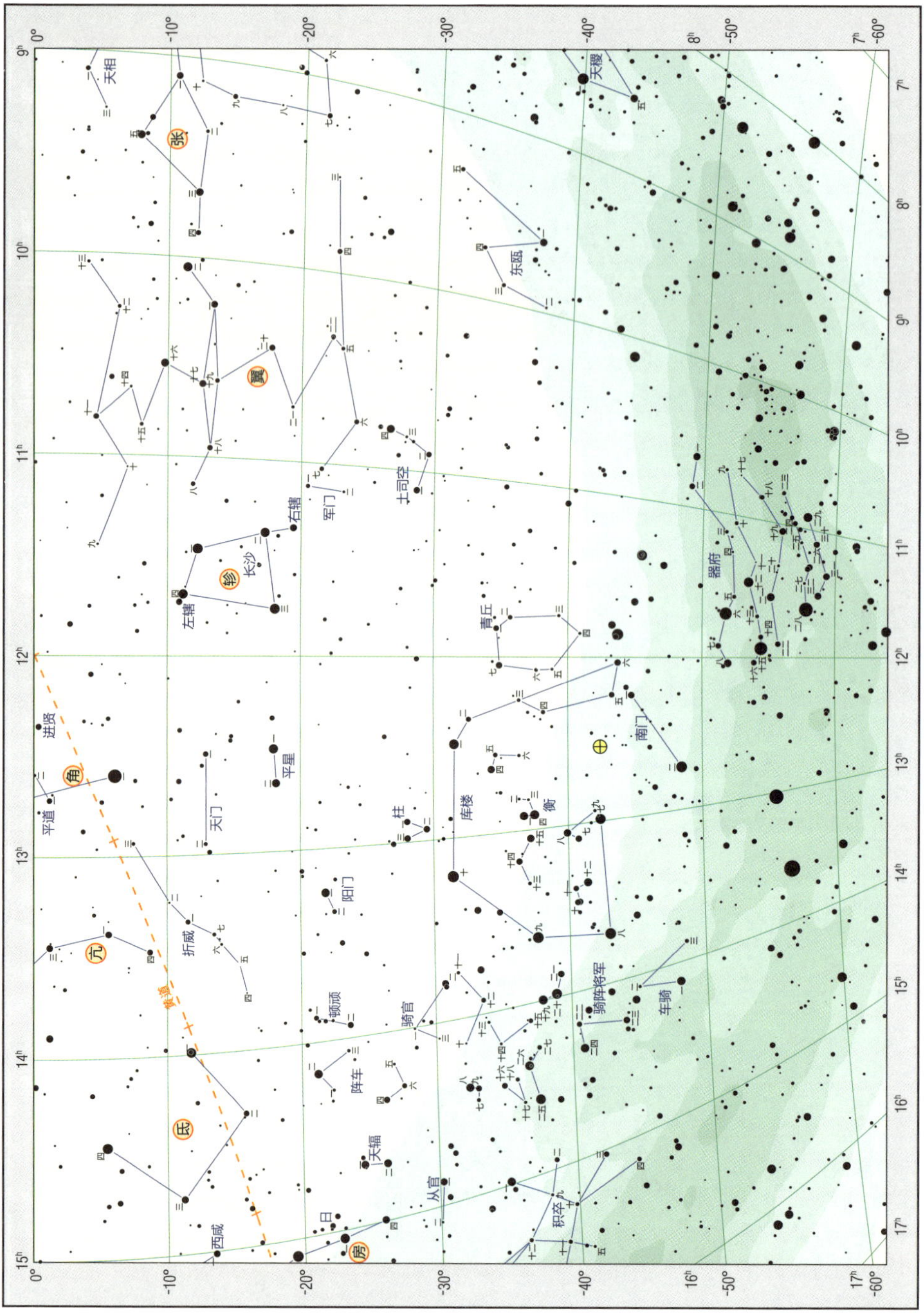

赤道天区西方星图④

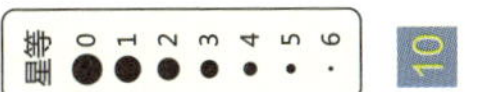

10

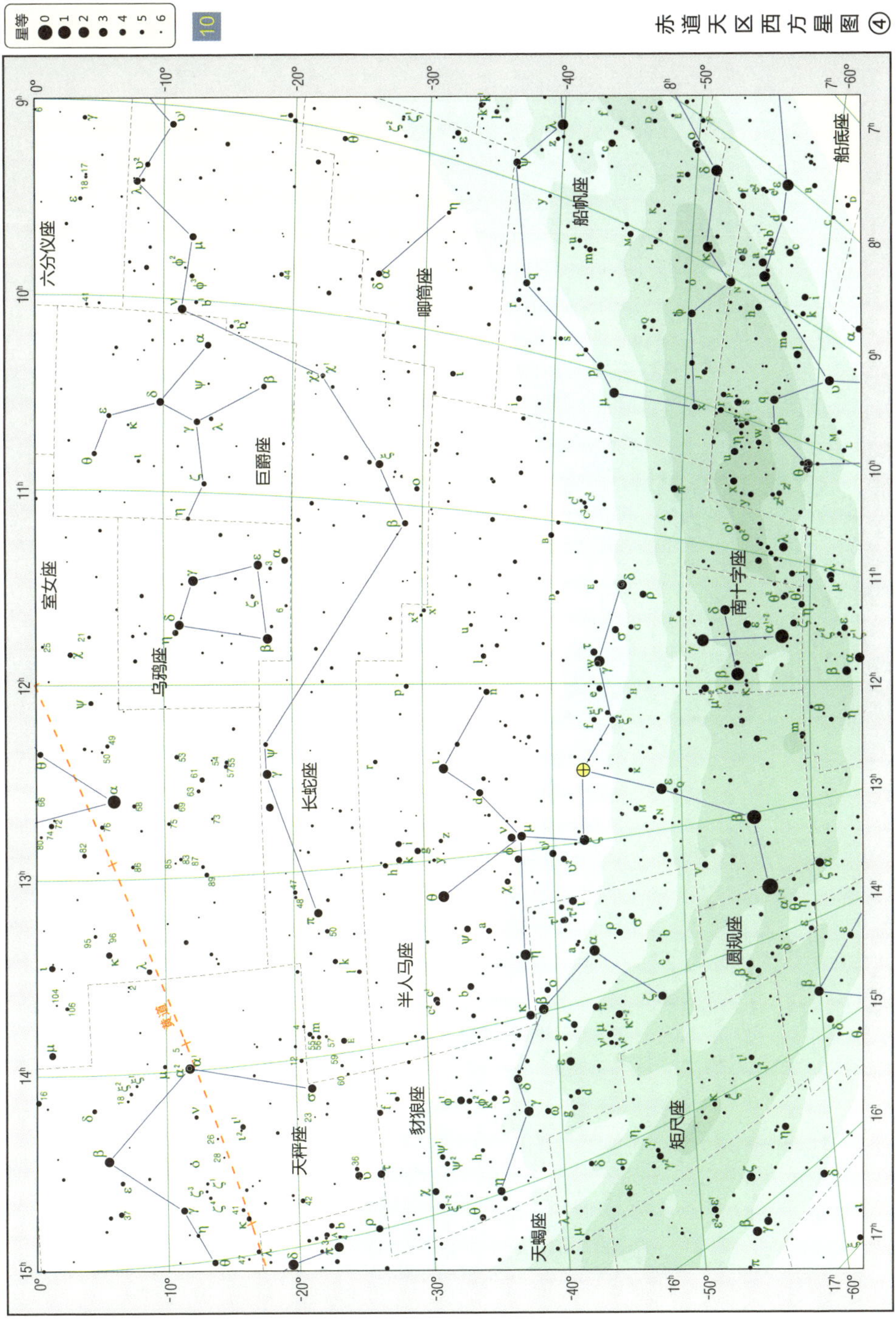

星等 0 1 2 3 4 5 6
六分仪座
巨爵座
室女座
乌鸦座
长蛇座
唧筒座
船帆座
南十字座
半人马座
圆规座
豺狼座
天秤座
矩尺座
天蝎座
船底座
黄道

赤道天区中国星图⑤

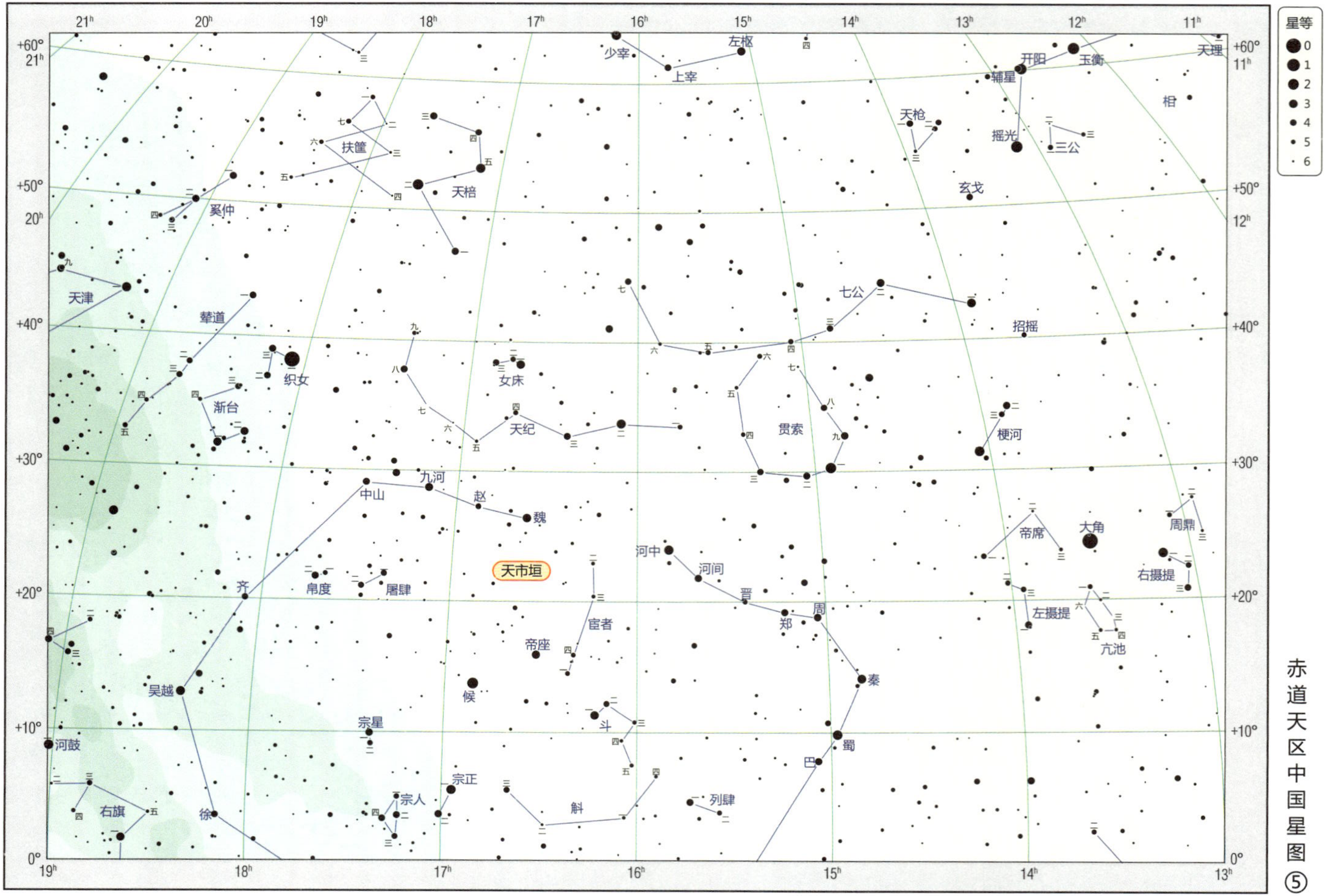
星等
0
1
2
3
4
5
6
天市垣
少宰
上宰
左枢
开阳
辅星
玉衡
天理
相
天枪
摇光
三公
玄戈
扶筐
天棓
奚仲
天津
辇道
织女
渐台
女床
天纪
七公
招摇
贯索
梗河
九河
中山
赵
魏
大角
帝席
周鼎
右摄提
左摄提
亢池
河中
河间
晋
郑
周
秦
蜀
巴
齐
帛度
屠肆
宦者
帝座
候
斗
吴越
宗星
河鼓
宗正
宗人
右旗
徐
斛
列肆

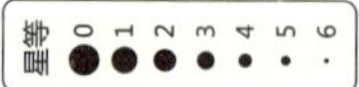

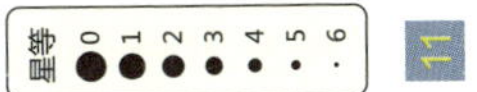

11

赤道天区西方星图⑤

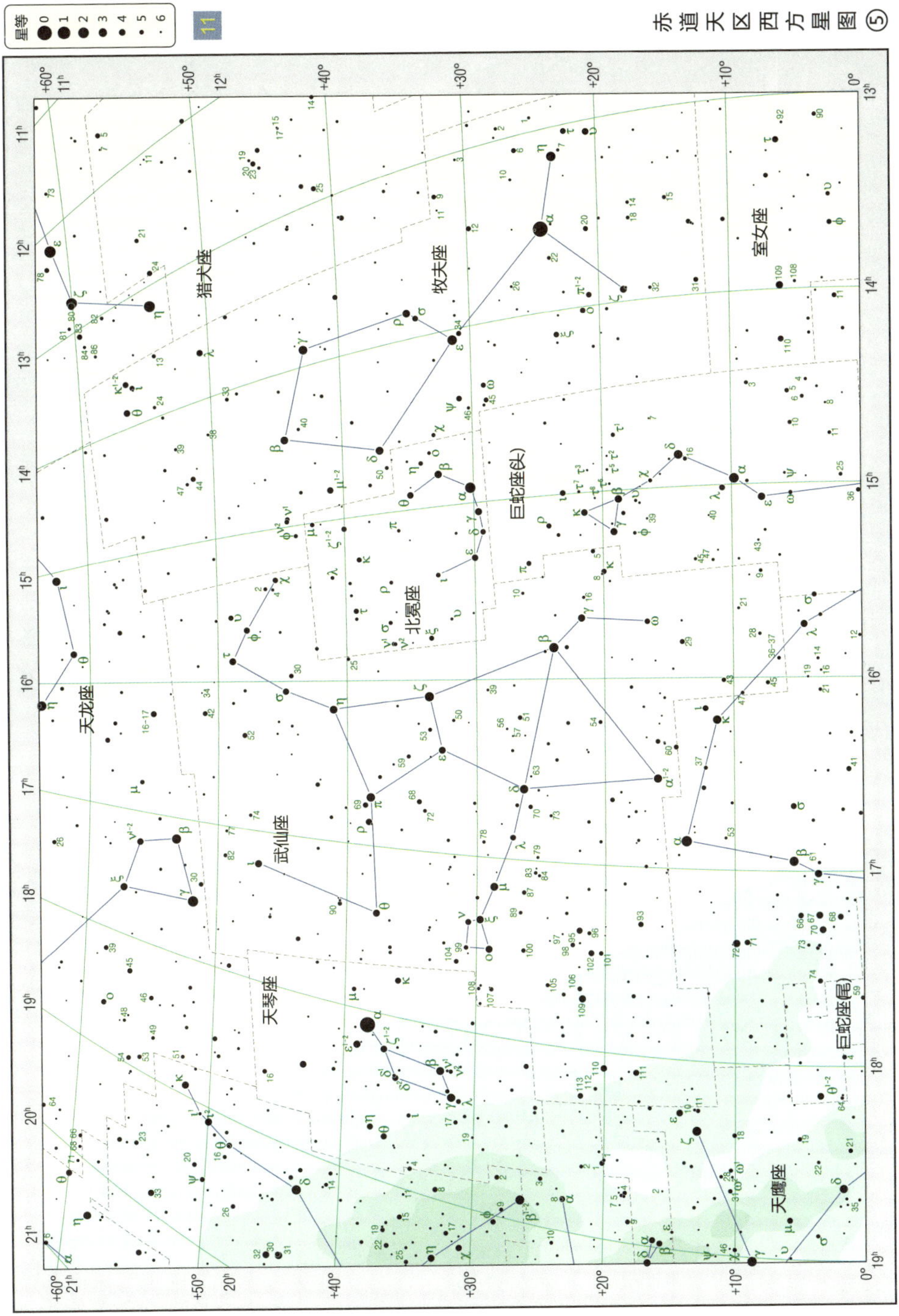

赤道天区中国星图⑤

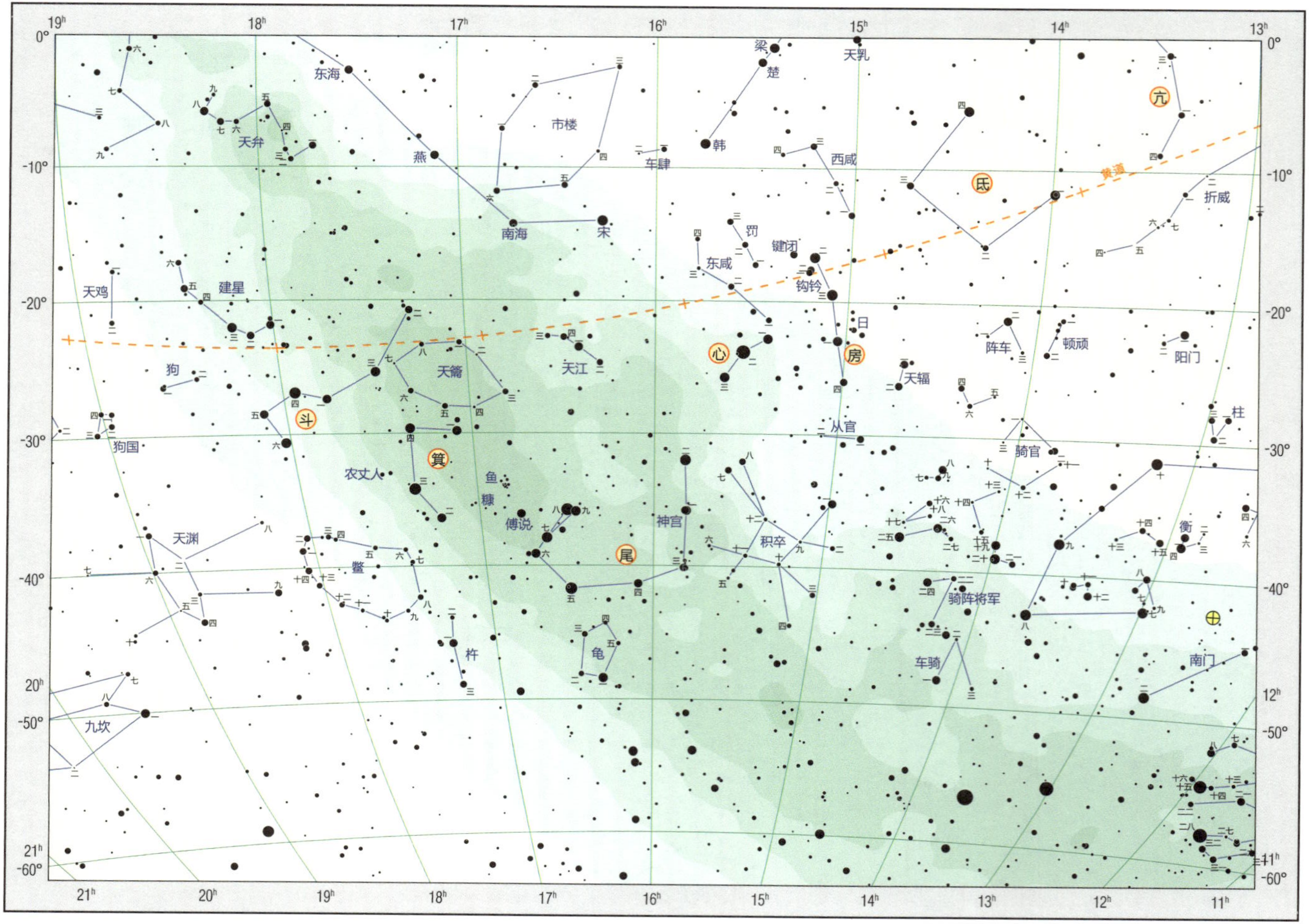

赤道天区西方星图⑤

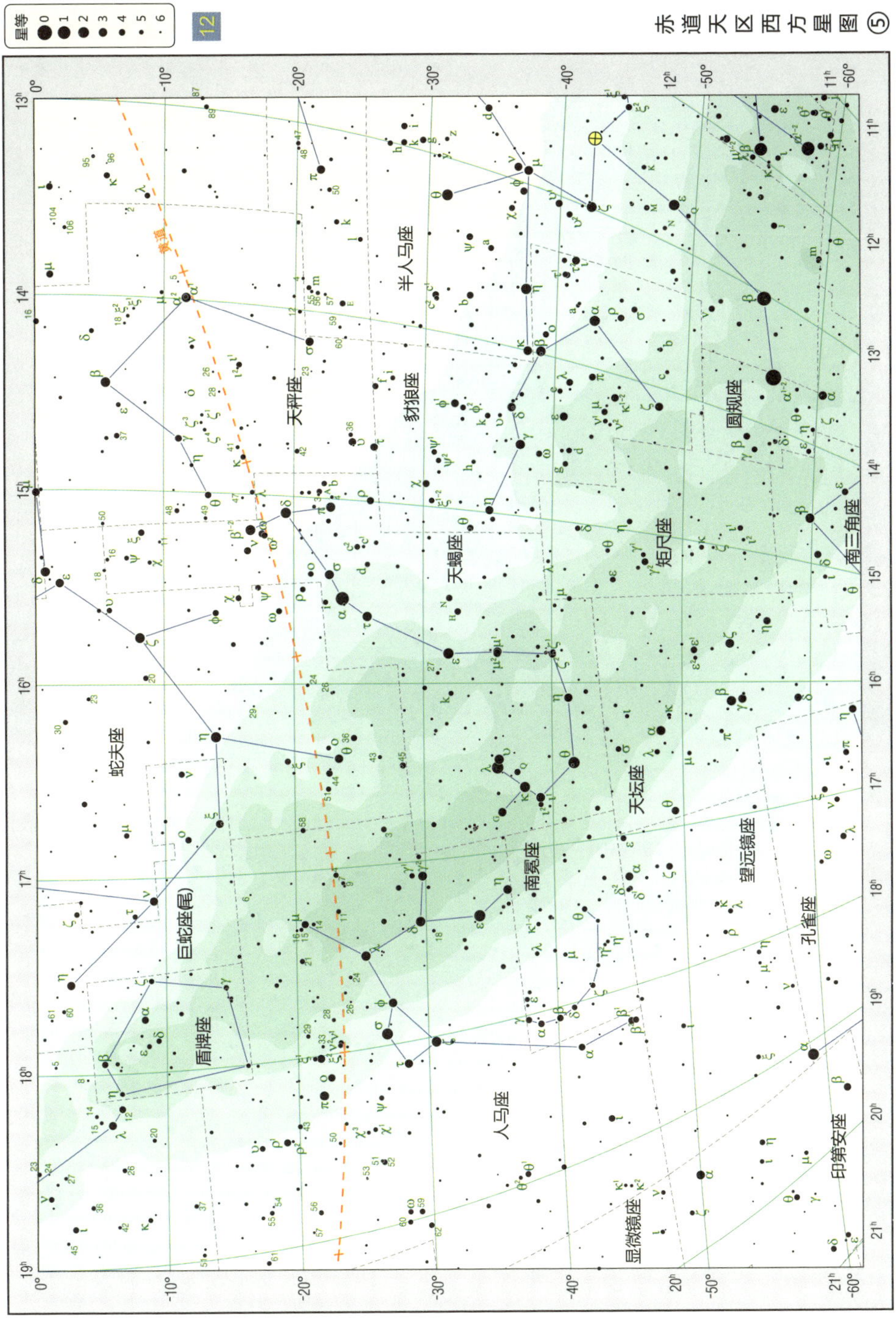

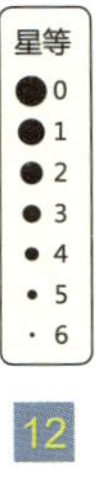

星等 0 1 2 3 4 5 6
12
黄道
半人马座
天秤座
豺狼座
圆规座
矩尺座
南三角座
天蝎座
蛇夫座
巨蛇座(尾)
盾牌座
天坛座
南冕座
望远镜座
孔雀座
人马座
印第安座
显微镜座

赤道天区中国星图⑥

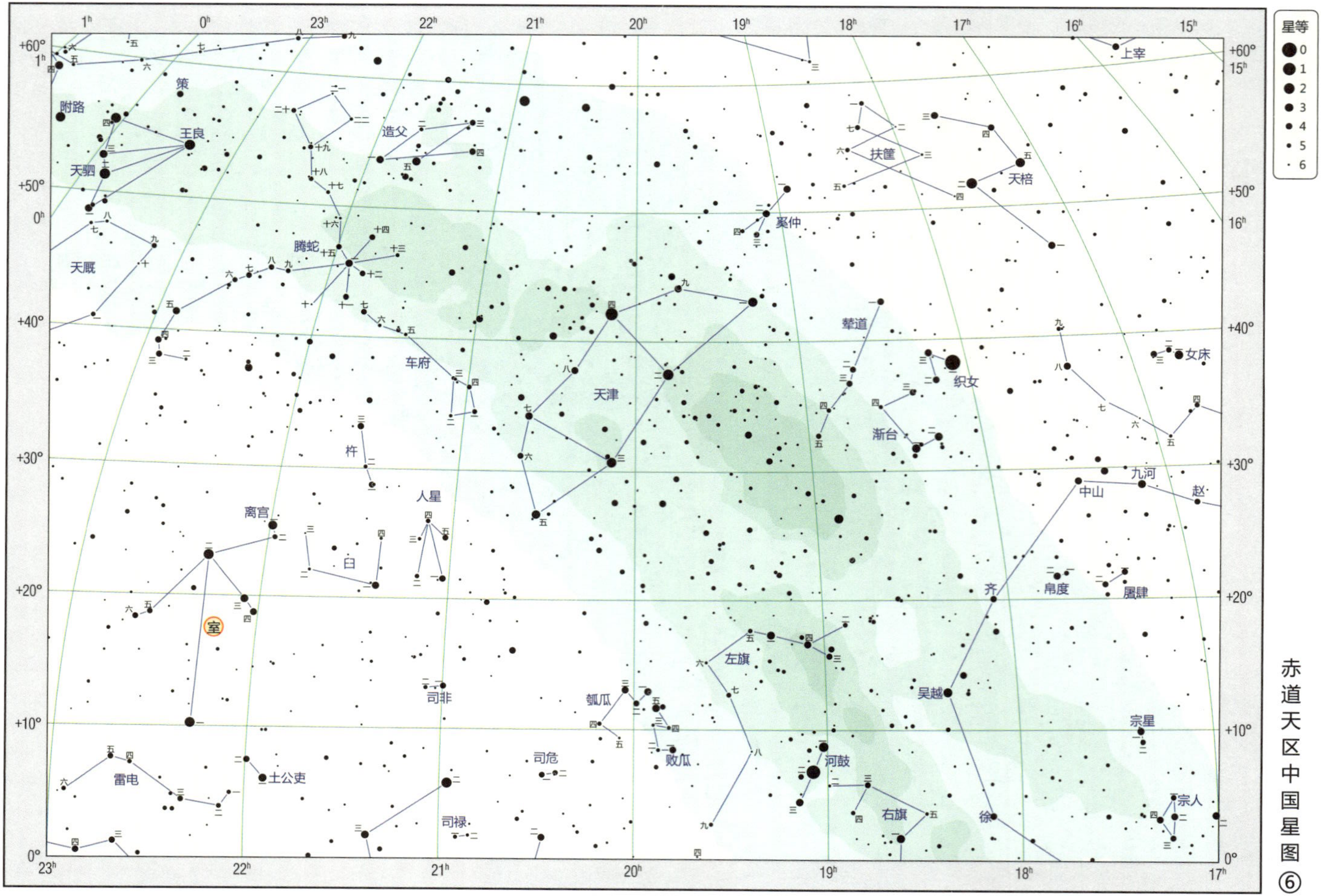
星等
0
1
2
3
4
5
6
+60°
+50°
+40°
+30°
+20°
+10°
0°
1h
0h
23h
22h
21h
20h
19h
18h
17h
16h
15h
上宰
扶筐
天棓
奚仲
女床
织女
辇道
渐台
九河
中山
赵
天津
车府
腾蛇
造父
王良
策
附路
天驷
天厩
离宫
室
杵
人星
臼
司非
司危
司禄
土公吏
雷电
瓠瓜
败瓜
左旗
右旗
河鼓
吴越
齐
帛度
屠肆
宗星
宗人
徐

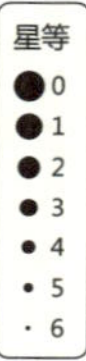

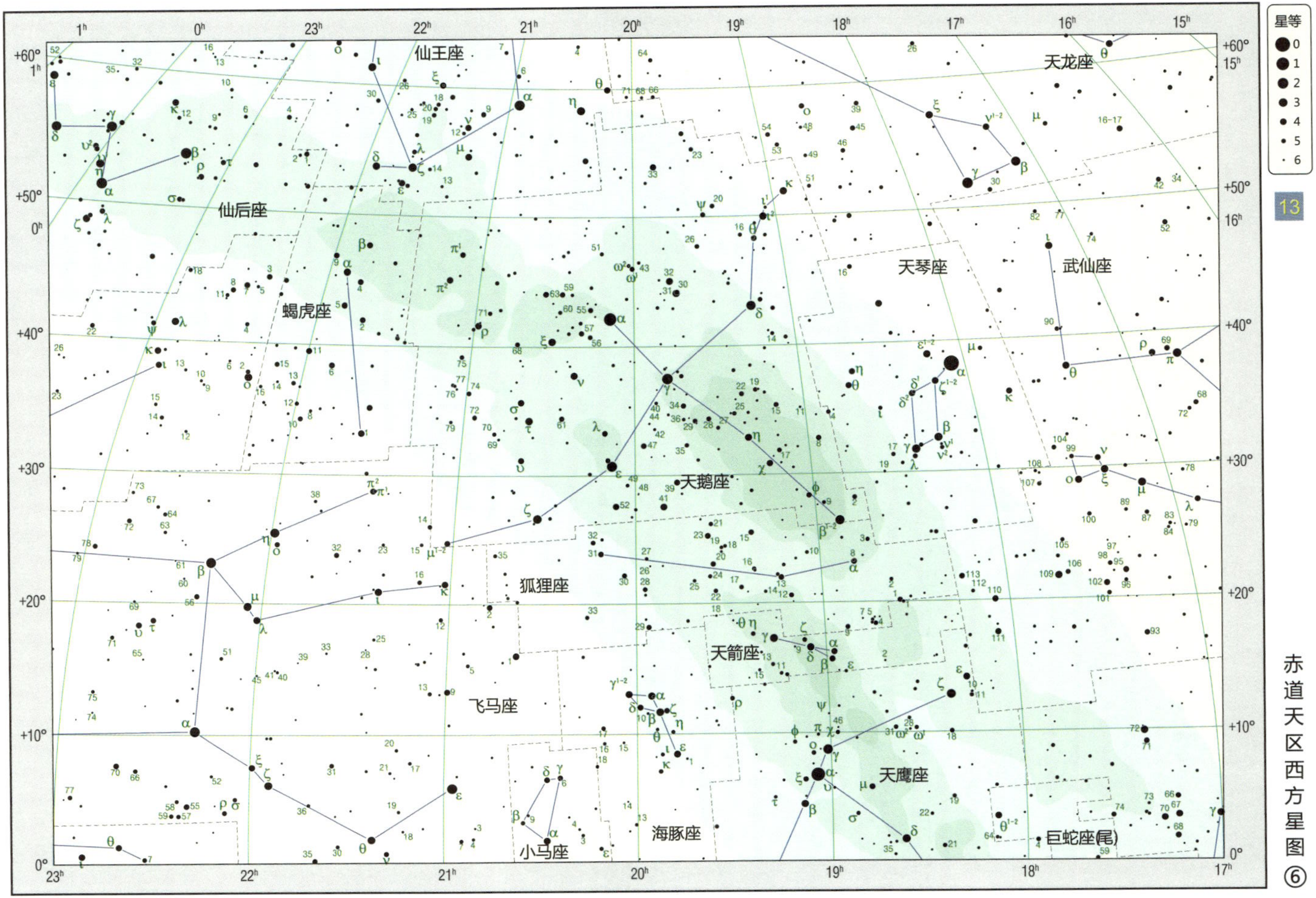

星等
0
1
2
3
4
5
6
仙王座
天龙座
仙后座
蝎虎座
天琴座
武仙座
天鹅座
狐狸座
飞马座
天箭座
海豚座
小马座
天鹰座
巨蛇座(尾)

赤道天区西方星图⑥

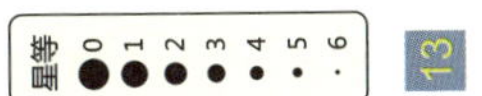

赤道天区中国星图⑥

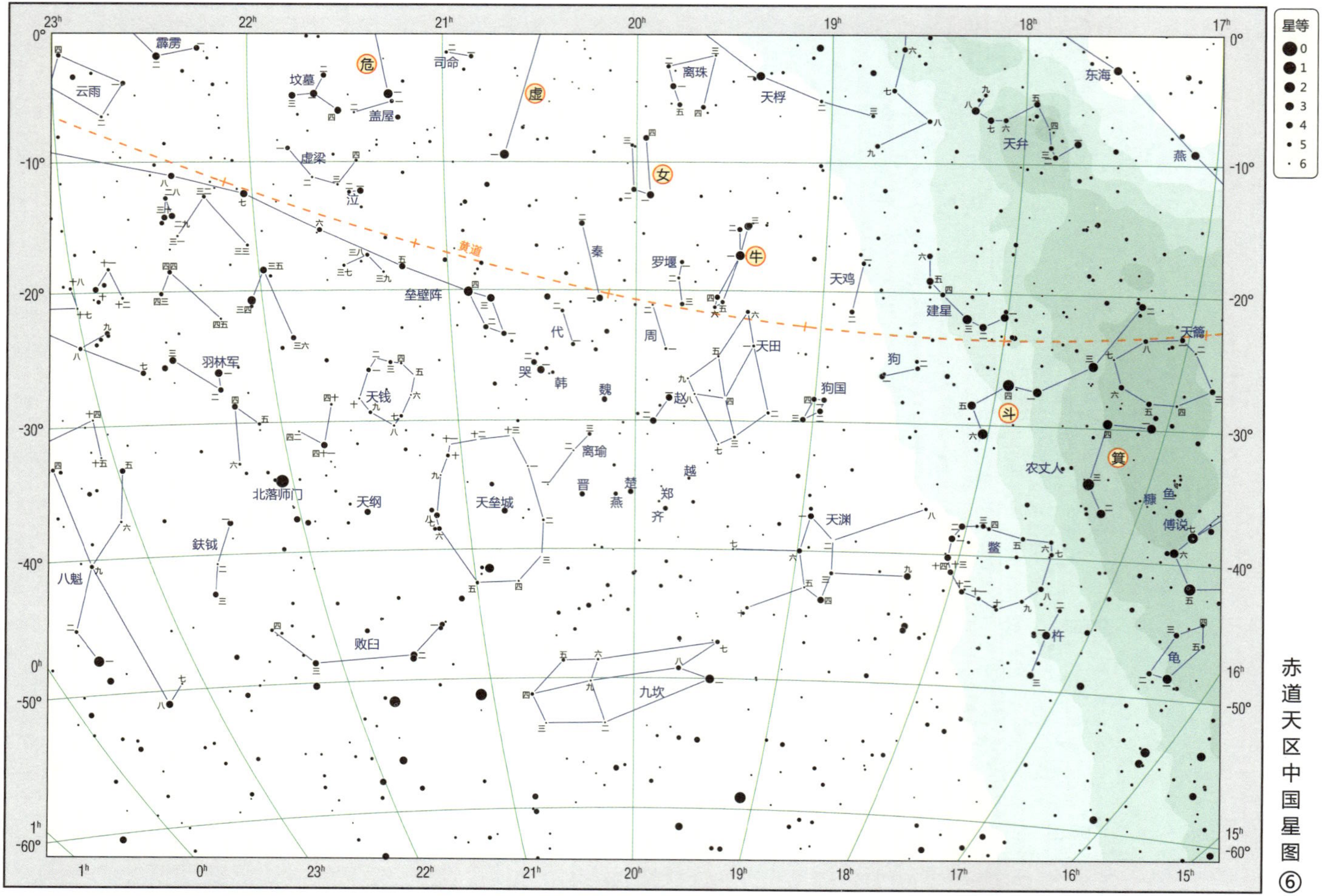

星等 0 1 2 3 4 5 6
23h 22h 21h 20h 19h 18h 17h
0° -10° -20° -30° -40° -50° -60°
1h 0h 23h 22h 21h 20h 19h 18h 17h 16h 15h
霹雳
云雨
坟墓
危
盖屋
司命
虚
离珠
天桴
东海
燕
天弁
虚梁
泣
女
牛
罗堰
秦
黄道
垒壁阵
天鸡
建星
天籥
代
周
天田
狗
羽林军
天钱
哭
韩
魏
赵
狗国
斗
箕
离瑜
越
农丈人
晋
楚
郑
燕
齐
北落师门
天纲
天垒城
天渊
鳖
糠
鱼
傅说
鈇钺
八魁
败臼
九坎
杵
龟

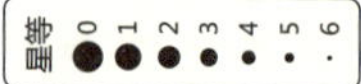

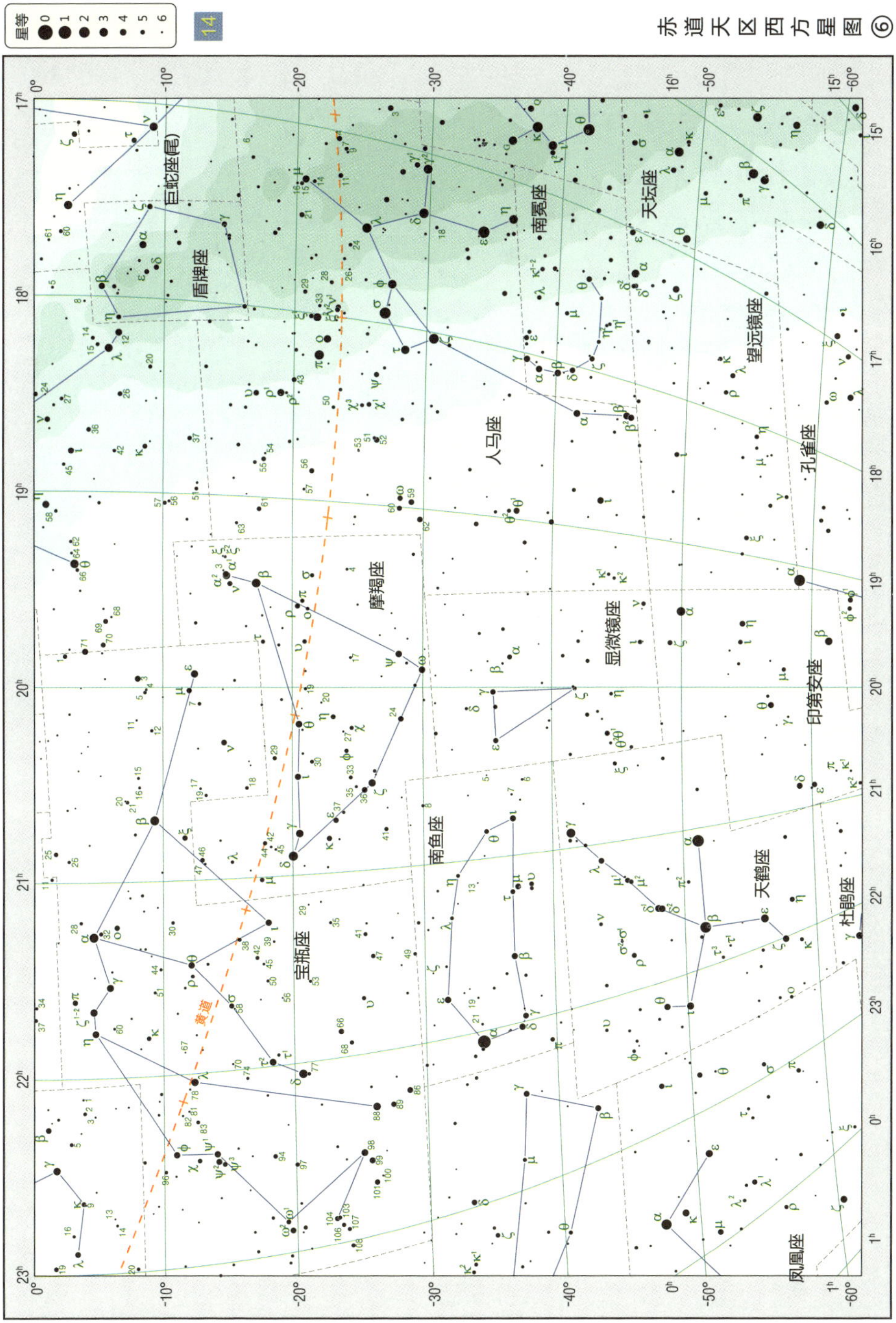

赤道天区西方星图⑥

14

巨蛇座(尾)
盾牌座
宝瓶座
摩羯座
人马座
南冕座
天坛座
南鱼座
显微镜座
望远镜座
孔雀座
印第安座
天鹤座
杜鹃座
凤凰座
黄道

南极天区中国星图

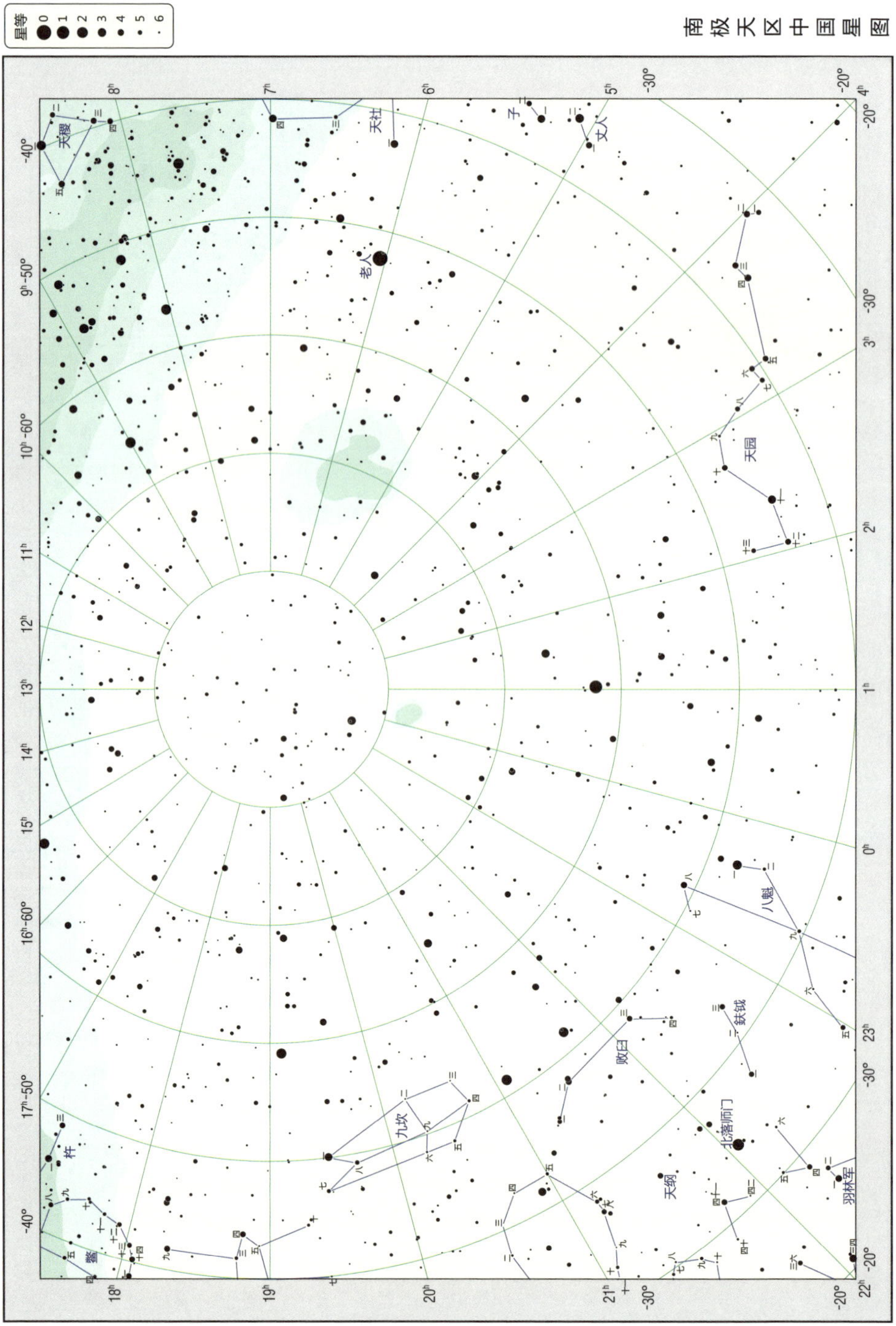

南极天区西方星图

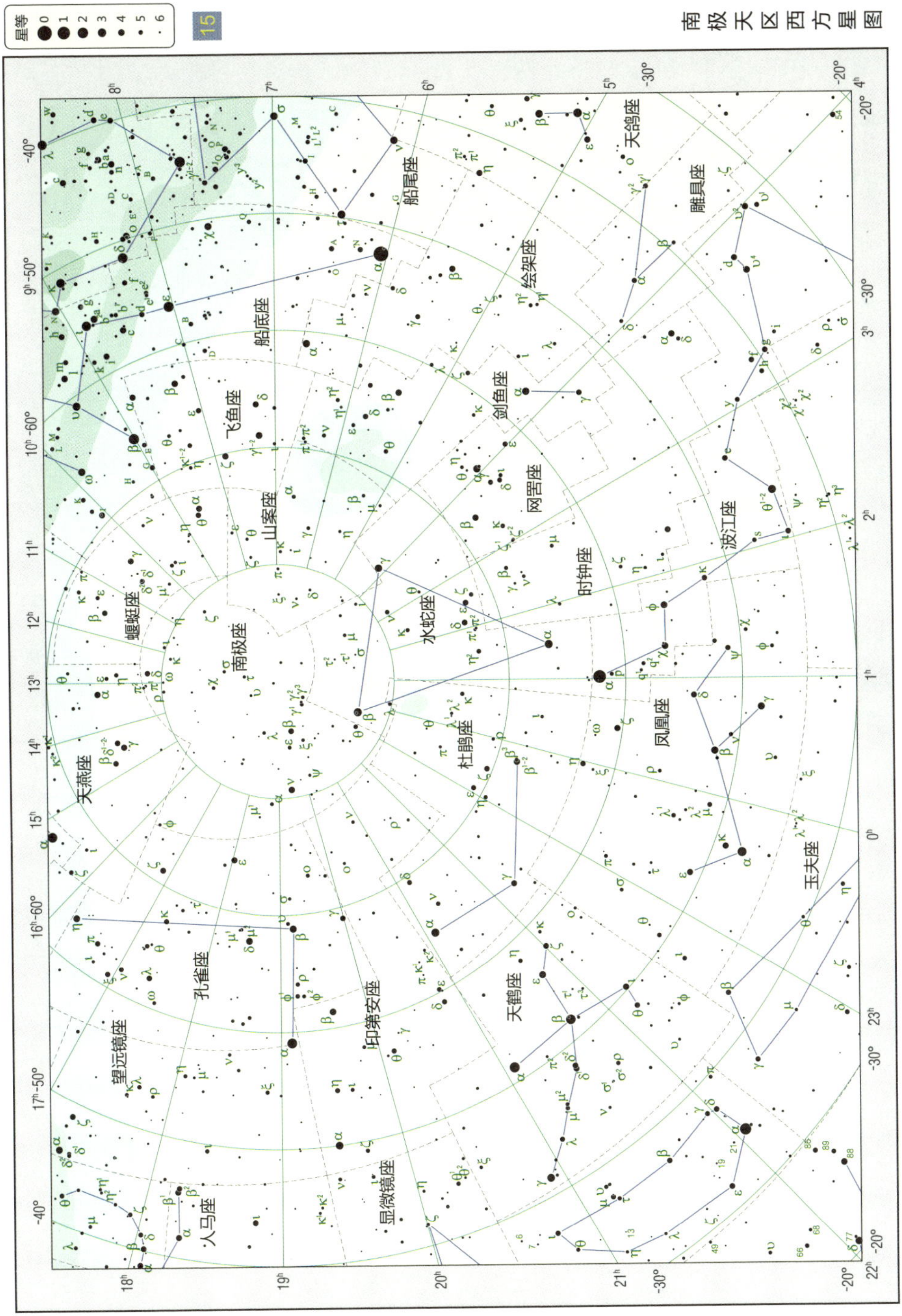

15

南极天区中国星图

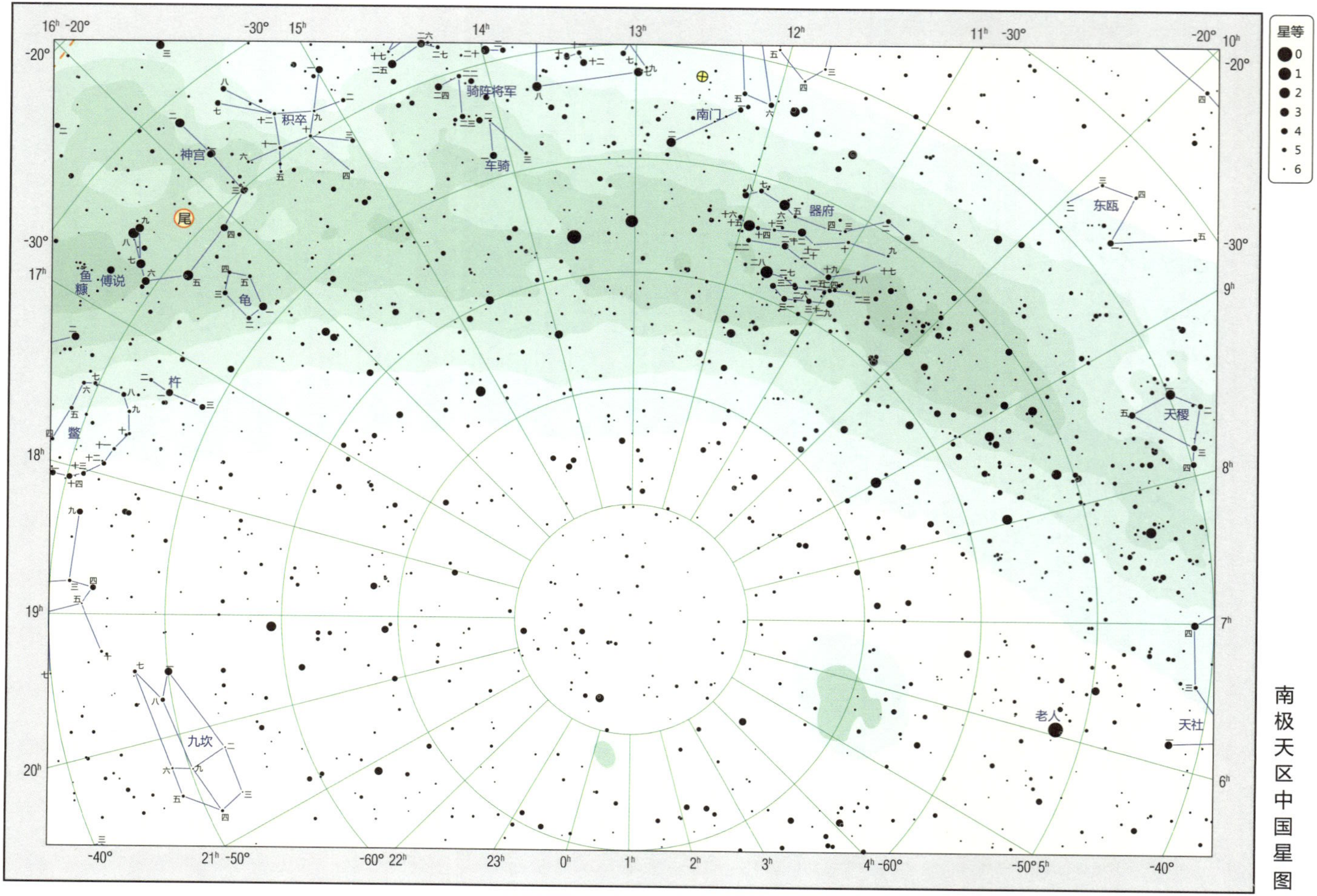

南极天区西方星图

16

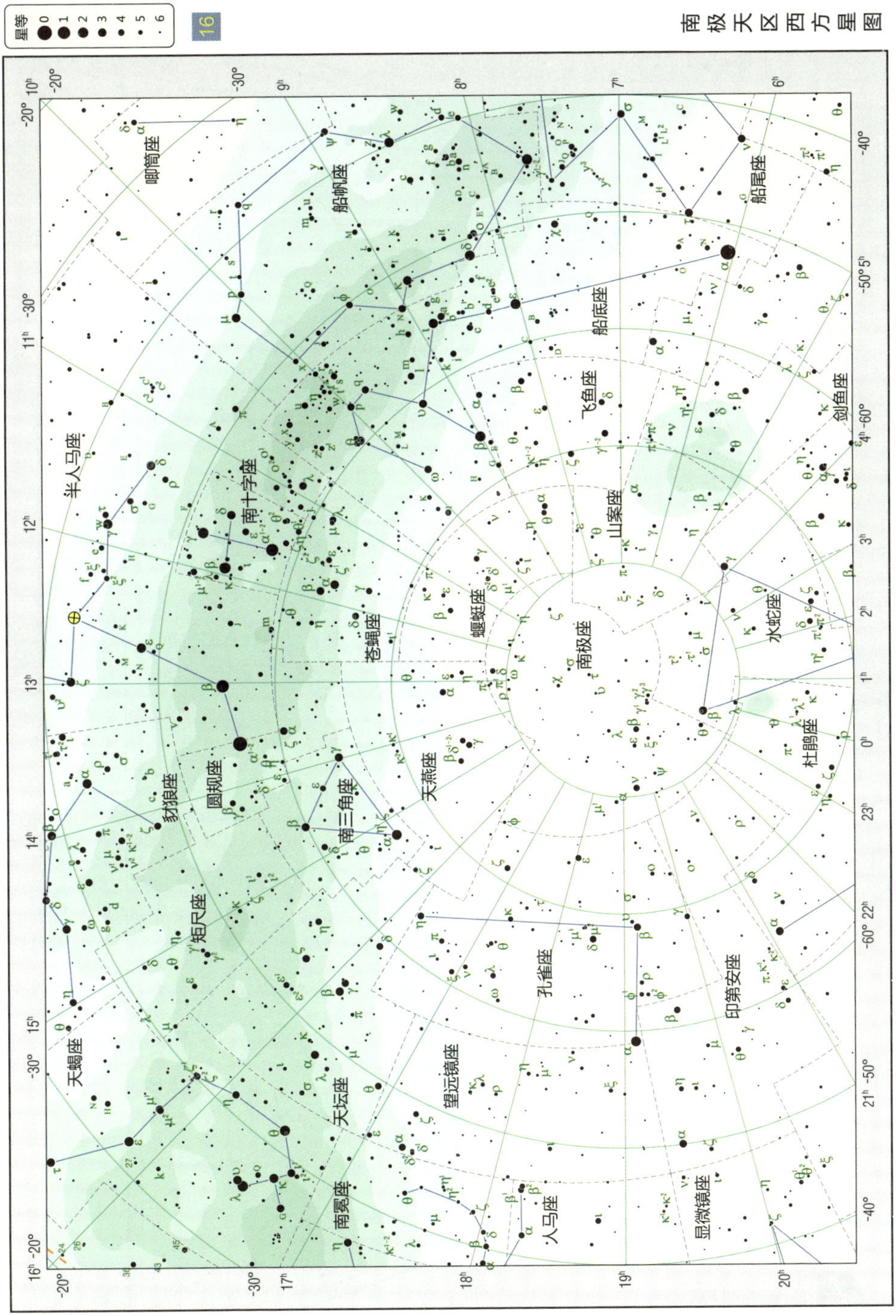

天蝎座
半人马座
唧筒座
豺狼座
矩尺座
圆规座
南十字座
船帆座
南冕座
天坛座
南三角座
苍蝇座
天燕座
望远镜座
蝘蜓座
人马座
孔雀座
南极座
飞鱼座
船底座
山案座
显微镜座
印第安座
水蛇座
船尾座
杜鹃座
剑鱼座

中西对照四季星图

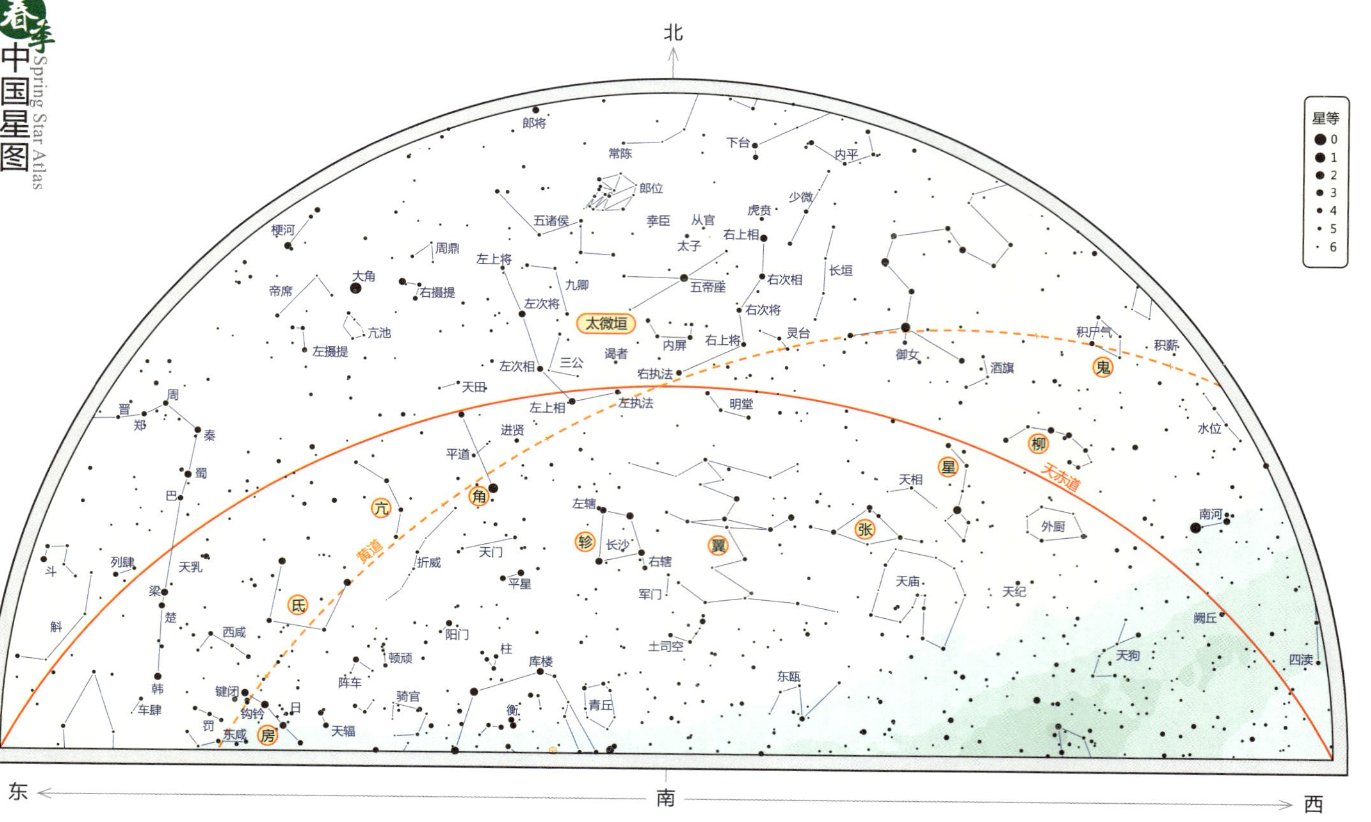

春季中国星图（南天）　5月5日21点前后（北纬40°地区适用）

春季 中国星图 Spring Star Atlas

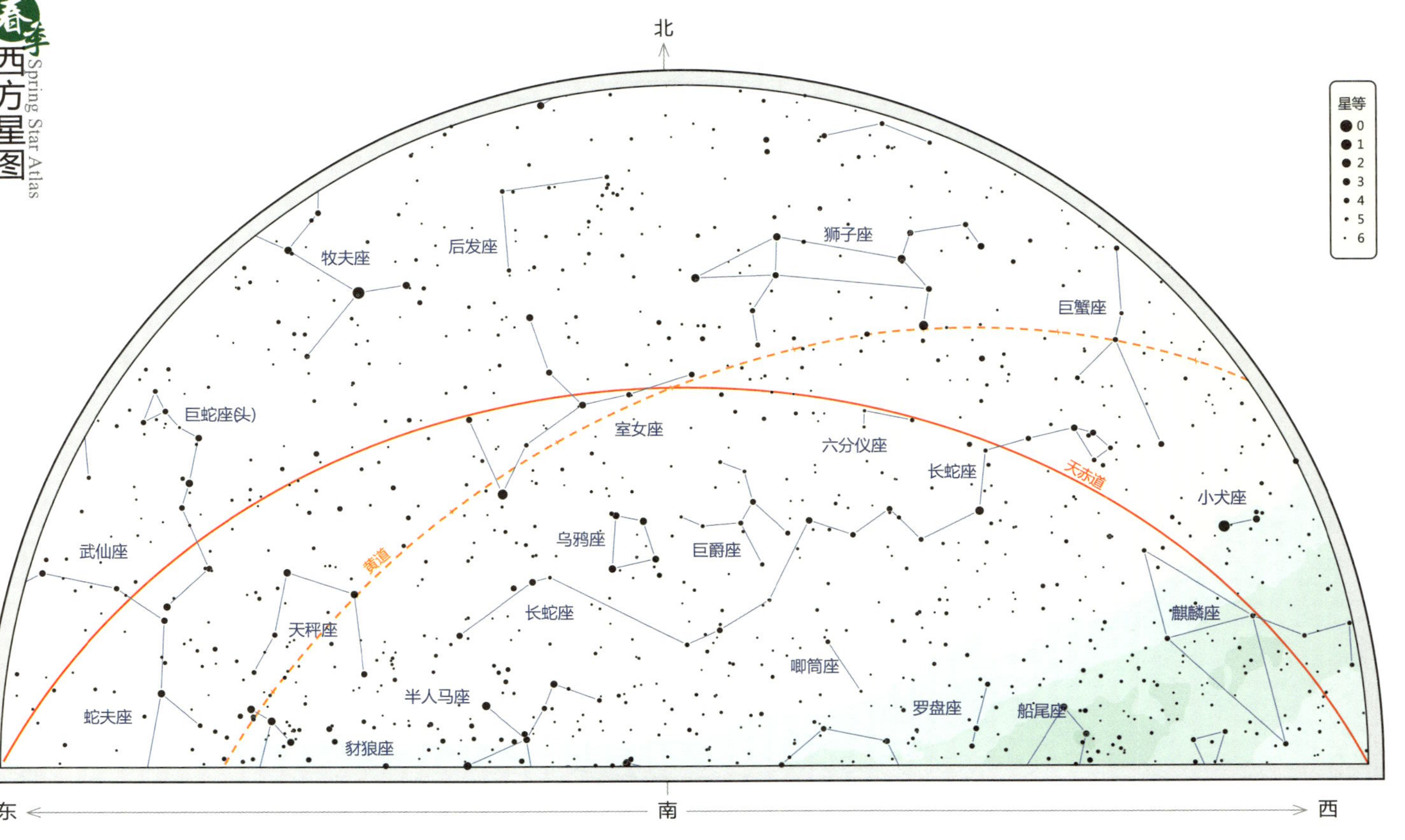

春季西方星图（南天）　5 月 5 日 21 点前后（北纬 40°地区适用）

星等 0 1 2 3 4 5 6

南
西 北 东

中台 太尊 太阳守 相 三公 招摇 七公
轩辕 势 天玑 天璇 天牢 天理 天权 玉衡 开阳 摇光 玄戈 天枪 辅星 天枢
上台 文昌 三师 内厨 太一 天一 上辅 少尉 右枢 天床 左枢 贯索
爟 少辅 内阶 紫微垣 庶子 帝 阴德 大理 上宰 后宫 太子 少宰 北极 四辅 尚书
积水 北河 五诸侯 黄道 天樽 右上卫 勾陈 天皇大帝 女史 上弼 河间 河中
右少卫 杠 御女 柱史 少弼 天棓 女床 天纪 六甲 五帝内坐 天柱 左上卫 天厨 扶筐 魏 宦者 赵
井 座旗 八谷 上丞 少丞 左少卫 九河 帝座
钺 东北柱 传舍 华盖 天钩 奚仲 五车 咸池 东南柱 西北柱 天潢 织女 中山 屠肆 候
司怪 积水 辇道 水府 天关 天船 策 附路 造父 渐台 帛度 天市垣 王良 大陵 诸王 卷舌 天驷 天津 宗正 齐 宗星
觜 天高 砺石 天谗 积尸 腾蛇 宗人

春季中国星图（北天） 5 月 5 日 21 点前后（北纬 40°地区适用）

春季 西方星图 Spring Star Atlas

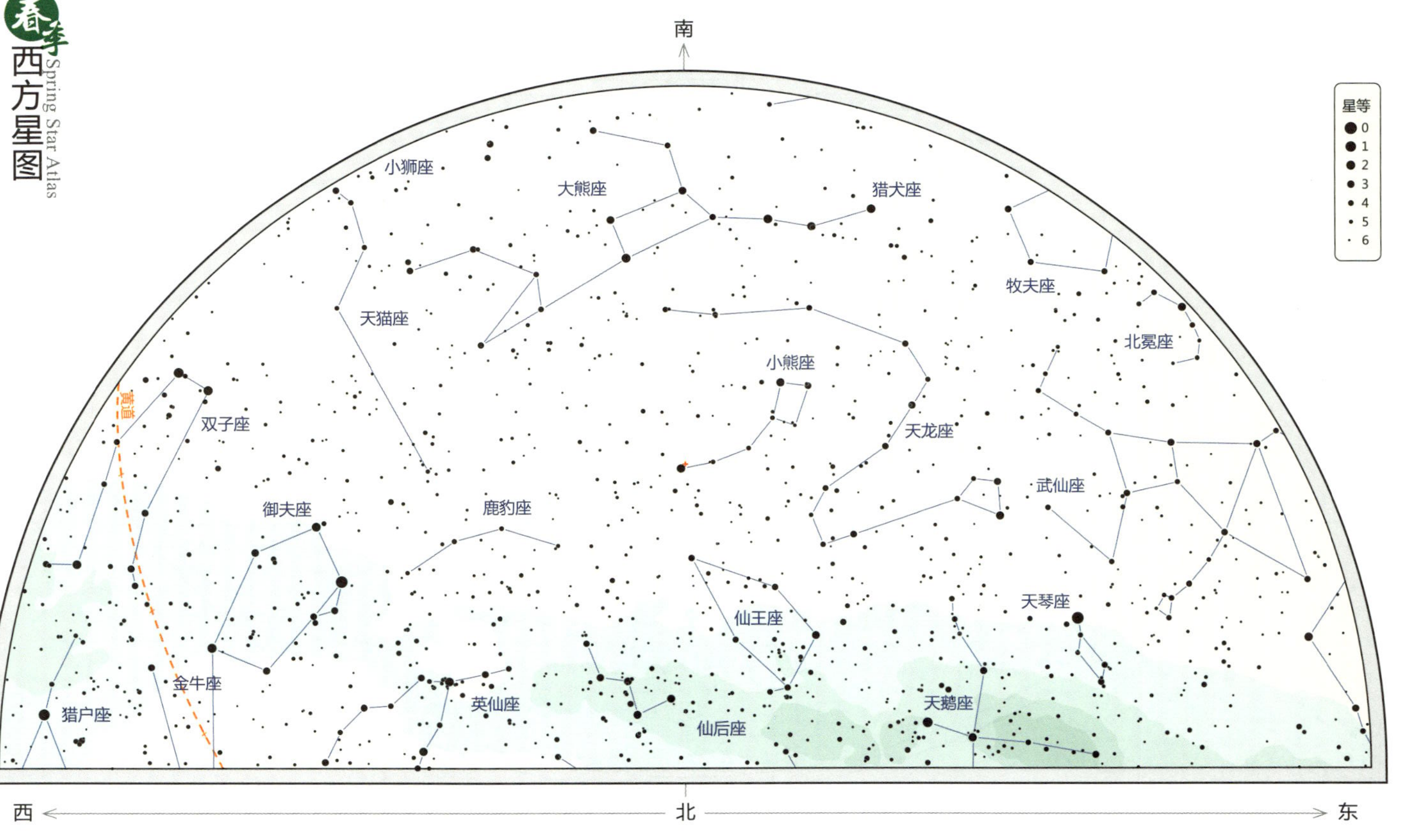

春季西方星图（北天） 5月5日21点前后（北纬40°地区适用）

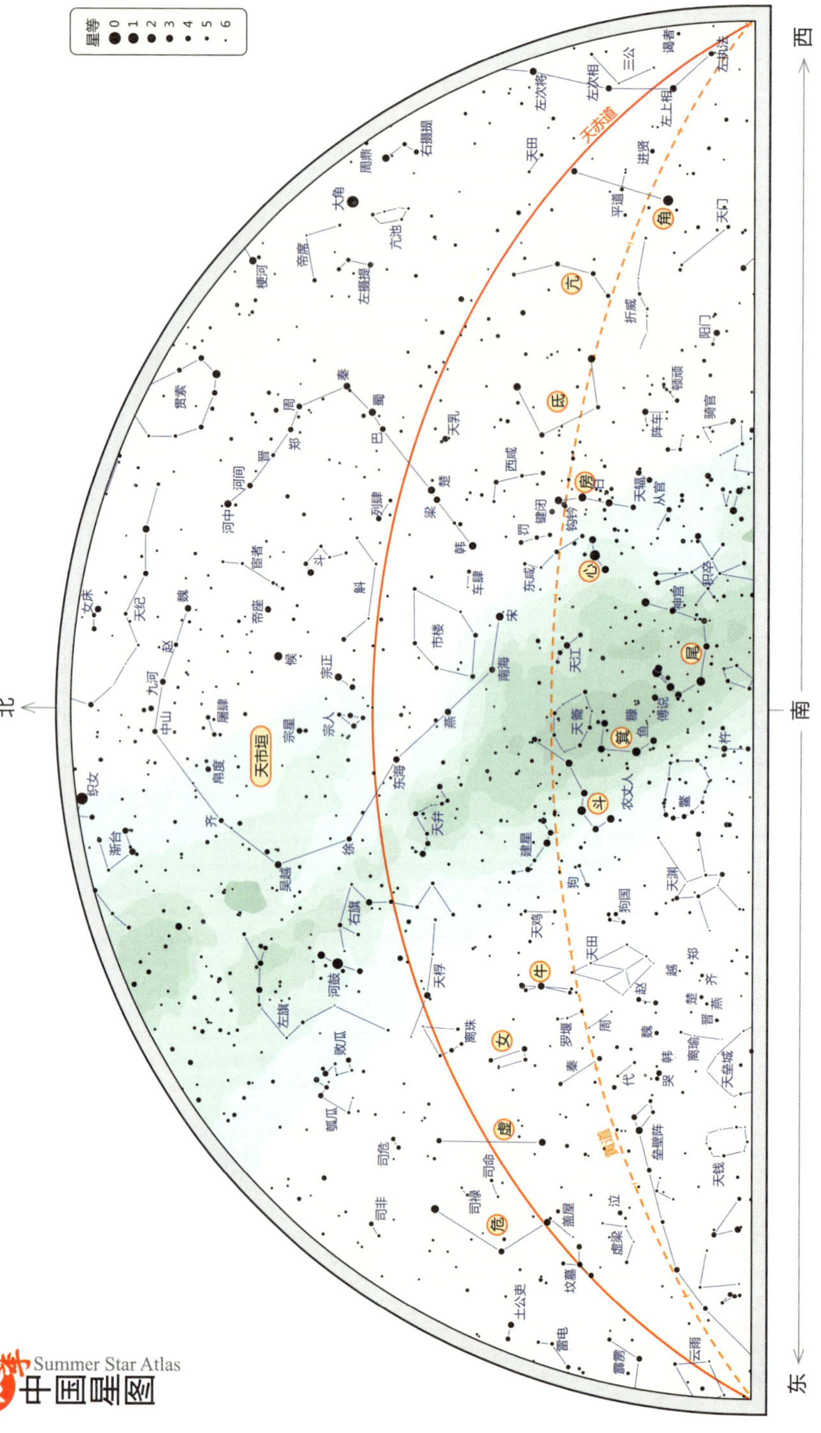

北

东 南 西

星等 0 1 2 3 4 5 6

夏季中国星图（南天） 8 月 5 日 21 点前后 北纬 40°地区适用

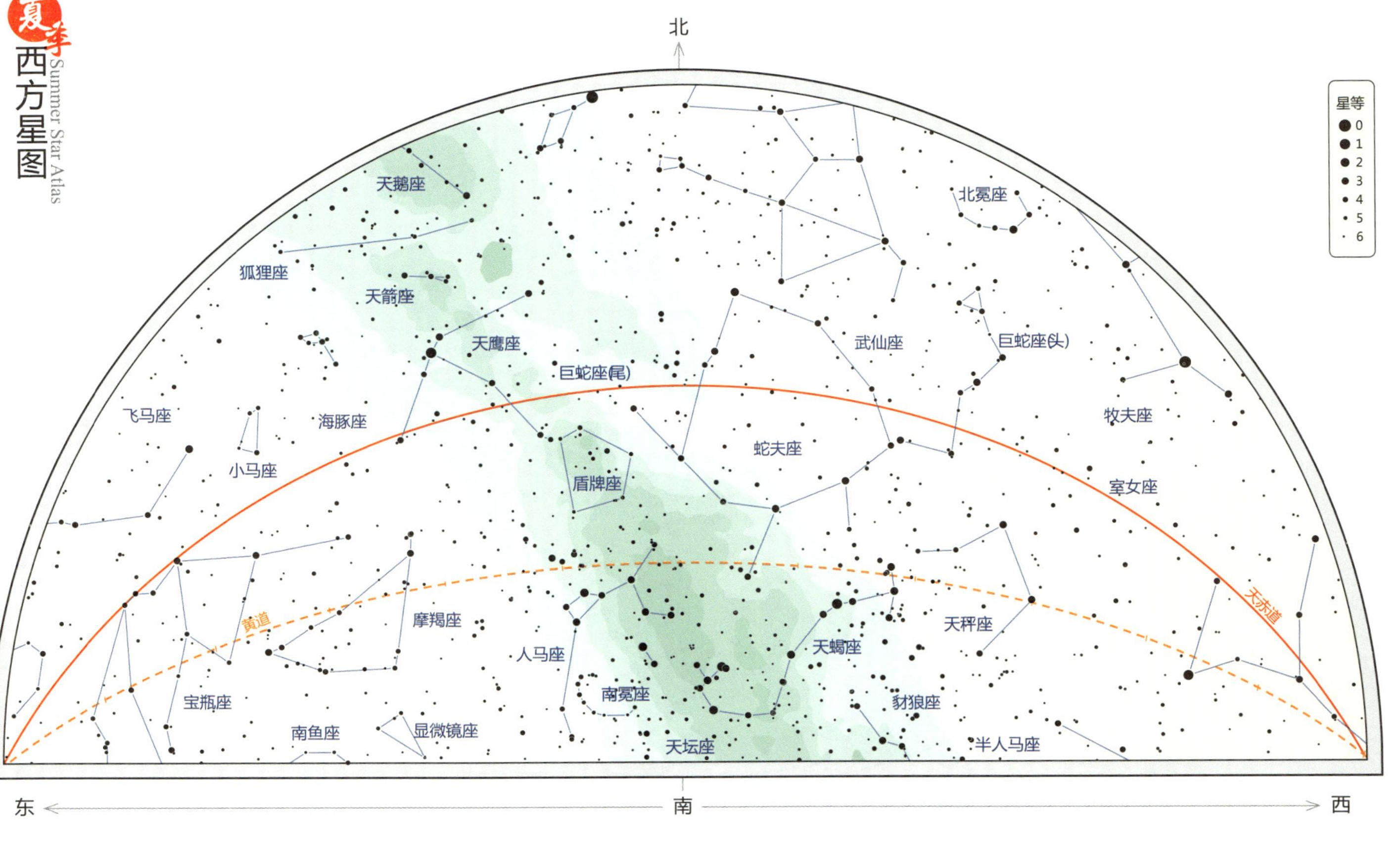

夏季西方星图（南天）　8月5日21点前后　北纬40°地区适用

夏季中国星图（北天）　8月5日21点前后　北纬40°地区适用

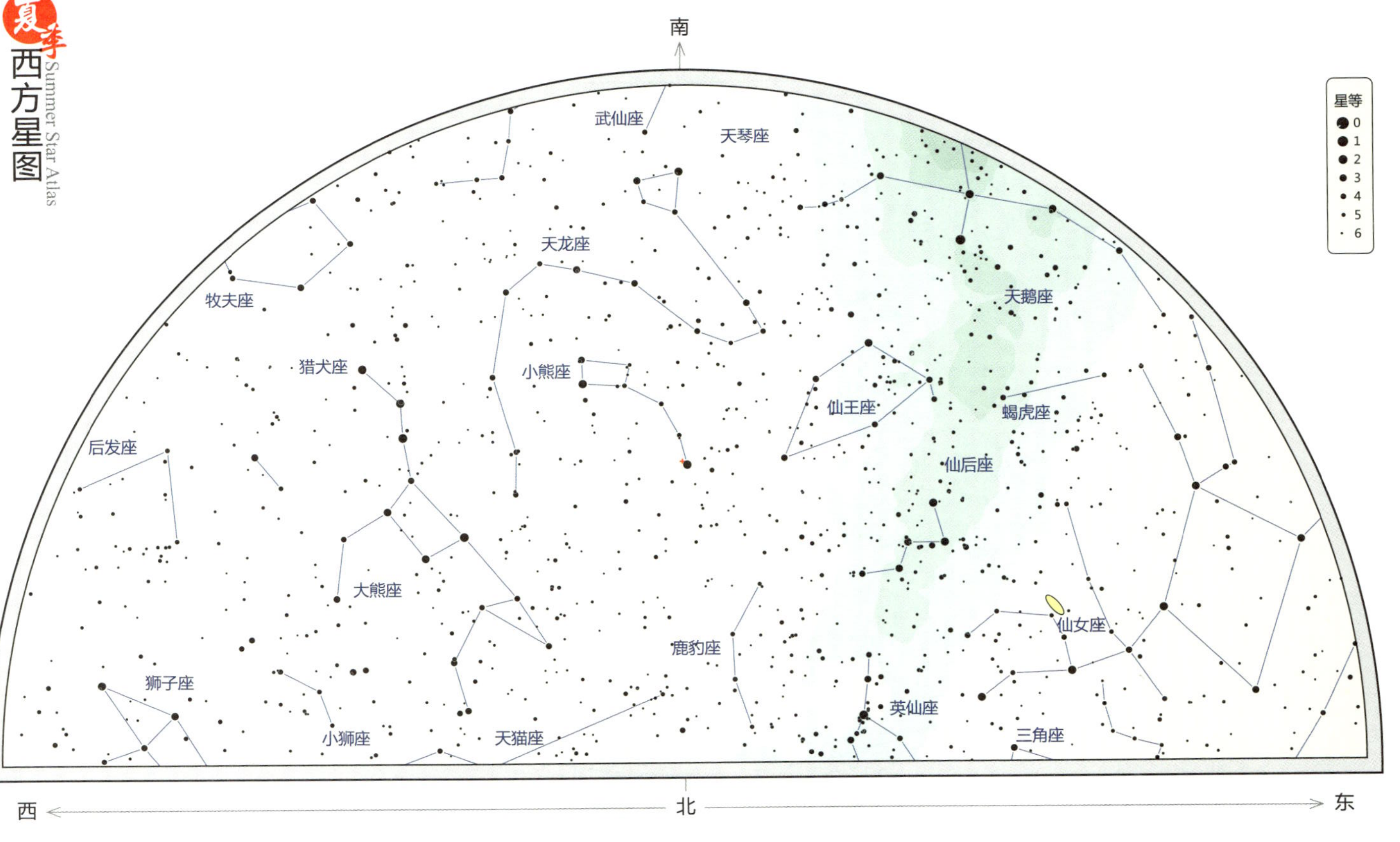

夏季西方星图（北天）　8 月 5 日 21 点前后　北纬 40°地区适用

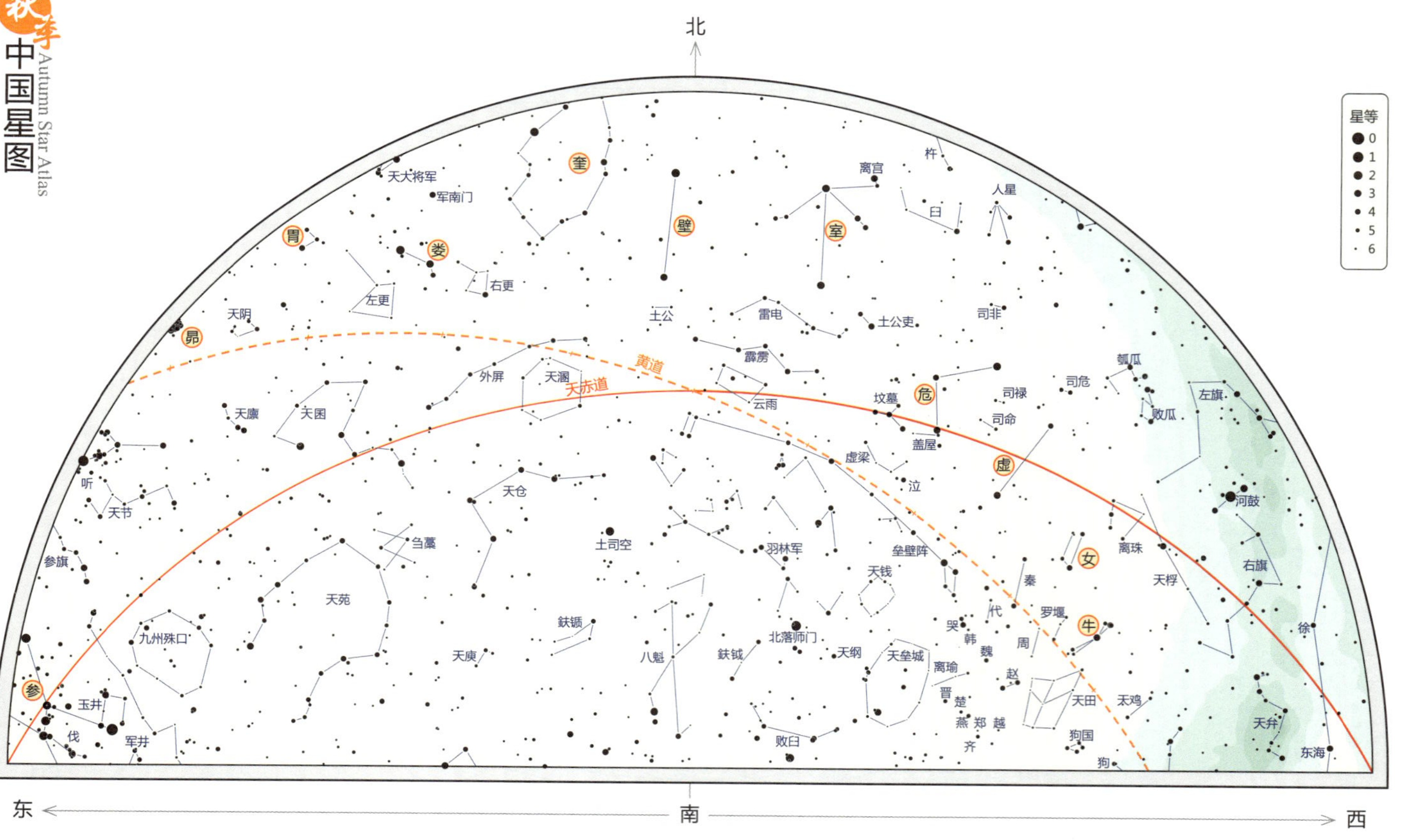

秋季中国星图（南天）　11月5日21点前后　北纬40°地区适用

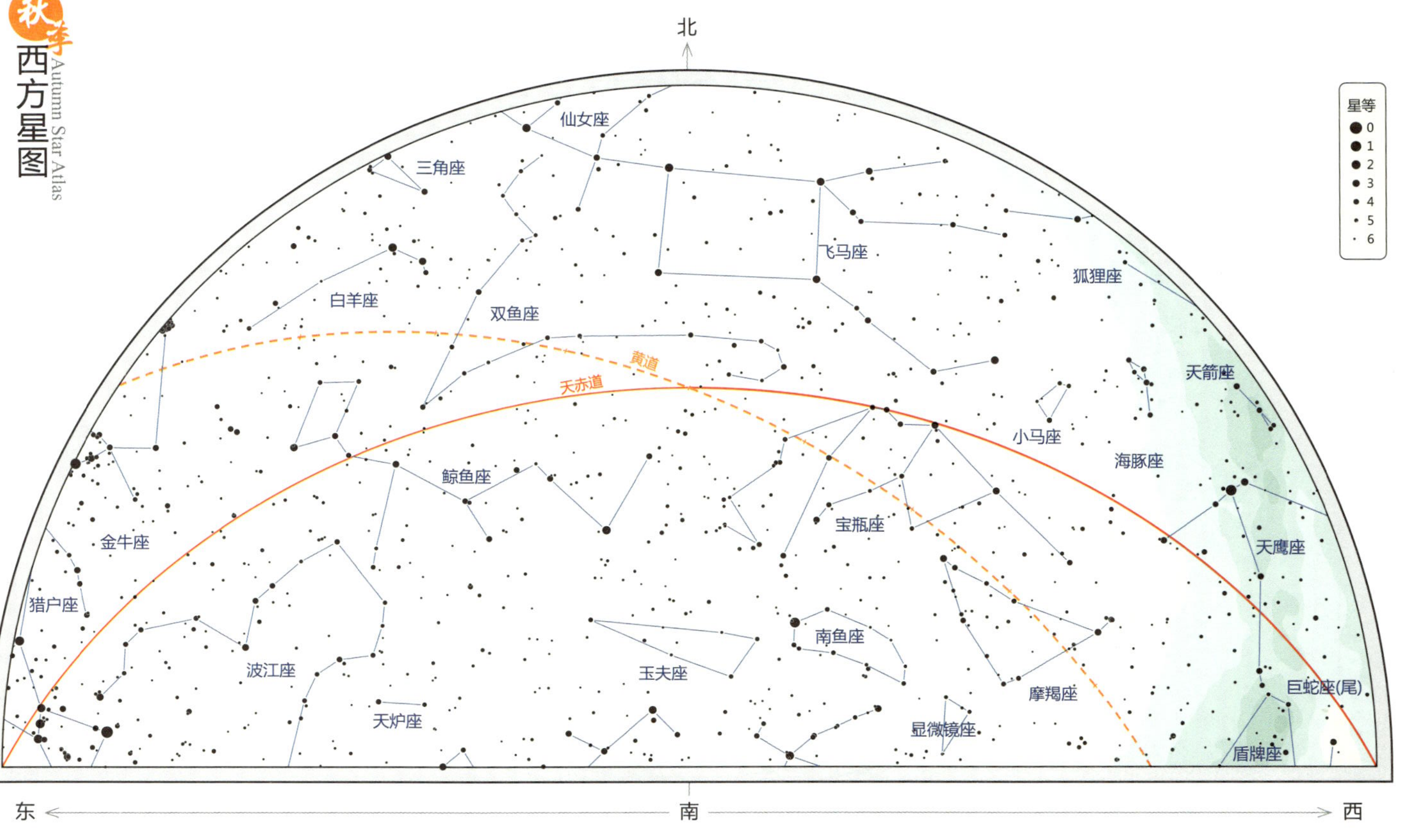

秋季西方星图（南天）　11 月 5 日 21 点前后　北纬 40°地区适用

秋季中国星图 Autumn Star Atlas

星等 0 1 2 3 4 5 6

南 北 东 西

紫微垣 天市垣

秋季中国星图（北天） 11月5日21点前后 北纬40°地区适用

秋季西方星图 Autumn Star Atlas

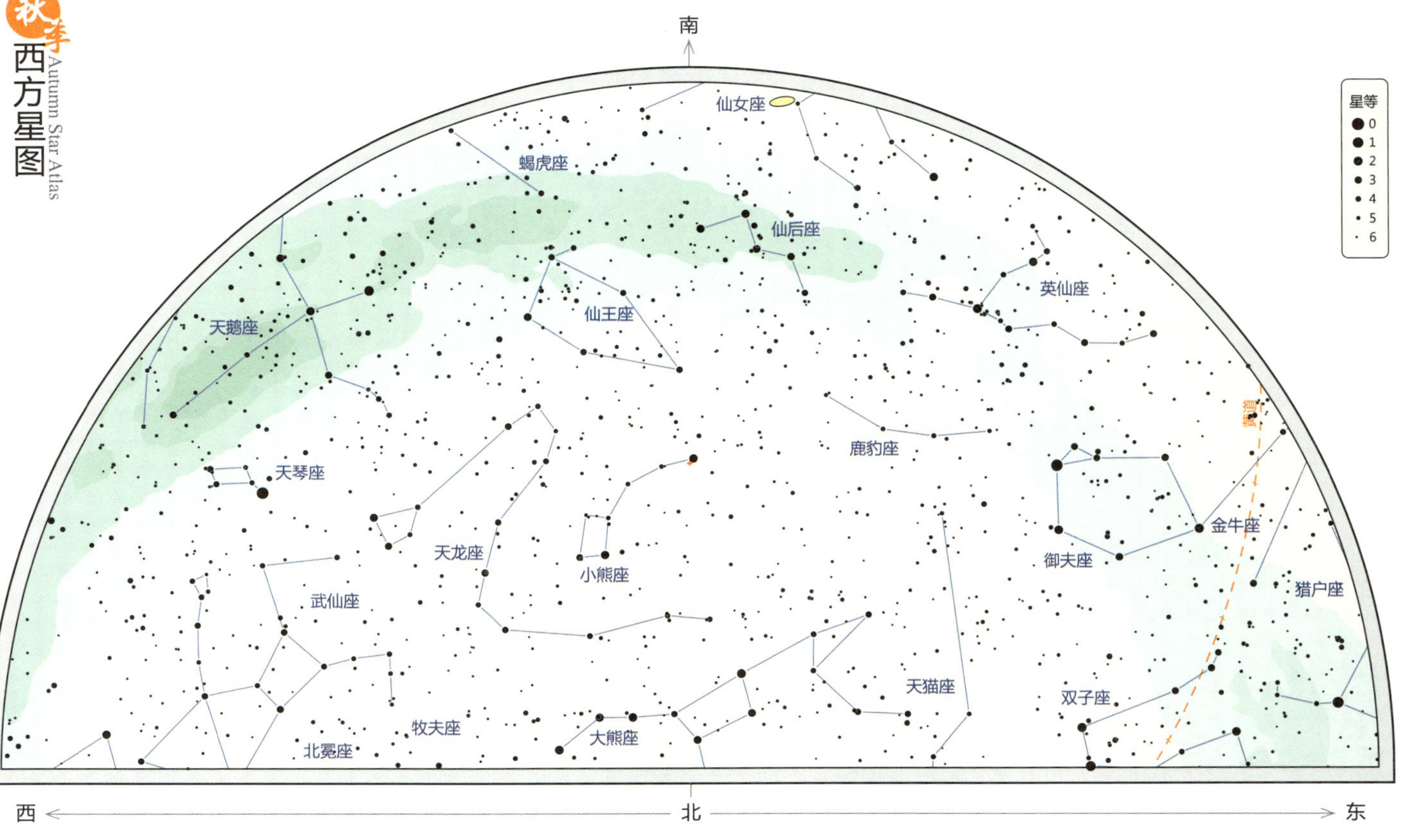

秋季西方星图（北天）　11 月 5 日 21 点前后　北纬 40°地区适用

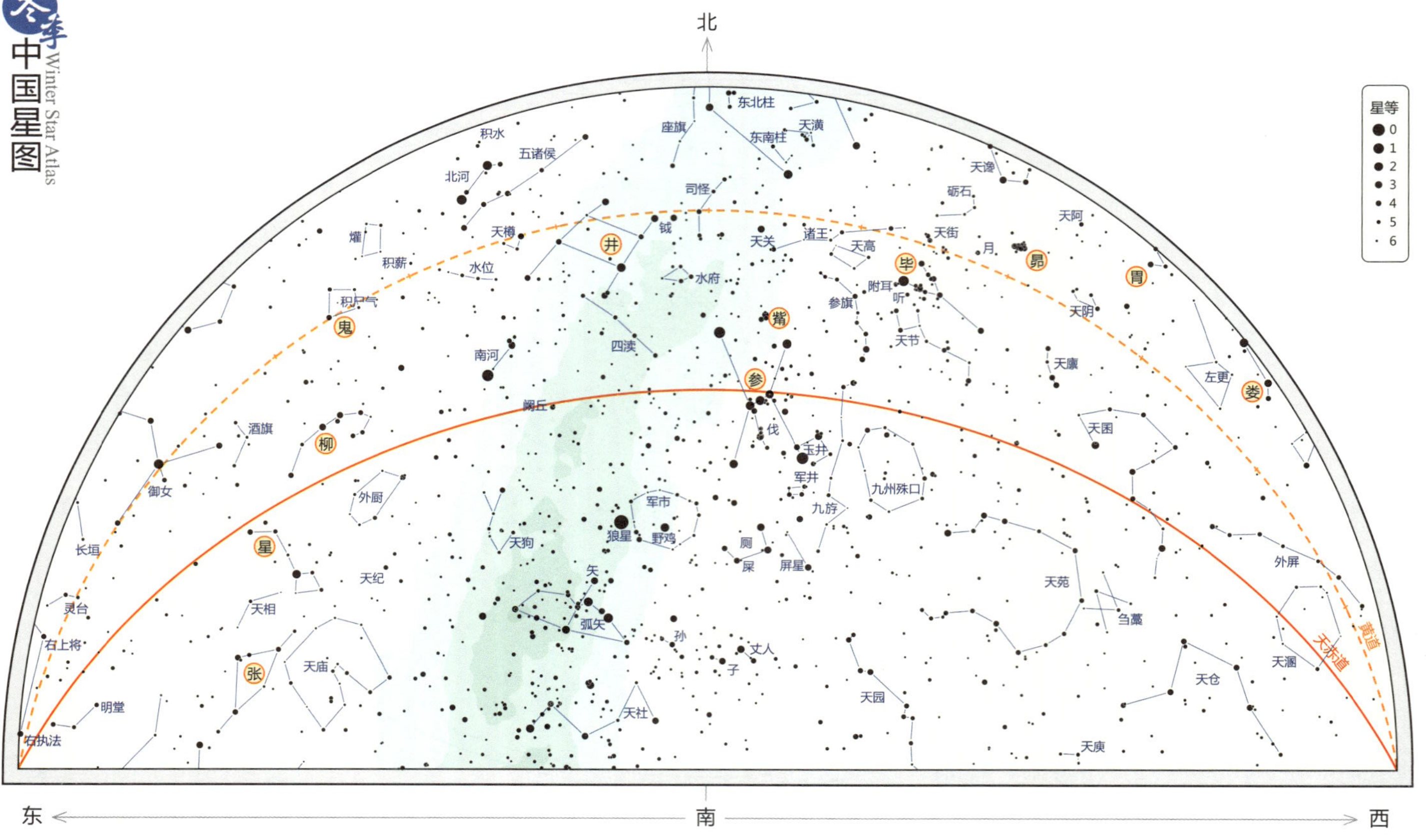

冬季中国星图（南天）　2月5日21点前后　北纬40°地区适用

冬季西方星图 Winter Star Atlas

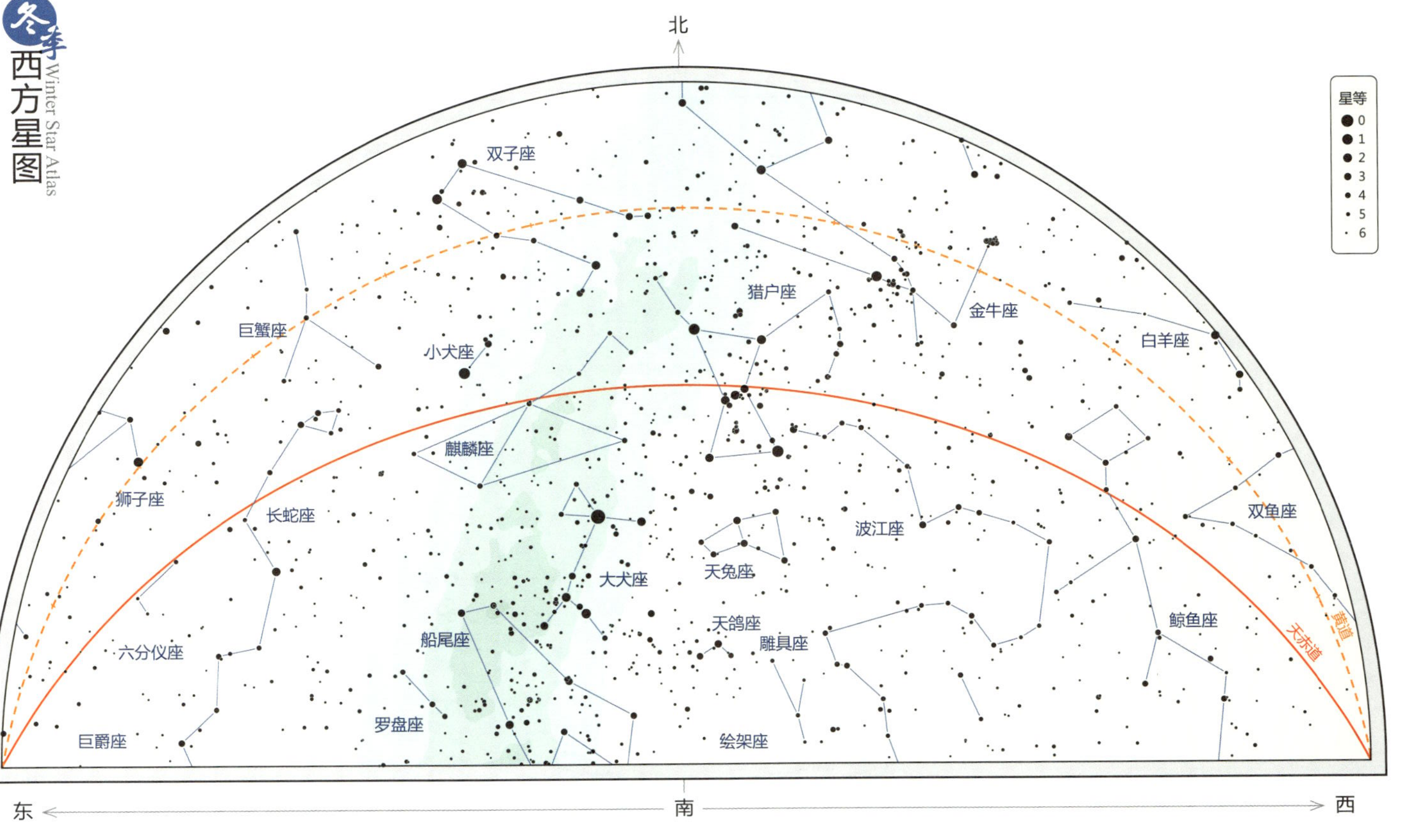

冬季西方星图（南天）　2月5日21点前后　北纬40°地区适用

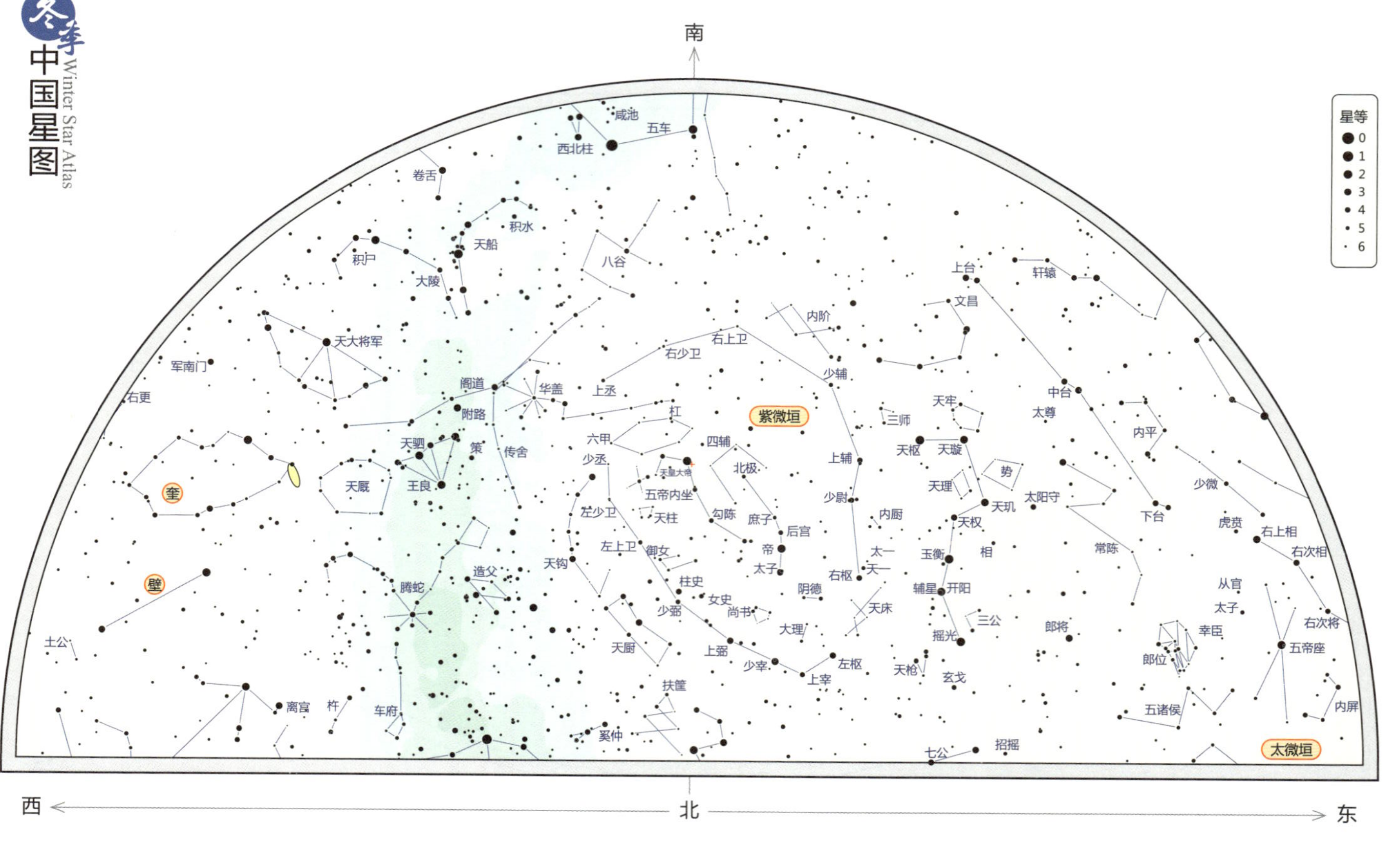

冬季中国星图（北天）　2月5日21点前后　北纬40°地区适用

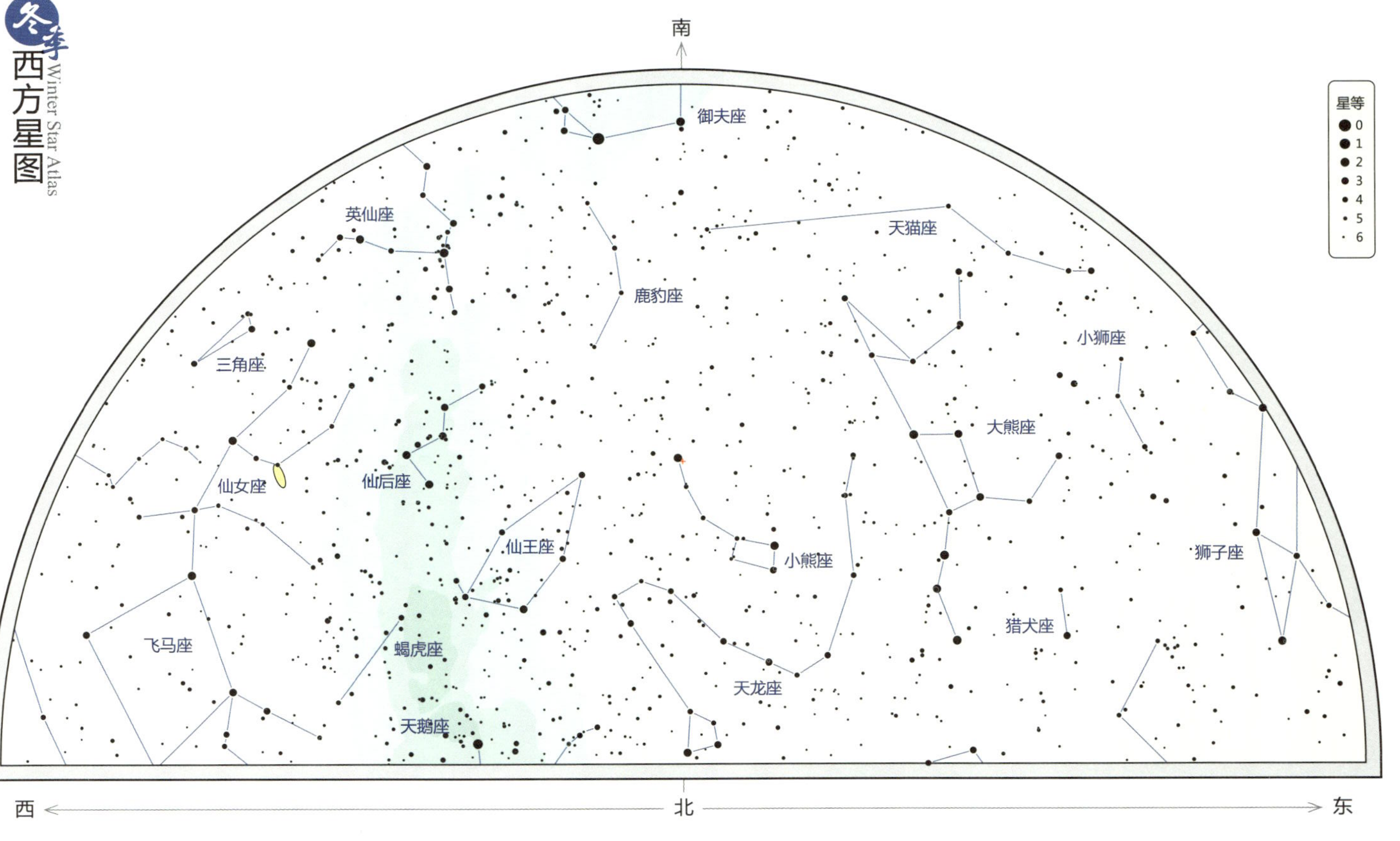

冬季西方星图（北天）　2 月 5 日 21 点前后　北纬 40°地区适用